Nobel Prize
Master
诺奖大师通识经典

QUANTUM
PHYSICS FOR POETS

U N R E A D
前沿科学新知丛书

LEON M. LEDERMAN
CHRISTOPHER T. HILL

诺奖大师
给『诗人』的
量子物理公开课

莱德曼量子物理通识讲义

[美]

利昂·莱德曼
克里斯托弗·希尔

著

程嵩 成蒙 译

四川科学技术出版社

图书在版编目（CIP）数据

莱德曼量子物理通识讲义：诺奖大师给"诗人"的
量子物理公开课/（美）利昂·莱德曼，（美）克里斯托
弗·希尔著；程嵩，成蒙译. — 成都：四川科学技术
出版社，2022.6
（前沿科学新知丛书）
书名原文：Quantum Physics for Poets
ISBN 978-7-5727-0501-4

Ⅰ.①莱… Ⅱ.①利… ②克… ③程… ④成… Ⅲ.
①量子论—普及读物 Ⅳ.① O413-49

中国版本图书馆 CIP 数据核字 (2022) 第 056070 号

著作权合同登记图进字 21-2022-87 号
Quantum Physics for Poets. Amherst, NY: Prometheus Books, 2011.
Copyright © 2011 by Leon M. Lederman and Christopher T. Hill. All
rights reserved. Authorized translation from the English language
edition published by Prometheus Books an imprint of the Rowman &
Littlefield Publishing Group.
Simplified Chinese edition copyright © 2022 by United Sky (Beijing)
New Media Co., Ltd.
All rights reserved.

前沿科学新知丛书
QIANYAN KEXUE XINZHI CONGSHU
莱德曼量子物理通识讲义：诺奖大师给"诗人"的量子物理公开课
LAIDEMAN LIANGZI WULI TONGSHI JIANGYI: NUOJIANG DASHI GEI "SHIREN"
DE LIANGZI WULI GONGKAIKE

著　　者	［美］利昂·莱德曼　　［美］克里斯托弗·希尔
译　　者	程　嵩　成　蒙
出 品 人	程佳月
责任编辑	张浧浧
助理编辑	朱　光　王　娇
选题策划	联合天际·边建强
责任出版	欧晓春
封面设计	@ 吾然设计工作室
出版发行	四川科学技术出版社
	成都市锦江区三色路 238 号　　邮政编码 610023
	官方微博：http://weibo.com/sckjcbs
	官方微信公众号：sckjcbs
	传真：028-86361756
成品尺寸	170mm×240mm
印　　张	19.5
插　　页	4
字　　数	308 千
印　　刷	北京联兴盛业印刷股份有限公司
版次 / 印次	2022 年 6 月第 1 版　2022 年 6 月第 1 次印刷
定　　价	78.00 元

关注未读好书

ISBN　978-7-5727-0501-4
版权所有　翻印必究
本社发行部邮购组地址：成都市锦江区三色路 238 号新华之星 A 座 25 层
电话：028-86361758　邮政编码：610023

未读 CLUB
会员服务平台

利昂：献给贤内助埃伦
克里斯托弗：献给凯瑟琳和格雷厄姆

单位换算表

本书将涉及以下单位换算:

1 英寸＝0.025 4 米

1 英尺＝0.304 8 米

1 码＝0.914 4 米

1 英里＝1 609.344 米

1 加仑（英）＝0.004 5 立方米

1 盎司＝28.350 克

1 磅＝0.453 6 千克

1 埃＝0.1 纳米

目录

第1章

如果你没感到震惊，
说明你还不懂

在电视剧《星际迷航》及其衍生作品中，"进取"号（Enterprise）飞船穿梭在各个星系之间，它的一个为期五年的任务便是去探索那些人类未曾踏上的星球。"进取"号的船员使用的是那些属于遥远未来的科技：数倍于光速的曲速飞行，利用"子空间通信"与几光年外的舰队司令部联络，扫描正在靠近的飞船和陌生星球的表面，以及偶尔用质子鱼雷抵御一些不友好的势力，等等。其中脑洞开得最大的恐怕就是舰队队员可以"哗"一下瞬间转移到其他星球的表面，看到各种奇特的风景，和其他文明种族的首领来个面对面的交流，这些种族的文明程度都或多或少地领先于人类。

然而，在《星际迷航》以及其他我们知道的科幻故事的情节中，没有一个能比1900—1930年发生在地球上的那次探索更异想天开。20世纪初是属于科学的时代，当时先驱者们探索的空间可以说和《星际迷航》的船员们所面对的空间一样广袤——这不是指跨越星际数十亿光年，而是指人类向隐藏在自然界深处的、完全未知的、从未前往过的最小物体的一次旅行，正是这种小之又小、微乎其微的东西构成了我们看到的整个宇宙。

在19世纪末20世纪初的时候，当时最先进的科学技术，从某种意义上第一次让人类能够去探测那个全新的、令人难以置信的"外星世界"——原子的世界。在这段时期，物理学家们遇到了难以形容的现象，它现实存在却又超越现实：他们在自然世界的最深处揭开了一个奇妙而陌生的全新世界，这个超现实的现实之于科学的意义，就好比同一时期的毕加索的眼睛之于艺术、勋伯格的耳朵之于音乐、卡夫卡的笔之于文学。事实上，人们经过三百年发展并完善了一整套物理学定律，而这精致的经典物理学在这个新发现的世界中却被证明是完全错误的。就好像柯克船长和他"进取"号上的伙伴们降落在了一个遵循着各种奇怪自然规则的星球，堪比爱丽丝掉入兔子洞后遭遇到的种种。它是一种真实存在的"梦中奇境"：在某个地方存在的物体会突然间在另一个地方出现；一个光滑而坚硬的石头可以变得模糊，然后在科学家的眼皮底下弥散消失；一面坚固的城墙可以被轻松地穿过；事件在时空中瞬间发生改变。

在这个全新的世界里，物质中大量的"粒子"会游过来游过去、游过去游过来。科学家仔细观察了这些"粒子"后发现，它们在一定的时间内从 A 点到 B 点并不是简单地走一段单一的路径，不遵从三百年之前伽利略或牛顿设想的移动方式。[1] 取而代之的，人们发现自然界中这种组成世界万物的"基本粒子"——比如微小的电子——会走过所有可能的路径，并且是在同一时间！粒子看起来并不存在，实际上却无处不在。它们仿佛幽灵一样掌握所有可能到达目的地的路线，然而人们却根本不知道它们选择的到底是哪条。科学家们实验后发现，当挡住粒子在 A 点和 B 点之间的一些可能路线后，粒子到达 B 点的行为便受到影响，它们可能会更多地到达 B 点，也可能就再也无法到达了——即便这种改变仅仅是挡住了两点间众多路线当中的一条，而且无论它是否真的选择了这条路径。

粒子是极小的"点状物质"，没有明显的或可辨别的内部结构，但却能够在探测器中留下清晰的轨迹，在荧光屏上产生一个个小亮点，或是使盖革计数器"嘀嗒"作响。然而与此同时，这种极其微小的物质还是波——它们表现得像一列波、像一团云，运动的方式模糊不清，波峰和波谷很像湖泊或大海表面的波浪。而像无线电波和光，这些曾经被认为是波的物质，现在又被认为是各种粒子。波变成粒子，粒子亦变成波，时而体现前者，时而体现后者，或者同时发生。天哪，就仿佛是同一时代的那群"癫狂"的画家、作曲家和文学家在设计自然界的基本规律！

　　总而言之，在20世纪初的探索者眼前——借助高度复杂的仪器设备——这个世界已发生翻天覆地的变化，与自启蒙运动以来三百年间科学给我们的解释不同，世间万物如今以一种全新的方式运行。这一次，人们对物理规律的理解发生了巨大改变，开始以完全不同的方式来审视自然，并由此诞生了一门全新而又更加基础的科学——量子力学。

　　当物理学家试图去描述一些关于原子的实验数据和理论观点时，他们还勉强可以沿用那些伽利略和牛顿时期发明的描述世界运动规律的语言或比喻，但这次，物理学家发现，过去的那些描述方式，已经完全不能适用此刻量子世界正发生的一切。这个世界似乎要让我们使用诸如"模糊的""不确定的"和"鬼魅般的超距作用"这样的辞藻来描述，仿佛真的有鬼魅在四处乱跑，影响我们所观测到的实验结果。

　　波为什么有时候是粒子而粒子为什么有时候也是波？为了解释这看似矛盾的问题，"波粒二象性"这个新的概念应运而生，即便科学家仍然对其存有困惑。值得一提的是，量子物理的结果实在是太过离奇，迫不得已，当时的物理学先驱们否认他们事实上在描述一种新的宏大现实，而倾向于不带有任何主观性地声称他们"仅仅"是发现了一些关于可能的实验结果的预测方法，除此之外就无他了。或许，他们这样也是为了保持自己仅存的一点理智吧。

发现新奇的量子世界

　　在量子物理诞生之前，科学家们对物体不同状态之间的因果关系非常确定，他们可以精确地得到物体在一条确定的轨迹上是怎样运动的，这些都取决于物体受到各种外力。然而在迷雾般的历史中发展起来的经典科学，在19世纪末的时候却总涉及对大量原子团聚而成的这类物质的描述，比方说一颗沙子里包含着亿万个原子。

量子时代之前的观察者观察大量原子团聚的物质，就好比外星文明从很远的地方观察大片大片聚集起来的人类，它只能看到成群结队的人，每个人群可能有几千个、几万个甚至更多的人。它们眼中的人类可能是正在行进中的游行队伍，也可能突然掌声雷鸣，也可能急匆匆地前去上班，也可能处于各种其他的状态。这些遥远的外星人对近距离观察一个独立的地球人却完全没有任何心理准备。距离拉近后，这些外星人将会看到，地球人有新的行为，他们可以表达幽默和爱慕，表达同情心和创造力。如果它们只是之前从很遥远的距离观察过地球人的话，那么这些特性是它们完全没有预料过的。假如这些外星人是昆虫或者机器人的话，当近距离观察人类的时候，它们甚至在自己的词汇表里都找不到形容我们的词汇。事实上，从古至今人类创造的所有的诗歌和文学作品，例如从古希腊的埃斯库罗斯到美国作家托马斯·品钦（Thomas Pynchon），这些文字的总和甚至都还不能涵盖一个个体的人生经历。

同样来说，早先的物理可以准确描述由大量形形色色的原子组成的物体的行为，而在20世纪初，这样一个精致的物理学大厦却轰然崩塌了。通过新的、更为精确的和高度复杂的实验，单个原子，甚至组成原子的更小的粒子如今登上了舞台，它们有的在独奏，有的三三两两地组成乐队。这些单个原子的行为震惊了当时一批顶尖的科学家，将他们从旧有的经典世界中唤醒。这群新世界的探险家，是现代物理学中前卫的"诗人""艺术家"和"作曲家"，其中闪耀着巨星光芒的科学家有海因里希·赫兹、欧内斯特·卢瑟福、J.J.汤姆逊、尼尔斯·玻尔、玛丽·居里、维尔纳·海森堡、埃尔温·薛定谔、保罗·狄拉克、路易-维克多·德布罗意、阿尔伯特·爱因斯坦、马克斯·玻恩、马克斯·普朗克、沃尔夫冈·泡利等。这群探险家被原子内部的各种新发现完全震住了，仿佛"进取"号太空飞船的船员在无尽浩瀚的宇宙中发现了新的外星文明。科学家渐渐地从早期观测数据引起的困惑中走出来，他们正不遗余力地给这个新世界重建秩序和逻辑。直到20世纪20年代末，所有化学过程和日常物质的理论基础——原子性质的基本逻辑——才最终建成。人类已经开始理解这个崭新而奇异的量子世界。

然而，不同于《星际迷航》中的探险家，他们最终还可以通过"哔"的一下回到没有那么危险的空间，而20世纪初的物理学家们却不能，因为他们清楚地知道，这种奇怪的量子规则统治着原子世界，它是宇宙中所有一切的原始而基本的法则。想一想，我们人类就全部由原子构成，所以我们无法逃避原子域内蕴含的事实。我们已经看到了这个"外星世界"，而它不就正是我们自己吗！

量子世界的新发现有着令人震撼的意义，这使发现它的科学家感到心神不安。这有点像政治革命，量子理论在精神上考验着这场"革命"中最早的一批"领袖"。而让他们如此不快的并不是政治革命中的各种阴谋诡计，却是更深层次的、关乎实在性的让人不安的哲学问题。就在20世纪20年代，这次观念变革大潮的最高峰来临之时，很多量子理论的发起者却掉转方向，开始抵制那些他们曾做出过巨大贡献的理论，其中不乏爱因斯坦这样的科学家。即便我们一下子再跳到21世纪，量子理论已广泛被应用于诸多领域，给我们带来了晶体管、激光、核能以及其他数不胜数的发明创造，但仍然有许多卓越的物理学家试图用一种更为"平易近人"的方式来阐释量子理论，以尽可能少地去冲击人们直觉中比较习以为常的部分。尽管如此，我们仍必须坐下来去解决科学性问题，而不是费尽心思去想着如何通俗化。

在量子理论出现之前，广为流传的科学理论已经很好地解释了我们的宏观世界：在这个世界里梯子安全地靠在墙上，箭和炮弹在飞行，行星在自转和公转，彗星也在周期性地运动；这个世界里还有功能强大又实用的蒸汽机、电报、电动马达、发电机和无线电广播。总而言之，经典物理学已经成功地解释了1900年以前科学家能够轻易观察和测量到的所有现象。让人们尝试去接纳原子尺度的怪异行为是十分困难的，在哲学层面也难以调和，可见这个新生的量子理论是完全有悖于直觉的。

直觉往往建立在人们的生活经验之上，但即便从这个意义上来讲，绝大多数早先的经典科学理论在其被发现的时代里也是违背当时人们的直觉的。如伽利略对物体在无摩擦情形下运动的观点，在当时就非常违背一般人的直觉（几乎没有人经历过或者去思考那种没有摩擦力存在的世界）。[2] 可是起源于伽利略的经典科学在1900年之前的300年里，重新定义了我们所谓的直觉，而且这套理论似乎在那些科技剧烈变化的年代中岿然不动，直到量子物理被发现之后，才由后者带来了全新意义的反直觉和实实在在的震撼。

要理解原子，并且统一1900—1930年实验室发现的一系列明显自相矛盾的实验现象，就意味着科学家们要有革命性的想法和态度。那些曾在很广泛的意义上给事件演进带来精准预言的物理学方程，现在却只能计算出一个"概率"——一个事件发生的可能性。代表着精确性和必然性的牛顿方程（经典的决定论）被薛定谔的新方程和海森堡关于不确定性和概率的数学表达所取代。

那么在自然界中这种原子尺度的不确定性是如何展示的呢？其实可以在很多地方遇到这种情况，这里我们举一个简单的例子。在实验室里我们知道，如果我们有一堆放射性原子，比如说铀，那么在一段确定的时间内一半数量的原子会消失（其实我们的意思是"衰变成其他更小的原子"），这段时间就称为这种元素的半衰期。再经过一个半衰期，剩下的原子又会减少一半的数量（所以两个半衰期后我们原来拥有的放射性原子只剩1/4，三个半衰期后只剩1/8，以此类推）。原则上讲，如果肯费力气，我们可以用量子物理学计算铀原子的半衰期。类似地，我们可以从基本粒子出发计算出其他种类原子的半衰期，这使得那些原子物理学家、核物理学家和粒子物理学家保住了铁饭碗。但是，量子理论不能预测单独的一个铀原子什么时候消失（衰变）。

这是一个难以令人满意的结果。也就是说，如果铀原子符合牛顿的经典物理体系，那么只要给出足够的前提细节，我们总可以预言一个特定的原子什么时候会衰变。量子物理却与此不同，它只能够告诉我们模糊的概率。可以说，量子理论已经断言，衰变概率是我们能够了解的关于一个特定原子衰变的全部信息。

让我们再来看一个量子世界里的例子：如果有不多不少正好两个可以分辨的光子（构成光的粒子）由相同的路径射向一块玻璃，它们可以直接穿透玻璃，也可能被反射回去。量子物理学无法预言具体哪一个光子穿透了，哪一个被反射了。从理论上说，我们根本无法知晓一个特定光子未来会怎样，我们只能够计算各种可能情形（透射或反射）的概率。我们有可能通过量子物理计算得到这样一个结论：每一个光子有 10% 的可能性被玻璃反射回去，有 90% 的可能性透射过去。但是也就到此为止了。尽管量子物理有明显的不确定性，但它为我们提供了一个正确的方法去认识这个世界是如何运转的，事实上，这也是唯一正确的方法。量子物理同样也为我们认识原子结构、原子演变、分子构造以及辐射（所有从原子发出来的光）提供了唯一方法。后来人们发现，在解释原子核中质子和中子是如何紧紧地束缚在一起、太阳为什么可以产生如此巨大的能量输出等原子核核内问题时，量子物理同样很成功。

既然伽利略和牛顿的经典物理学无法描述原子行为，那它又怎能简洁且精确地预言日食发生的时间、预言 2061 年一个周四的下午哈雷彗星会造访地球以及求出宇宙飞船的轨道？我们生活中很多事情都是仰仗着牛顿物理学的出色表现，比如确保机翼是固定在飞机上且能使其在天上飞行，确保大桥和大楼在风中屹立不倒，确保外科手术的机械手精准无误。如果量子力学最终十分确定这个世界并非按照经典物理学的方式运行，那后者又是怎样在这些日常生活中正常发挥作用的呢？

当遇到大量原子聚集在一起的情形，比如刚才例子里的机翼、大桥甚至机械手，量子理论的那种诡异的反直觉行为——其理论中伴随的概率和不确定性——经过平均后又变回了经典的牛顿力学的那种适当且精确的可预见性行为。简而言之，是因为统计学。这就有点像根据统计学得出美国家庭平均成员数为2.637，虽然没有任何一个家庭恰好有2.637人，但这确实是一种非常严格而精确的表达。

在如今21世纪的现代社会里，量子物理已经成为所有原子及亚原子研究领域的重头戏，在材料学和宇宙学领域同样举足轻重。电子学及其他领域中和量子有关的成果，每年可以为美国经济带来数万亿美元的进账。同时，因对量子力学的理解而带来的生产效率的提高，每年又可以带来数万亿美元的增收。然而，仍然有少数特立独行的物理学家，他们在存在主义哲学家的鼓动下依然致力于这样一些基本思想的研究工作，包括定义量子理论，从某种程度上尝试彻底搞清量子力学，寄希望于量子理论存在某种更深层次的内在精确性，这种精确性此前只是在某种程度上被忽略了……总之，持这种想法的物理学家只是少数。

上帝掷骰子吗？

爱因斯坦有句名言："你相信掷骰子的上帝，我却信仰客观存在的世界中的完备定律和秩序，这正是我一直拼命地去思索的，试图得到的……即便量子力学理论在起初取得了伟大的胜利，但是也不能让我相信这样一个本质上是掷骰子游戏的理论，尽管我也充分意识到那些年轻的同行会将这归咎为我岁数太大了。"[3] 埃尔温·薛定谔曾感叹道："早知道我的波动方程会被用作这样（波函数的概率解释），我宁愿把文章烧了也不会发表……我不喜欢它，我也为曾经为它所做的一切感到内疚。"[4] 是什么在困扰着这些杰出的物理学家，让他们"背弃自己可爱的孩子们"？让我们审视一下上面爱因斯坦和薛定谔的抱怨，这通常被概括为：量子理论意味着"上帝在和宇宙掷骰子"。通向现代量子理论的突破性进展发生在1925年，当时，年轻的德国物理学家维尔纳·海森堡为缓解花粉症（枯草热），独自一人在北海的黑尔戈兰岛度假，就在这段时期他脑海中冒出了一个了不起的想法。[5]

那时在科学界，有一个新的假说羽翼渐丰。这种假说认为，原子是由一个高密度的中心核和围绕其运动的电子组成，就像行星绕着太阳转似的。海森堡思忖着电子在原子中的表现，然后他意识到，完全不需要了解这些电子绕原子核运动的确切轨道。电子似乎是在一个轨道和另一个轨道间进行不可思议的跳跃，同时发射出一段颜色严格确定的光（所谓颜色，就是光波的频率）。海森堡可以在数学上理解这一点，而并不需要求助于这样一种构想——原子像一个小型的太阳系，电子在其中沿着确定的轨道运动。他最终放弃了寻找电子在A、B两点之间的运动轨迹。事实上海森堡意识到，任何对A、B两点间电子运动的测量必定会干扰电子所有可能选择的路径。海森堡发展出一套理论，能够精确给出原子所发射的光的波长，且并不需要我们知道电子运动的轨迹。最终他发现，只有事件的可能性和其发生的概率是存在的，不确定性是与生俱来、不可改变的。这恰恰揭示了量子物理新的实质。

海森堡针对那一系列令人困惑的量子实验的革命性解释，一下子解放了他的前辈尼尔斯·玻尔的思想。玻尔被称为量子理论的"父亲""爷爷"和"接生婆"，他在海森堡的大胆想法的基础上，又往前迈进了一大步，以至于海森堡本人都被震惊了。海森堡回过劲儿后便加入了玻尔的狂热派，而他当时的那些声名显赫的前辈和同事却没有一并加入。玻尔坚持认为，如果知道一个电子详细的轨迹对确定其行为没有什么意义的话，那么，特定而准确的电子"轨道"（电子围绕原子核运动，如同行星在公转轨道上围绕恒星运动）便同样没有任何意义，我们不如索性抛弃这个想法。观察和测量是最终具有决定性的行为，但测量行为本身便会让一个系统在它各种可能性中选择一个。换句话讲，客观实在并非被不确定的测量结果所蒙蔽，而是在原子尺度上，用传统的伽利略式的确定性去思考什么是客观实在这个想法本身就是错误的。

在量子物理中，人们发现，一个系统的物理状态和该系统是否感知到观察行为的存在，两者之间有某种诡异的关系。来自另一个系统的观测行为会使得该系统原来的量子态被重置，或者说"坍缩"成其无数可能状态中的一种。试想，当电子通过屏上两个孔中的一个时（每次只发射一个电子，并在屏后面很远处去探测其通过后的情况），我们会发现远处探测器得到什么样的图案取决于有没有人或东西知道电子穿过了（或者没穿过）哪一个孔。这会不会太诡异了点？换句话说，电子的图案取决于是否有这样一种对电子穿过哪个孔的"测量"行为发生。如果有，我们就得到了一个确定的结果；但如果没有"测量"的话，我们会得到一个完全不同的结果。当没有人"盯着"它们的时候，电子似乎非常怪异地一次同时通过两个孔；反过来，当有人在"盯着"它们的时候，它们则会选择一条明确的路径！这些电子既不是单纯的粒子也不是单纯的波——两者都是，却又两者都不是——这是前所未有的新事物，它们就是量子态。[6]

有一点小小意外的就是，许多曾在原子科学初期做出过贡献的物理学家，后来竟无法接受眼前发生的各种怪诞现象。海森堡–玻尔有关量子理论中的实在性解释，有时也被称作"哥本哈根解释"，对其最好的理解方式便是当我们在原子尺度下进行测量时，我们，或者测量设备，会对量子态本身产生一个非常大的干扰。到头来，量子理论终究和我们关于实在的固有观念不同。我们必须学着来接受量子理论，多和它打交道，测试它，做一些实验，建立起能够例证各种不同实验情形的理论，慢慢地，我们就会熟悉量子理论了。这样一来，我们就会发展出一种新的"量子直觉"，而不会再像最开始时所感受到的那般反直觉。

量子物理的另一个重大突破同样也发生在1925年，它完全独立于海森堡的理论。实现这次突破的是维也纳出生的理论物理学家埃尔温·薛定谔。当时的薛定谔恰好也在度假，但他可不像海森堡那样孤独一人。薛定谔和他的朋友、物理学家赫尔曼·外尔（Herman Weyl）建立起的科学协作方式是历史上最著名的方式之一。外尔是一个非常厉害的数学家，他在相对论和电子的相对论性理论的发展上做出了一定的贡献。外尔为薛定谔提供数学上的帮助，而同时他和薛定谔的妻子"关系密切"。这种比较"混乱"的关系在维多利亚时代晚期的维也纳知识分子中并不罕见。此外，薛定谔本人的一段婚外情，从某种意义上说，促成了量子理论中最重要的发现之一。[7]

1925 年 12 月，薛定谔前往瑞士阿尔卑斯山上的阿罗萨小镇，在山上的别墅里度过了自己两个半星期的假期。他把妻子安妮留在了家里，带上了一个来自维也纳的旧情人。他还带上了法国物理学家路易·德布罗意的几篇学术论文，以及两颗珍珠。他把珍珠一边一个塞到耳朵里屏蔽噪声，全神贯注地读着德布罗意的文章，就在这个时候，他创造了量子理论的"波动力学"表达。波动力学是理解这个正处在发展初期的量子理论的一种全新的方式，它用到的是一种更为简单的数学形式，是当时的物理学家本来就很熟悉的一类方程。这个突破极大地推动了尚未成熟的量子力学的发展，使其被更多物理学家所接受。[8] 如今在物理学界无人不知的薛定谔的波动方程，被人们习惯性称作"薛定谔方程"，这个方程或许加速了当时量子物理的研究进程，但也因为其最终解释给它的发现者带来了困扰。由于波动方程激发了人们在认识和哲学层面的革命，薛定谔后来后悔自己发表了这个理论，这着实让人感到吃惊。

薛定谔做了这样一件事，把电子从数学形式上描述成一列波。在此之前，电子被认为是一个坚硬的小球，而事实上在一些特定的实验中，它确实表现得很像波。物理学家对波非常熟悉，这样的例子多得很，如水波、光波、空气和固体中的声波、无线电、微波等，当时的物理学家已经对这些很明白了。薛定谔认为，各种粒子（比如电子）在量子理论看来，实际上都是一种新形式的波，即所谓"物质波"。"物质波"这个词听起来奇怪，但它的方程物理学家用着却很舒服，它似乎使得所有关于量子理论的正确答案都指向了简洁明了的波动行为。薛定谔的波动力学给了物理学界一些人某种程度上的安慰，他们正在挣扎着理解这个冉冉升起的量子理论，却又觉得海森堡的理论或许太过抽象。

薛定谔方程的关键之处便是波动方程的解，它用波来描述电子。这个解由希腊符号 Ψ 表示（读作"普西"），并被命名为"波函数"，它包含了我们已知的或可能知道的电子的全部。当我们解这个方程的时候会得到一个关于空间和时间的函数，换言之，薛定谔方程告诉了我们波函数在空间和时间中是如何变化的。[9]

薛定谔方程可以用在氢原子上，它可以明确告诉我们电子在原子中正在跳着怎样的"舞蹈"：电子波（用 Ψ 来描述）事实上是以各式各样的波形在振动着，就像一个铃铛或者其他什么乐器振动产生的波形。例如，拨动小提琴或吉他的琴弦，我们可以用一个可被观测的确切的形状和一定的能量来表示琴弦产生的机械振动。薛定谔方程就是这样给了我们电子在原子中不同振动能级的一系列正确解。氢原子能级的概念在之前玻尔关于量子理论的最初的猜测中已经是确定了的（现在人们把那套理论归为"旧量子论"）。原子发射出有限能量的光（对应光谱中的一系列"谱线"）现在被认为是和电子跃迁有关，即电子从一个振动状态跳到另一个振动状态，比如从" Ψ_2 "态跳到" Ψ_1 "态。

这就是薛定谔方程的力量，你可以通过一个波函数的数学形式 Ψ 来轻松描绘出它的运动。而且，波动的概念可以被轻松地应用到任何需要量子理论来处理的系统，比如大量的电子、整个原子、分子、晶体、具有自由电子的金属、原子核内的质子和中子等，以及如今由夸克组成的各种粒子——夸克是组成质子、中子等原子核内物质的基本构造单元。

在薛定谔的意识里，电子就仅仅是波了，像声波或者水波什么的，似乎可以忘掉它们粒子的那一面了，或者承认那些是错觉。在薛定谔的解释当中，Ψ 就是一种全新的"物质波"，普通又简单。然而到头来薛定谔的这种解释却被证明是错误的。可是这种波函数毕竟描述的还是一种波的行为，这个波到底是什么波呢？矛盾的是，电子仍然表现得像点状物质（点粒子），当它们撞到荧光屏的时候会产生一个个极小的点。那么这种粒子属性该如何与"物质波"属性进行调和？

德国物理学家马克斯·玻恩［歌手奥莉维亚·纽顿-约翰（Olivia Newton-John）的外祖父］不久后便得到了一个关于薛定谔所谓的"物质波"更好的解释，并且这个解释如今成了这门新的物理领域的主要原则。玻恩声称这种波和电子之间的联系便是"概率波"。[10] 玻恩认为，实际上波函数的平方（Ψ^2）表示的正是我们某时刻在某处找到这个电子的概率。无论在何处或何时，如果 Ψ^2 很大，那么我们发现这个电子的概率就很大；反之，如果 Ψ^2 很小，那么我们就很难找到它了；如果 $\Psi^2 = 0$，那么概率就是零，电子压根就不会在这里出现了。就像海森堡的突破性发现一样，玻恩的理论较之当时更清晰、更好理解的薛定谔的理论，也是一个革命性的观点。

玻恩说得很清楚，我们不能确切地知道电子到底在哪。它在这儿吗？呃，它有85%的概率在这儿。那它在那儿吗？也可能吧，那儿有15%的可能性。玻恩的概率解释明确地告诉了你，实验中的哪些内容可以被准确地预言，哪些内容不可以被准确地预言。你可以做两个明显一致的实验，但却得到全然不同的结果。粒子在选择在哪和做啥的问题上表现得非常任性，完全没有尊重我们在经典科学范畴内已经公认的铁律——因果律。在崭新的量子理论中，上帝的确在和宇宙掷骰子。

薛定谔因自己在这场让人感到不安的物理学革命中扮演了一个推波助澜的角色而感到非常恼火。还有更为讽刺的事情，玻恩的概率解释的灵感来自1911年发表的一篇猜想式的文章，而爱因斯坦便是其作者之一。终其余生，薛定谔和爱因斯坦始终站在反对量子理论的队伍之中。马克斯·普朗克同样属于这个队伍，他也曾说："由哥本哈根那群人提出的概率解释简直就是对我们深爱的物理学的背叛。"[11]

在19世纪与20世纪之交，马克斯·普朗克是柏林最伟大的理论物理学家。普朗克同样对量子理论的这个新兴的解释感到非常沮丧。这件事情听起来非常讽刺，因为普朗克是毫无疑问的量子理论的鼻祖，甚至在19世纪这门新学科创立之初，正是他发明了"量子"（quantum）一词。

我们完全能够理解为什么有些人觉得支持概率解释是大逆不道的行为。他们更愿意接受的是严格的因果律统治整个宇宙。拿一个普通的网球，朝着平滑的混凝土墙扔过去，然后它就会朝你弹回来。站在同一个位置，用同样大小的力，对着墙上同一个点不断地挥拍击球。在所有外界条件保持不变的情况下（比如风速），随着你自己的技能不断提升，网球便能够永远沿着完全相同的路径弹回来，一次接一次，直到你胳膊累了，或者球打坏了（也或者是墙受不了了）。安德烈·阿加西（Andre Agassi）就是凭借这个原理在温网上加冕的，同样还有小卡尔·瑞普肯（Cal Ripken Jr.），他因在卡姆登园金莺球场上准确地判断出路易斯维尔·斯拉格（Louisville Sluggers）击回的棒球而家喻户晓。但是如果你无法判断回弹结果呢？如果在非常偶然的情况下，网球穿过了混凝土墙呢？如果这只存在一种概率呢？比如100次中有55次回弹过来，有45次它直接穿墙而过；有时候球被球拍弹回去，其他一些时候球穿过球拍，这一切完全随机发生！当然，这一切对宏观世界中的网球来说是不可能发生的。但是原子的世界就迥然不同了，当电子撞到"电子墙"（势垒）时，有一定的概率可以穿墙而过（这种现象被称作"隧穿"）。所以你可以想象存在量子隧穿现象的"量子网球"是多么有挑战性、多么令人沮丧了。

其实我们在日常生活中也能看到光子的这种概率性的现象。假设你站在你最喜欢的"维多利亚的秘密"内衣店的橱窗外，你会在性感人模的鞋上看到自己在玻璃上一个隐约的影子。发生了什么？由粒子（光子）流构成的光线产生了一个类似量子世界的奇异结果。大多数的光子（例如来自类似于太阳这样的光源）从你的脸上反射出来并穿过商店橱窗的玻璃，于是这时恰好在玻璃另一侧的人（装扮橱窗模特的店员？）就会看到你的影像（帅毙了！）。但是有一小部分的光子被玻璃反射了回来，产生了你的模糊影子，叠在了橱窗中展示的又短又紧的内衣上。那么，为什么有的光子穿过去了而另外的一些却被玻璃反射回来了呢？

　　经过一些非常仔细的实验，我们清楚地认识到，预测这些光子中哪些透射过去、哪些被反射回来是不可能的事儿。我们只能通过计算得到光子透射或者被反射的概率。运用量子理论分析一个飞向商店橱窗的光子，那么薛定谔方程可能会告诉我们，有96%的可能性光子会穿透玻璃，同时依然有4%的可能性它会被反射回来。但是到底哪些光子会被反射、哪些会透过去，即便用你能想象到的最好设备去测试都没有办法预判。上帝是通过掷骰子来决定的，或者说量子理论也不过是在掷骰子吧（好吧，上帝也可能是在玩乐透转盘，不过不管用的是什么道具，总归都与概率有关）。

　　你可以用一些更"土豪"的方式来重复这个橱窗实验：向一个电子势垒发射电子，这个电子势垒是真空中的一个金属丝网，与电池负极相连，电池的电压为10伏。如果电子的能量只有9伏，它们便会被弹回去，换句话说就是"反射"。9伏能量的电子不足以克服10伏势垒带来的斥力。但是薛定谔方程告诉我们，电子波函数的一部分透过了势垒，另一部分被反射回去，就像光量子遇到商店橱窗时的情形。然而我们从没有见过半个电子或是半个光子，这些粒子不会像一坨橡皮泥一样说分开就分开。粒子总是要么整个被反射，要么整个穿透过去，20%反射率的意思就是电子有20%的概率被整个反射。薛定谔方程的解是以 Ψ^2 的形式给出的。

　　正是上述这类实验让物理学界放弃了薛定谔"橡皮泥"式的解释（电子等

同于"物质波"），转而认同看似更脑洞大开的想法，即薛定谔方程的解是数学形式的波函数，而平方之后，它就可以描述在某处找到这个电子的概率。当我们向靶屏打出 1 000 个电子时，盖革计数器可能会告诉我们其中568个电子透过了靶屏以及另外432个电子被反射回去。但在电子撞到靶屏前，到底哪些电子会选择哪种方式，我们则不得而知。这就是量子物理让人抓狂的事实，我们只能通过 Ψ^2 计算出一个可能的概率。

鬼魅般的超距作用

阿尔伯特·爱因斯坦进一步强调："我真的不敢苟同（量子理论），因为它不能和这样一个想法和平共处，即物理应该描述的是时间和空间的实在，而没有鬼魅般的超距作用。"[12]

爱因斯坦认为他找到了量子物理基本原理的一个致命的缺陷，而量子物理的支持者（尤其是玻尔）坚信一个粒子的各个属性在我们测量它们之前根本没有真正的客观实在。对爱因斯坦而言，"不测量便不存在"的观点是荒谬的。在他看来，粒子是客观存在的，并且具有像位置、速度、质量和电荷这样的属性，即便在我们没有观察它们，甚至在我们还不知道这些值表示什么意思的时候。他只同意这样一个常识性的想法，就是测量一个很小的粒子的时候会干扰到它，并且会引入一些未知的改变。在整个宇宙中，量子态一经测量便会突变（见第7章注释8），这个概念会指向另一个观点，那就是信号（信息）从某种意义上说允许远距离瞬间传递，速度可以比光速还快，而这显然是不可能的。根据爱因斯坦相对论，没有什么（传递信息）的速度是可以超过光速的。

所以在1935年，爱因斯坦描述了一个思想实验，并认为它可能会终结"实在仅仅是'被强加的'或者仅在测量时才会有"这个说法。这个思想实验就是

EPR 思想实验（通常被称作 EPR 佯谬），用爱因斯坦（Einstein）和他的两个合作者鲍里斯·波多尔斯基（Podolsky）与纳森·罗森（Rosen）的名字命名。EPR佯谬设想了这样一个情形：放射性的"母粒子"裂变后得到两个粒子，这两个粒子的各种属性，包括速度、自旋和电荷等都是相关联的。比方说，在遥远的太空有一个电中性的放射性"母粒子"裂变得到两个"子粒子"，分别是带负电的"莫利"和带正电的"琼"。这两个粒子带着等量相反的电荷，向相反的方向飞走，但是我们不知道具体哪一个粒子选的哪条路。琼可能来到了皮奥里亚，而莫利则去了半人马座 α 星。在经典物理学中，结果往往是非此即彼，但是在量子理论当中，量子态实际上可以用一种不确定的混合态来描述，即"纠缠态"：

（琼→皮奥里亚，莫利→半人马座 α 星）＋

（琼→半人马座 α 星，莫利→皮奥里亚）

两个或更多个可能状态相加（或"叠加"）可产生一个"混合的"或"叠加的"状态，这种特性正是量子理论标志性的特征，即享受着同一时间占据所有可能状态的特权。[13] 在对系统进行明确的测量之前，我们不知道两种可能状态中到底哪一个才是真实的状态。由此可见，量子态可以在瞬间发生改变以呈现出测量的结果。

所以，这就会导致一个非常诡异的事情发生：当我们测量到达皮奥里亚的粒子的电荷时，我们会瞬间知道到达半人马座 α 星的那个粒子的带电情况，并且完全不用去测量那个超出我们航行范围的遥远星际处的实际情形。也就是说，如果我们在皮奥里亚观察到了琼，我们便瞬间知道到达半人马座 α 星的是莫利。之前跨越整个宇宙的纠缠态瞬间改变了，或者说是"坍缩"了，变成了一种"纯态"：

（琼→皮奥里亚，莫利→半人马座 α 星）

既然量子理论允许有两种情形存在并且仅仅给我们指出了每种情形发生的概率，

所以结果也完全可能是另一种情形（莫利→皮奥里亚，琼→半人马座 α 星）。

有人会说其实即便认可经典物理的正确性，我们同样也能有相同的发现。但是在经典物理中，观察行为并不会带来状态的改变，也就是说，我们只是突然知道了这个经典物理中的真实状态是什么状态。经典的物理态从来不可能是混合的状态，它们有确定的实在。当观察一个经典的物理态的时候，只有我们自己的认识发生了改变——从未知变已知。然而在量子理论中，一旦我们去测量系统时，琼和莫利的真实的物理态（或者说是波函数）就突然改变了，这个改变是瞬时的，并且可以跨越整个宇宙，这才是不同于经典态的全新的量子态。

在爱因斯坦看来，这意味着信息传递必须瞬间跨越整个宇宙，至少是从皮奥里亚到半人马 α 星，而这违反了自然界信息传递速度不能超过光速的原理。据此，爱因斯坦肯定会向玻尔说："这下你完了吧！"

对玻尔的量子力学解释而言，这确实是一种极具杀伤力的反驳。既然琼的位置可以通过测量莫利而无须直接测其本身而获知，这两个粒子的属性是相关联的并由最初的放射性粒子的量子态决定，那么到达半人马座 α 星的粒子的属性必须也应该是实在的。然而玻尔认为，在测量发生之前对粒子而言并不存在一个确定的属性。由于存在这种通过本地测量来决定远处属性的现象，所以爱因斯坦得出推论，认为量子力学意味着某种"鬼魅般的超距作用"；而且，玻尔的解释暗示可以有信号传递得比光速还快，因此量子理论是不完备的或者有瑕疵的。正是这类问题，导致诸如普朗克、德布罗意、薛定谔和爱因斯坦等物理学家拒绝接受量子理论。

这个 EPR 思想实验是否是插入量子理论心脏的一把利剑？显然不是！量子理论仍然在我们身边且非常好用，而且恐怕是迄今为止科学史上最成功的理论。那么取得胜利的量子物理又是怎样回击爱因斯坦强有力的攻辩呢？本质上来说，EPR 佯谬的潜台词是"是的，物质的态确实重置"（或者说，"坍缩"为两个可能的态中的一个），这一切瞬间发生，并可以穿越整个宇宙。但是，你用尽浑身解数都无法设计一个实验，去揭示由鬼魅般的超距作用所带来的任何结果。没有任何信息能以超过光速的速度传送到半人马座 α 星，那里的观察者只有观察到谁来了才知道："哦，原来是莫利来了"。同样，观察者在进行测量之前也不会意识到纠缠量子态坍缩为一个特定的态。因此 EPR 思想实验没有违反"自然界的因果关系"，因为信号的速度低于或等于光速。玻尔说过，实在仍然受制于测量行为，他还说："任何没有被量子理论震惊的人肯定是还不懂它的人"。[14]

　　让人略微欣慰的是 EPR 佯谬带来的困惑似乎仅限于那朦胧而遥远的原子世界，一个牛顿定律不再适用的地方；但我们似乎也不能高枕无忧，毕竟我们全部是由原子构成的……

薛定谔的猫

　　在走出量子理论中那些令人绝望的哲学泥潭之前，我们应该去瞄一眼现如今已经如雷贯耳的"薛定谔的猫"悖论。这个悖论将由统计概率主宰的扑朔迷离的量子微观世界与由确定的物理状态组成的牛顿的宏观世界联系到了一起。就像爱因斯坦、波多尔斯基和罗森一样，薛定谔同样反对那样一个物理世界——一个在观测之前没有客观实在的世界，一个在观测之前仅仅是各种可能性混在一起的世界。薛定谔的悖论原本是要嘲讽上述那种世界观，可如今却被用于调侃科学家们。他通过这个思想实验，让量子效应在我们日常的宏观世界中富有戏剧性地显现出来。在设计这个实验时，他同样利用了放射现象，其中粒子按一定的概率衰变，尽管我们不能预言某部分粒子到底什么时候衰变。也就是说，我们可以预言比如一小时时间里有多少百分比的粒子会衰变，但无法预知具体哪一个单个的粒子会在这个小时里衰变。

薛定谔的精妙设计是这样的：将一只猫和一瓶致命毒气一起放进盒子里。在盖革计数器的管子中放上少量的衰变物质，这种物质的量很少，经过一小时也才只有50%的概率探测到有一个原子发生裂变。最后我们做出了这么一个"小题大做"的装置：原子的衰变会触发盖革计数器，然后会激发一个电磁继电器，进而触发一个小锤子，这个小锤子会打碎装有毒气的瓶子，最后毒气会杀死这只猫。（天哪，这群20世纪初的维也纳知识分子真会玩……）

那么问题来了，经过了一个小时这只猫是死了还是活着？如果我们用量子波函数来描述整个系统，这个不知死活的猫就是一个混合态，即"既死又活"（请原谅我的措辞）。波函数 Ψ 告诉我们此刻的情形应该是一个"猫活"和"猫死"的混合态[15]，换言之，应该用 $\Psi_{猫活} + \Psi_{猫死}$ 这样的形式来描述这个混合的量子态。所以在一小时后，即便在宏观世界中，我们也只能得到这只猫活着或死去的概率，分别为 $\Psi^2_{猫活}$ 和 $\Psi^2_{猫死}$。

那么问题又来了：是否在某人或什么其他东西观察箱子内情形的那一瞬间，"猫活"或"猫死"的量子态就被确定下来了呢？难道那只猫不会紧张地看着盖革计数器，自己作为观测者吗？或者"谁是凶手"这个问题可以进一步扩展：放射性物质的衰变可以用计算机监控，并且将猫在任一瞬间的状态打印到箱子内的一页纸上。当第一次用电脑去探测它时，猫是否确定地活着或者死去？那么当这个信息在纸上完全被打印出来的时候呢？或者当我们看打印结果的时候呢？再或者在原子衰变后一束电子在盖革传感器的管内让盖革计数器发出"嘀嗒"一声的时候（此时，从亚原子的过程过渡为宏观世界的现象）呢？薛定谔的"盒中猫"悖论，像EPR思想实验一样，成为强有力的反面论据挑战着新生的量子理论。根据直觉，我们显然不会有一只"混合状态"的猫，一半活，一半死……呃，这个可以有吗？

就像我们后面会看到的，实验显示薛定谔的这只宏观世界的猫确实可以以一种混合态存在，当然这只猫是一个较大的宏观系统的例子。换句话说，量子理论允许宏观尺度的混合态，所以量子理论这次又赢了。

量子理论的影响范围确实可以涵盖从原子的小尺度到宏观系统的大尺度。比如在一种被称为"超导"的量子现象中，特定的材料在极低的温度下会变成完美的导体。电流可以无阻地在环路中流动，并且磁体可以永久悬浮在通电的超导环上。同样的例子还有"超流"现象，液氦可以沿着器皿侧壁上下流动，或者从细管中向上喷出一道喷泉然后流回器皿，这个过程可以一直连续地进行并且不消耗任何能量（所谓喷泉效应）。就像神秘的"希格斯机制"使得所有基本粒子获得了质量，量子理论也不允许有例外，也就是说我们最终都变成了同一个盒子中的猫咪了。

> 过了许多年时光，
> 忽听得敲门声响，
> 我想起门没有锁，
> 我怎能将它锁上。
> 我旋即吹灭了灯，
> 轻轻走在地板上，
> 又悄悄举起双手，
> 对着门祷告思量。
> 敲门声又响起来！
> 我看见窗户洞开，
> 于是偷偷爬上去，
> 一闪身跳到窗外。
> 我转身探进脑袋，
> 喊了一声：进来！

管它敲门的是谁，

有什么可以奇怪。

就这样一声门响，

我居然跳了出来，

投身不锁的世界，

随岁月漂流在外。

——罗伯特·弗罗斯特《无锁之门》[16]

很简单的数学，很夸张的数字

我们的目的不过是让你了解这门已经发展起来的新物理学的一些理论，这些理论能帮助你理解原子和分子诡异的微观世界。我们只对读者有两个小小的要求：第一，对眼前世界充满好奇；第二，熟练掌握偏微分方程。噢，别走！我们在开玩笑。我们给文科的大一新生上了很多年的课，非常理解"外行人"对数学的恐惧和厌恶。所以，我们不用数学，至少不用很多数学，只偶尔会用到一点点。

科学家关于世界的诠释应该作为每个人教育的一部分。在古希腊人放弃神话并开始寻求对宇宙的理性解释之后，量子理论是最具颠覆性的理论，它极大地扩展了人类的认知范围。但近代科学家扩展我们的智力边界也是有代价的，代价就是我们需要接受量子理论和一大堆反直觉的诡异结果。记着，这种代价很大程度上是由于旧的牛顿体系在描述原子的全新世界时所遭遇的失败。不过，我们科学家仍会尽最大努力，去扩展我们认知的边界。

因为量子理论将我们带入了一个非常小的领域，我们不妨从这里开始用科学记数法（比如10^4），以达到化繁为简的目的。请不要被吓到，我们在后面可能会反复用到它。这仅仅是一种用10的若干次方的形式来表示非常大或非常小的数字，比如说，10^4就是1后面跟着4个零（也就是10的4次方），即10 000；对应的，10^{-4}就是小数点后面有4位，即0.000 1（或者表示为1／10 000）。

自然界中的一些长度和距离就可以用科学记数法表示：

- 1米是一个典型的人类量级的尺寸：一个小孩的高度、胳膊的长度、一大步的距离。

- 1厘米，或者10^{-2}米（读作"十的负二次方米"）差不多是指甲盖、一只蜜蜂或一颗腰果的长度。

- 10的负四次方米，即10^{-4}米，针尖或蚂蚁腿的尺寸。目前为止还都是经典的牛顿物理支配的范围。

- 1微米，即10^{-6}米，我们将进入活细胞中大分子的世界，比如DNA。在这里，量子现象开始出现。这个尺度也接近可见光的波长了。

- 一个金原子的大小约为10^{-9}米。最小的原子、氢原子的大小接近10^{-10}米。

- 一个原子的原子核为10^{-15}米；一个质子或中子的大小是10^{-16}米，在这个尺度以下，我们会在质子内发现夸克。10^{-19}米则是目前最强大的加速器——在瑞士日内瓦的大型强子对撞机（LHC）——能够直接探测到的最小尺寸。

- 10^{-35}米是我们相信存在的最小量级的距离，在这个尺度上量子效应使得距离本身已经失去了意义。

我们从实验中知道，要想了解从原子（10^{-9}米）到原子核（10^{-15}米）范围的现象，量子理论是可用的，也是必须用的。换个说法，原子核的大小是千万亿分之一米。此前，科学家用费米实验室的万亿电子伏特加速器（Tevatron）在

10^{-18} 米的尺度上实验，并未发现量子力学不再适用的迹象，这是那时我们能探索到的最小尺度。当欧洲核子研究中心（CERN）的大型强子对撞机投入运行后，科学家们把这个尺度进一步缩小了一个量级。这个陌生的极微观世界，与我们的日常生活相距遥远，发现它远不像欧洲人发现美洲大陆那样简单。事实上，既然宇宙就是完全由亚原子核世界的"公民"所组成，所以这个陌生的新世界，其实就是我们熟悉的那个世界，而宇宙的属性、它的过去和将来也将由量子理论所揭示。

量子力学，从理论到事实

有些人会问："我们为什么要关心量子理论，如果它事实上仅仅是一个理论呢？反正有了一堆理论之后还会有更多理论。"我们科学家在很多情形下其实是误用了"理论"这个词，"理论"这个词事实上根本不是科学上严格定义的一个词。

让我们举一个简单的例子——住在大西洋海岸附近的人会发现太阳会在每天早上5点从海面升起，并在晚上7点在另一个方向落下去。为了解释这个现象，一个受人尊重的教授给出了一套理论：其实有无穷多个太阳在地平线以下排成一排，它们之间的间隔是24小时，这些太阳始终在地球的一侧冒出来并在另一侧掉下去。另外有一个"更经济"的理论便是，天上只有一个太阳并且它绕着球形的地球转，每24小时转一圈。还有第三个理论，它更加奇异且反直觉，它说那是一个固定不动的太阳，而地球会绕着一个轴自转，周期为24小时。所以我们有了三个相互矛盾的理论。这里"理论"这个词指的是一种假说或猜想，目的是以理性的、有条理的方式来理解、解释数据。

关于太阳的第一个理论由于种种原因很快就被丢弃掉了。可能是因为太阳黑子的图案每天都是一样的，或者因为它本身就是一个愚蠢的理论。第二个理论就更难处置一点，但是观察其他星球我们会发现它们都是绕着轴自转的，所以地球为什么不同样如此呢？最终，通过对地球表面的详细测量，我们实际上已经确切知道它在绕轴自转，所以只有一个理论幸存下来，那就是绕轴自转理论，简称"自转"。

我们有这样一个问题：在刚才一系列的讨论中，我们从没有放弃使用"理论"这个词，也没有用"事实"来代替它。几百年过去了，我们依然习惯用"自转理论"这个词，即便这个理论现在就如同我们了解的任何其他事实一样已经板上钉钉了。我们想说的是，这个幸存下来的理论只是与测量和观察最吻合而已——事实上我们越是在多变的和极端的环境下去测量，越会发现这个理论是多么吻合。最后自转理论占据科学的高地，至少在一个更合适的理论提出之前是如此。然而我们仍然使用了"理论"这个词。这一切或许可以归究于我们过去的一种经验：即便那些在一定范围内被验证为正确的理论已经变成了普遍接受的事实，当我们把它们应用到更广泛的情况时，最终可能还是要进行一些修正。

所以如今我们拥有了诸如相对论、量子理论、电磁理论、达尔文进化论等"理论"，所有这些理论都具有相当强的科学可接受性。这些理论都给出了它们涉及现象的有效解释，并且在它们所在领域内被认为是正确的事实。我们也有一些新提出的理论，比如说超弦理论，实为一些非常不错的待验证的假说，它们最终是成功确立还是被丢一旁，都是有可能的。我们有很多老的理论，比如"燃素"说（燃素是一种假想的流体，充塞在所有生物体内）和"热质"说（热质同样是假想的流体，它是热的）最后都被我们彻底抛弃了。如今量子理论在所有科学中是最成功的理论，事实就是：量子理论就是事实真相！

直觉？点燃你的反直觉！

当我们走进原子世界的时候，我们的所有直觉可能都不再可信了。我们之前在宏观世界所获得的那些信息，在这里可能都不再有用了。其实日常生活中给我们提供的经验极为有限，我们没有以几百万倍子弹的速度移动过，我们也没有体会过数十亿倍太阳核心温度的炙热，我们更没有和单独的分子、原子或原子核同台共舞过。然而，虽然我们关于自然最直接的一些经验是非常有限的，但是科学却让我们能够认识到我们之外世界的广袤和多样。我们的一个同事有过这样一个比喻：我们就像是蛋壳内的雏鸡，靠鸡蛋里储备的食物为生，直到所有的食物都消耗殆尽，我们以为到了世界的尽头；但很快蛋壳破开了，我们暴露在一个更广阔（也更有趣）的全新世界中。

这是绝大多数成年人都会有的直觉：我们身边的物体，比如椅子、灯泡和小猫，不管我们是否在那里看着它们，它们都是客观存在的，具有其自身的一系列性质。还有，如果我们在连续数天内准备一个实验，我们还会形成另外一种习惯性的信念，例如，让两辆玩具车在两条相同的斜坡上以完全相同的方式进行比赛，那么我们将得到同样的结果；如果一个棒球从击球手飞向外野手，在球经过轨迹上的每一个点时，它都有确定的位置和确定的速度。你凭直觉难道不会觉得这个现象理所当然吗？一系列棒球的快照（这不就是视频嘛）可以用来在任一瞬间给球定位，把所有这些快照叠在一起，就可以确定出一条平滑的棒球轨迹。

在存在诸如椅子和棒球这类物体的宏观世界里，这种直觉对我们仍然是有帮助的。但是我们已经看到并将继续看到，原子世界里正发生着怪异的事情。准备好让你最珍视的直觉接受考验吧，敬请等待颠覆的到来！科学史就是一部颠覆现存知识的革命史。比如牛顿革命颠覆了（之后也被证明是有局限的）伽利略、开普勒和哥白尼的成果和科学概念。电磁理论的情况与此如出一辙。经典电磁理论的集大成者是詹姆斯·克拉克·麦克斯韦。[17]在 19 世纪，麦克斯韦拓展了牛顿的力学。爱因斯坦的相对论颠覆了牛顿体系，并且拓展到了高速的情形，对空间、时间和引力都有着更为深刻的认识。当然，牛顿力学在低速情况下依然是适用的。量子理论颠覆了牛顿和麦克斯韦的理论，所以我们这才得以了解原子尺度下的世界。无论哪一次颠覆，新生的理论都不得不在旧有理论的语言体系下被理解，至少在最初的时候是这样的。但是当试图探讨量子理论的时候，我们发现，"经典"理论的语言——就是我们人类的语言——失效了。

爱因斯坦和其他量子理论反对者们遇到的困难是，用描述宏观物体的旧物理体系的语言和哲学很难去理解新的原子物理。这个问题我们今天仍然要面对。我们必须学会"用量子理论的语言去理解牛顿和麦克斯韦的旧世界是如何从这个新理论中产生出来的"。如果我们是原子般大小的科学家，我们可能就会在充满量子现象的环境中长大，然后我们中的一些夸克大小的异族朋友就会问："如果我们把 10^{23} 个原子塞到一个我们称之为'棒球'的东西里，我们将会遇到怎样的一个世界？"

量子物理的世界如鬼魅一般，充满着"概率性""不确定性""客观实在性"等挑战我们语言的概念。这在 20 世纪末的时候依然是一个困扰着人们的问题。有报道称，理查德·费曼曾参与一个电视节目，主持人礼貌地请求他给电视前的观众解释一下两个磁铁间的作用力，而他拒绝了。这个伟大的理论物理学家回答："我没法说。"后来他解释了为何当时他拒绝解释这个问题：主持人（和绝大多数的人）明白力的概念，例如手对桌子的压力，这就是他们的世界、他们的语言。但是当系统涉及静电力和量子理论，以及材料的各种属性，这就复杂了。电视采访希望费曼可以将这个崭新的、纯粹的磁力用"旧世界"人们熟悉的那些语言来解释一下。

就如我们会看到的这样，理解量子物理意味着我们要进入一个全新的世界。这个理论无疑是 20 世纪所有科学解释中最伟大的一个发现，并且在整个 21 世纪里都会占据重要地位。量子理论太重要了，如果仅仅让那些专业人士从中得到快乐或受益的话，那就太可惜了。

到了21世纪的第二个十年，那些声名赫赫的物理学家依然在费尽心思地去寻觅一个在哲学意义上更令人满意的、善意而温和的量子理论版本，一个尽量少地违反人们直觉的版本，然而他们的努力似乎并没有得到什么结果。另外一些物理学家则直接以量子理论本身的样子掌握它，并在此基础上大步前进，使这些规则适应了新的对称性原理，推想出了弦和膜以代替点状粒子，构建出宏大的物理图像以描述比我们当今电子显微镜能看到的再小数万亿倍尺度的情形。后者的方式似乎更有成效，它也强烈地暗示着，我们也许能够将所有已知的作用力以及时空的特殊结构统一起来。

这本书的目的既要传达量子理论带来的种种不安，也要传达它对我们理解自然所产生的深远影响。我们认为量子理论的诡异之处大多源自人类自身认知的局限，自然界必然有它自身的语言，而我们必须理解它，就像我们应该学着读加缪*的法语原著，而非硬是将它转换成美国俚语。如果法语在理解和表达上给我们造成困惑，那么我们可以尝试在普罗旺斯度上几个长假，呼吸下法国空气，这比我们在远处坐等这些内容都被迫变成我们自己的语言要强得多。在接下来的章节里，我们希望给大家带来一个这样的世界，它就在我们之内却又远超我们自身世界之外——还有一点点额外的收获就是，你可以掌握一门理解这个华丽的新世界的语言。

---

* 阿尔贝·加缪（Albert Camus），法国著名小说家、哲学家，1957年获诺贝尔文学奖，代表作有《局外人》《鼠疫》等。——译者（本书所有脚注均为译者注）

第2章

经典力学：从伽利略到牛顿

　　当伽利略走上比萨斜塔并扔下重量不同的两个球时（但两个球的形状相同，这是为了有相同的空气阻力），他已经不仅仅是在展示科学实验了。他是在进行一次伟大的科学路演，在公开地嘲讽比萨大学的亚里士多德理论维护者。或许，他也是为了争取更多的基金而作秀（迫于无奈，在职业生涯中，伽利略也一度以占星术士的身份侍奉美第奇家族，以获得他们的资助）。更具深远意义的是，伽利略证明了用实证主义代替我们依赖的直觉或教条主义的重要性。

　　什么是实在？到底是什么让"物理世界"具有意义？当我们深入钻研量子理论时，在这样的问题上，你那些与生俱来的直觉将会受到巨大的挑战。那些观看比萨斜塔实验并听到两个物体落在斜塔脚下时同时发出的"砰"的一声的普通观众当时是极为震惊的，不过你在量子理论面前感到的震惊很可能比他们还多。一个重物怎么会不比更轻的物体更先落地呢？亚里士多德难道错了？直觉也是被教出来的，古希腊人其实从来不会去做实验看看到底哪个球会先落地。直觉这东西毕竟不是与生俱来，而是在观察世界时积累起来的。

　　在伽利略的时代，欧洲人2 000年以来都被告知重的物体比轻的下落更快；同样地，他们还被告知运动的物体在自然状态下（可以理解为不受外力的状态）最终一定会停下来；还有，地球是宇宙的中心——"世间万物有它的规律，月亮、太阳和行星在我们周围旋转，天堂在上，地狱在下"。伽利略那些大胆的想法都是基于观察及相应结果的推理：两个物体，不管它们有多重（这里忽略空气阻力），当它们从同一高度同时落下时，都将在同一时间落地。这是一个可以通过实验来验证的结论。此外，物体会保持匀速直线运动，直到有一个力作用在它上面，改变其运动状态——和上面一样，这个结论也可以通过在光滑无摩擦的平面上运动的物体来检验。太阳是太阳系的中心，系内行星（其中包括地球）以椭圆轨道绕着太阳转，月亮则绕着地球转，这解决了很多原来地心说与实际观测的一些矛盾。在1600年伽利略的这些想法和1930年时的量子理论一样，都是反直觉的。[1]

在了解量子物理构成的让人眩晕的宇宙之前，你必须先知晓一些在它之前的科学，那就是所谓的经典物理。经典物理的巅峰时期长达数百年，这开启于伽利略之前的那段时间，并在之后被牛顿、法拉第、麦克斯韦、赫兹和许多其他科学家进一步提炼和完善。[2] 经典物理设置了一种如钟表般精密的宇宙，直到20世纪初，这个有序的、因果相关的、精确且可预测的宇宙观一直都处于至高无上的地位。

从复杂现象到简单本质

为了能感受什么叫"反直觉的想法"，请想象一下我们的地球，这个看上去那么坚实，那么永恒，那么稳定的庞然大物。我们在它上面可以轻松地让早餐托盘保持平衡，不洒出来哪怕一滴咖啡，但事实上地球是在绕着地轴不停地旋转的，在地球表面上的物体根本就没静置在那里，而是和旋转的地球一起旋转，就像一个巨大的旋转木马。赤道附近地面的速度有每小时1 000英里之多，喷气式飞机的速度也不过如此。这还没有完，地球以令人眩晕的每小时67 000英里的速度围绕着太阳公转，与此同时，整个太阳系又相对银河中心以更高的速度飞行着。然而尽管太阳每天东升西落，我们并没有察觉到这一切，我们也很难注意到这种运动。这是怎么回事呢？我们在马背上几乎不可能好好写字，甚至在洲际公路上以每小时70英里的速度奔驰的汽车上也很难做到；另一方面，我们应该都见过这样一个画面：在以每小时 18 000 英里的速度绕地飞行的太空舱内，宇航员能够将线穿过针鼻儿，还能展示各种复杂精巧的活儿。那些飘浮着的宇航员，远离那个在下面旋转着的蓝色星球，他们表现得完全不像在做绕地高速飞行运动。

　　　　太阳的图案，

　　　　能，但也只能与其自身重合。

　　　　要想光芒万丈就必须有一个圆盘，

　　　　是之太阳。

　　　　　　　　　　　　　　　　——艾米莉·狄金森《太阳的图案》[3]

　　如果我们周围的物体和我们保持相同的运动状态，并且这个运动是均匀的而没有加速，那么我们的直觉根本不会察觉到我们其实是在动的。古希腊人坚信存在一种绝对的静止，那就是贴在地球表面的状态。伽利略对这种说法发起挑战，继而用一种全新的更科学的理论取代了当时备受推崇的"亚里士多德式"直觉。我们知道，其实坐着不动和近似恒定的匀速运动状态是没有什么区别的。宇航员在他们自己看来就是一动不动地坐着的，但是在我们地上的人看来他们却是以每小时 18 000 英里的速度从头上疾驰而过的。

　　在目光如炬的伽利略看来，轻的物体和重的物体以相同的速度下落并同时落地这件事情是那么的明显。但对大多数的人来说，这远没有那么显而易见，因为生活经验所告诉我们的似乎与此相反。但是伽利略通过实验揭示了真实的情况，并指出其反直觉的原因：其实只不过是周围空气的阻力掩盖了背后的实际情形。在伽利略看来，周围的空气是一些干扰因素，它使得自然的简单本质被深深隐藏在复杂的表象之下。他认识到，当没有空气时所有的物体都将以同样的速度下落，甚至羽毛和巨石也会一起下落。

事实上，地球引力的拉拽程度，或者说重力的大小取决于被吸引物体本身有多大的质量，质量是物体含有多少物质的一个量度。

重力只是一定质量的物体所感受到的地球吸引力（还记不记得你的科学老师经常说"一个物体拿到月球上后质量是不会变的，但是重力会变小"，而科学老师们和我们一样，都是因为伽利略等人的研究才认识到这个事实的）。物体的质量越大，它受到的引力就越大；两倍的质量就意味着要受两倍的引力。但同时还有这样一个事实，那就是越重的物体对改变它运动状态的抵抗能力越强。这两种相反的趋势正好相互抵消，于是所有的物体都会以相同的速度下落（如果我们忽略空气阻力的话）。空气阻力是一个复杂的干扰因素。

对古希腊的哲学家来说，一个物体最自然的状态就是静止不动，这样的想法似乎是理所当然的。如果我们去踢一个足球，它会在地上朝前滚动并最终停下来；你的汽车只在汽油消耗完之前可以维持一个运动状态，而之后会慢下来直到停住；在练习球台上推出去一个冰球，它会在走过几米后也停下来。所有这些都是那么显而易见，是典型的亚里士多德式看法（我们每人心中都有个亚里士多德）。

但是伽利略发展出了一个更深刻的直觉：他认识到，如果给冰球打蜡抛光，它会在一个同样打蜡抛光过的桌子上走得更远；如果把桌子换成一个结冰的湖，那么它可以走得非常远。如果去除掉所有摩擦力和其他复杂因素，这个冰球会沿着一条直线以一个恒定的速度一直走下去。"原来如此！"伽利略推出，减缓运动的是冰球和桌子之间的摩擦力（汽车停下来也是因为与路面之间的摩擦力），摩擦力就是一种干扰因素。

在一个大学实验教室里你可能会找到一个长长的导轨，它上面有上千个可以出气的小孔，可以托起一个金属小车（冰球的替代品），让它浮在空气之上行进。在轨道的两头固定着两个塑料保险杠，只需要一个很小的力去推一下，它就能滑向一个保险杠，碰完之后返回来，然后反复不断地碰撞下去，这个小车可以一整节课都在这个 15 英尺的轨道上来来回回。

为什么小车自己能走这么远而不停？这让我们觉得非常有趣，因为它违反了我们的直觉。然而，当我们终于摆脱了摩擦力这个干扰因素之后，我们却见识到潜藏在其下的真正的世界原貌。从他谈不上先进的科学实验中（尽管如此，但还是极具启发性），伽利略发现了自然界的一个新法则并将其公式化，他说："一个孤立并处在运动状态的物体会一直维持它的运动。"这里他说的"孤立"是指不受摩擦力或者其他什么影响因素，只有力能够改变物体匀速运动的状态。

这很违背直觉？必须的！我们很难想象一个真正"孤立"的物体，因为我们平时在卧室里、棒球场上或地球上其他什么地方，从来没遇到过这样的怪物。我们只能在精心设计的实验中近似地得到这样理想的一个运动状态。但经过许多类似在空气轨道上行走的小车的实验验证，这条法则最后终于变成了差不多物理系大一新生的直觉的一部分了。

科学的方法包括对世界细致的观察。在过去四百年，科学的方法之所以能取得巨大成功，至关重要的一点便是它可以让我们去抽象出、创造出一个纯粹的想象中的迷你世界，这里没有真实世界的复杂性，因而我们得以发现自然界内在的基本法则。更进一步，我们可以再回来攻克这个更为复杂的真实世界，对那些干扰因素如摩擦力或空气阻力进行量化。

让我们来思考另一个重要的例子：真实的太阳系是很复杂的——中心是一颗恒星，即太阳，九个小一些并具有不同质量的行星在周围（或者八个，如果你不算冥王星的话），这些行星通常还有自己的卫星，所有这些星球都和其他的星球相吸引，并且呈现出一套极度复杂的"芭蕾舞步"。为了简化这样一个系统，艾萨克·牛顿提出一个简单而理想化的问题：考虑这样一个只有一个太阳和一个行星的系统，那么它们会如何运动呢？

这种方法被称为"还原论"。当你要处理一个复杂的系统（比如九颗行星和一个太阳）时，仅需考虑系统中的一小部分（一个行星和一个太阳）。这样的话，当前整个系统的问题就都能够解决，原来复杂系统中的特性便显现出来。例如，在考虑太阳系中行星围绕太阳的运动时，可以将系统简化成一个独立行星在绕着太阳转动，然后引入行星间的引力作为修正。

还原论方法并非总能适用或者管用，这就是为什么龙卷风和水管内水流的湍流行为至今仍没有被彻底搞清楚，更别说大分子和生命体中更为复杂的现象了，它们是极其复杂的物理系统。当由物理学家抽象出的简单体系和我们所在的这个真实而纷乱的世界没有相差太远的时候，还原论方法还是非常好用的。在刚才太阳系的那个例子里，太阳对地球的引力占压倒性地位，所以我们在忽略了火星、金星、木星等行星对地球的影响后，也还能得到一个不错的结果。也就是说，仅仅考虑地球–太阳这个简单系统，我们就能得到关于地球轨道的一个非常合理的描述。一旦我们从新方法获得自信，我们就可以回到之前讨论的部分，花些力气讨论包含更复杂的因素的情形。

抛物线和钟摆

忽然，我听到了一阵嘈杂的人声，听到了一阵嘹亮的声音，像是无数号角的奏鸣。我还听到了似乎是雷霆万钧的刺耳的声音！炽热的墙壁"唰"的一下恢复了原状。正当我晕乎乎地快要跌入深渊之际，一只手臂伸来，一把抓住了我的胳膊。那是拉萨尔将军的手，法国军队已开进托莱多城，宗教法庭沦陷敌手。

——爱伦·坡《陷坑与钟摆》[4]

　　经典物理，或者说量子力学之前的物理，有两大支柱理论体系：第一个是17世纪伽利略–牛顿的理论体系；第二个则是19世纪由一系列物理学家发展起来的涵盖电学、磁学和光学的理论体系，而这群物理学家的名字也化身为各种电学单位：库仑、奥斯特、欧姆、法拉第和麦克斯韦。让我们首先思考物理学大师牛顿的宇宙，他是我们的英雄伽利略的继承者。

　　掉落的物体，它在下落过程中速度的变化率是一个确定的值（被称为加速度）。一个抛射物、打飞的棒球或者加农炮打出的炮弹，在离落点不同位置的点组成了一个非常优雅的弧，它正是数学殿堂中的尤物——抛物线。钟摆则是一个重物附在长长的线上，另一端高高地固定在上面，就像老爷爷的时钟，或者是树杈上用一条绳子系着的轮胎，荡过去再荡回来，时间非常精确，甚至可以用来校对你的手表。太阳和月亮对地球共同的引力产生了潮汐。以上所有现象，都可以用牛顿运动力学来理解和阐述。

　　牛顿做出了两项极具创造力的发现，在人类历史上都很难有与其相提并论的。这两项发现都用了同一种数学语言，那就是微积分，其中相当一部分内容是他为了将自己的理论预言和实际情况进行对比而不得不发明出来的。他的第一个发现，常常表述为牛顿三大定律，是一套计算已知受力物体的运动的方法。牛顿有可能会这么说："给我全部受力情况和一台够强大的电脑，我就能给你一个未来。"不过据我们所知，他应该是没说过这话。

　　作用在一个物体上的外力可以通过几乎所有东西传递过去：绳子、棒、人的肌肉、风压、水压、磁场，等等。引力，这个自然界中十分特别的力便是牛顿第二伟大的发现。牛顿用一个简单到不可思议的方程全面概括了这样一个现象：所有物体彼此之间都有相互吸引力。这个力随着两个物体之间的距离的增大而减弱。比如距离增大到两倍时，那么两者间的引力变为原来的四分之一；同理，三倍的距离对应原来九分之一的引力。这是著名的"平方反比律"，意味着我们离一个物体足够远时，它对我们的作用可以小到我们期望的一个值。我们能感受到的来自半人马座 α 星（它是离太阳最近的恒星之一了，只有 4 光年的距离，换句话说，光从半人马座 α 星到我们这里需要四年时间）的引力相当于地球引力的 1/10 000 000 000 000，即 10^{-13} 倍，大致相当于一美元除以美国全年 GDP。反过来，如果我们离一颗致密的大质量物体足够近，比如在中子星的表面，那么我们会被引力挤压进一个原子核里。牛顿力学能够解释引力是如何作用在下落的苹果、抛射物、钟摆和其他地球表面的物体上的，这也是我们生活所涉及的范围。引力同样也在广袤的宇宙空间中起着作用，比方说在地球和太阳之间 9 300 万英里的距离上。

但当我们离开我们的地球后，牛顿定律还能那样好用吗？好用就意味着这个理论的结论必须符合实际测量的结果（允许有一定的实验误差）。你猜怎么着？结果就是，牛顿定律在整个太阳系中总体上说是非常好用的。事实上当我们仅考虑单独一个星球围绕太阳的轨道时，得到的结果与这个星球的实际情况非常接近，所以牛顿定律能够非常好地预测行星的椭圆轨道。然而当我们注意到一些更小的细节时，我们会发现火星轨道的一些微小偏差，火星的轨道并不是一个完美的椭圆，如之前"二体系统"的还原论方法（仅考虑太阳和火星）近似预测的那样。

当我们分析一个独立的太阳–火星系统时，我们会忽略来自地球、金星、木星等其他行星对火星的相对较小的引力作用，其实这些行星也都在拉扯着火星。当火星路过木星时，它会被后者狠狠地"拽"那么几下。当经过更大的时间尺度后，这样的效应会一点点积累起来。在几十亿年后，火星甚至可能会被木星就这么踢出太阳系家族，这个情节就像那些真人秀节目里参与者被淘汰的桥段。所以，当我们在一个更大的时间尺度内观察行星运动的时候，这里的问题会变得更加复杂。但如果用上现代的计算机，我们就能够处理这些微弱（或许并不那么微弱）的摄动，其中还要考虑进一点点爱因斯坦的广义相对论（引力理论的现代形式）。当我们将这些因素通通考虑进来后，我们会发现理论和实际观测的结果比之前吻合得更好了。但是牛顿理论还能在数万亿英里距离的星球间起作用吗？尽管说引力的强度随着距离的增加而衰减，但是现代天文测量告诉我们，引力的作用可以延伸到我们所知的整个宇宙的尺度上，且永远在起着作用。

现在让我们稍稍停下来，思忖一下牛顿定律所支配的各种各样的运动行为：苹果严格沿着竖直方向下落，实际上是落向地球的中心；炮弹弹壳划出带来死亡的抛物弧线；月亮悬挂在25万英里的高空上，牵动着地球上的海洋和我们浪漫的内心；行星围绕太阳飞行的轨道是接近正圆的椭圆形；彗星向着太阳飞过来，然后它的轨道被弯成了一个细长的椭圆形，这使得彗星可能需要再经历数十甚至数百年才能再次回到太阳身边。从最小的到最大的，宇宙中所有的物质都以这样可精确预言的方式运动着，全部这些，都要归功于我们的艾萨克·牛顿爵士！

这么一两个简单的方程，怎么会囊括如此之多的结论呢？

加农炮和宇宙

牛顿自己也曾仔细思考他的引力定律的应用范围。为了能得到答案，他设计了一个假想的加农炮，放置在悬崖的边缘。在这个问题里，他想计算出加农炮弹打出的轨迹和将它射出时用的火药量之间的关系。如果我们现在重复这个实验，那么我们可以从一小包廉价的、过期变质的火药开始实验，这时火药很可能会"嘶"一声就灭了，基本上连将炮弹推出炮膛都很勉强，然后炮弹可能直直地落到地上，就像树上落下的苹果一样——这两个行为都是受引力影响并受运动定律支配的。

所以接下来，我们可能会尝试用一袋标准大小且官方制作的火药。"嘭！"

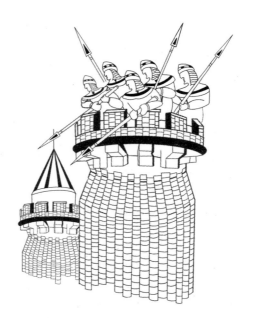

图1：将军命令填充一袋火药并发射加农炮。火药潮湿且变质了。"嘶"一声，加农炮强挤出来一发，射出的炮弹近乎垂直地以32英尺每二次方秒的加速度落到地上，就像砸到牛顿的苹果一样。

这一次炮弹从炮膛里滑出来并在空中划过一段优美的弧线，掉在距离悬崖边缘底部100码的地上，尽管如此，这个距离可能对将军来说还不够远。所以我们最好用3袋火药试一下，并且在这次发射前我们将炮膛稍微升起一点。"嘣！"这次炮弹会从炮膛中被撞出来并且打出一个高高的漂亮的抛物线，并在5英里外砸到地上。

　　但是将军仍然想让他们的大家伙更给力，那么我们就上一种特制的高能火药——直接就来10袋。然后瞬间就听"轰隆！"一声巨响，这好似打雷一般同时迸发着火光的爆炸甚至让几英里以外观察哨里的将军都能感受到。他们无比期待地去搜索目标区域却什么也没找到，难道加农炮弹被这次猛烈无比的爆炸给炸成粉末以至于消失了？他们最好给实验室的小伙伴们去个电话。"10袋？"小伙伴们都惊呆了，"你们这群白痴把炮弹送上了轨道！"不用怀疑，这个加农

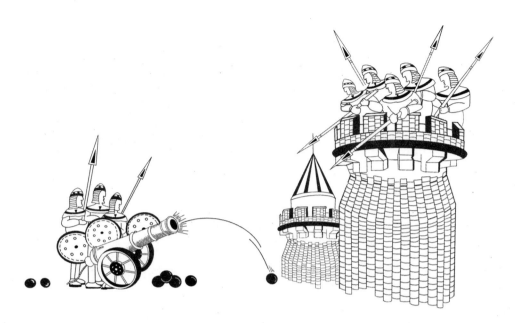

图2：将军命令使用3袋火药，只听"嘣"的一声，炮弹沿着一个抛物线直奔城堡而去，此刻炮弹以32英尺每二次方秒的加速度落向地面，并在距离城堡很近的地方着地。

炮弹90分钟后会飞到他们后脑勺的位置，它有点像一个新的地球卫星，刚刚绕地球飞了一整圈。

这个"假想的"实验忽略了空气阻力，但是从另一方面来说，这正是牛顿方程可以预言的结果。地球引力总是驱使加农炮弹"落"向地球，但是上面每种情况的初始条件不尽相同。一个较低的初速度使得炮弹基本上垂直地落向地面，较高的初速度则使炮弹有一个近地的抛物线轨道。初速度越高，炮弹在落回地球表面前飞行得越远。然而考虑到地球表面是弯的，那么会有一个临界速度，在这个速度下炮弹"落"向地球的趋势恰好和地球弯曲的程度相等：这时候炮弹就进入了所谓的轨道。如果我们继续添加两三袋特制的高能火药，那么炮弹的弧线会有离开地面的趋势，同时也将逃离地球对它的吸引力。关于引力的基本方程总是一样的，但不同的初始条件会产生各种各样的结果，从小行星

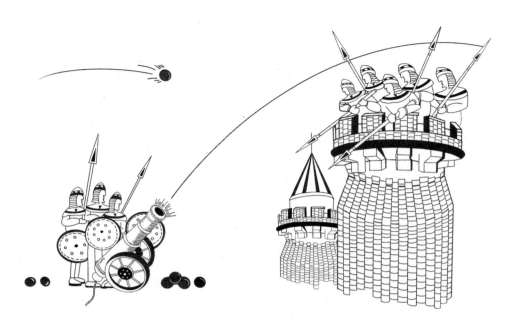

图3：将军下令用10袋火药，"轰隆"一声，炮弹飞出去了，并且90分钟后它绕了地球一圈飞到部队的身后了。尽管这次炮弹仍然是以32英尺每二次方秒的加速度落向地球，但是大地正好也以同样的速率在往里收（相对于飞行的炮弹），因为地球表面本来就是弯的，而且炮弹快到可以感受到这个变化了，所以这就保证了炮弹可以维持一个弯曲的轨道（实际就是圆形轨道了）。

到彗星，从"旅行者"号探测器到那些在膝盖上绑着弹力绳然后从桥上跳下的"傻瓜"，所有这些无不如此。

假使你对这个还有些怀疑，牛顿那惊艳而普适的方程还有更深层次的哲学内涵：当我们知道了任何一个物体的初始条件——在加农炮的例子里初始条件即为（1）某时刻加农炮弹的位置；（2）它此刻飞行的方向和速率（这和我们加了多少火药有关）——然后我们就能够，原则上来说，去精确预测它的全部未来。呃，预测未来？现在可真的是在挑战亚里士多德的哲学了！

比方说，如果我们知道太阳系中行星确切的初始位置（它们每个星球距离太阳的位置）和它们确切的速度，以及它们之间确切的受力情况（这取决于它们质量的大小），同时我们还拥有一台运算能力超强的计算机，那么我们就可以预测整个太阳系遥远的未来，要多精确有多精确。下一步可能是个更大胆的想法：如果我们知道组成胚胎期太阳系的高温涡旋尘埃云中每一个粒子的初始条件，那么我们就能够预测未来这些行星和它们卫星的形成。在经典物理里所有事情都是可预知的，只要我们有足够强的计算能力和精确地掌握全部初始条件。我们甚至有表述这个概念的一个词：我们说经典物理是"决定论"的。在经典物理里，未来可以被严格地决定，至少理论上可以。在我们进入量子理论革命之后千万别忘了这个事实。

美国国家宇航局（NASA）依赖于牛顿定律并将其通过编程写入电脑，以此来预测那些行星卫星的复杂轨道。加州理工学院、麻省理工学院及其他研究机构的学生将牛顿定律应用到机械工程、土木工程和建筑学等领域。这些定律使得太空旅行成为可能，也让我们可以设计桥梁、摩天大楼、汽车和航天器，正因为这些产物，现代文明才变得如此繁荣和多样。

那么，牛顿的理论哪里有问题呢？很简单！尽管我们享用了它300年，但牛顿体系在两个领域里失效了：高速领域（接近光速运动的物体）和微观领域（原子尺度）。在后者中起作用的正是量子力学。

第3章

"光"怪陆离

在离开经典物理之前，我们需要花一点时间，和光打一次交道，并好好思考一下这方面的问题。当我们开始深入探索量子领域后，很多从一开始就困扰着我们的关于光的重要问题，会再一次以新的面孔冒出来。与此同时，我们也一起回顾一下经典框架中的光学理论是怎么诞生的。[1]

光是能量的一种形式，并且有很多方式可以将电能转换成光（比如一个电烤箱或者一个电灯泡）或者将化学能转换成光（比如一支蜡烛或火焰）。太阳光是来自太阳表面强烈的加热作用，而这些能量来自在太阳最深处被称作核聚变的反应过程。从核反应堆中心区域发射出来的放射性粒子会使周围的冷却水发出微弱的蓝光，这是发射出的粒子撕裂水中原子（离子化）的结果。

向任意一块物质中注入少量的能量时都会起到加热作用，比如一个铁块。当注入的能量在一个比较低的量级时，那么这种加热作用可以用我们的手去感受一下（甚至木匠都知道当我们将一个钉子敲进木头或从木头中拔出来时它都会变热）。当铁块热到一定程度后会发出淡淡的红色光芒，对外放出微弱的辐射；随着温度的升高，在红色光芒中会增添些许橙色和黄色；继续升高温度，里面还将混入绿色和蓝色。结局就是，假设我们可以给铁块加热到足够高的温度，它将发出明亮的白色光线，也就是所有颜色光混合的结果。

我们能看到身边绝大多数的物体，并不是因为它们能发射光线，而是因为它们能够反射光线，这种对光的反射并非完美的反射，除了那种平滑的镜子。一个红色的物体从太阳那里接收到白色的光线，而它仅反射了其中红色的部分，同时吸收了橙色、绿色、紫色等其他部分。不同的颜料其实就是一些对光表现出不同吸收效果的化学物质。对一种材料中加入颜料的机理便是在有选择地反射一些颜色，与此同时那些没被反射的就都被吸收了。白色的物体反射所有颜色的光，反过来黑色的物体就吸收所有颜色的光，这就是为啥在大晴天的时候停车场的沥青路面会变得如此之烫，为啥在热带地区穿白色 T 恤会比黑色的更舒服些。这些关于吸收、反射、热效应以及对不同颜色光的反应的现象，全部可以被各式各样的科学仪器测量到，并且用数字表达出来。

光充满了奇趣。我"看见"房间里另一侧的你，应该是从你身上反射的光线射到我眼睛里来了。蛮有意思！然而你的朋友，爱德华，他正在看一台钢琴，然而从钢琴反射的光线可以横穿由你反射到我眼里的光线，并且没有明显的相互干扰。光线（当没有弥漫的粉笔末或烟的时候，其本身可以说是不可见的）可以轻松穿过另一束光。但是，比方说当来自两个手电筒的光线同时照到一个物体上，那么它会有两倍于只有一个手电筒照射时那么亮。

让我们来看一个鱼缸，你需要一个小手电筒，一个全黑的屋子，一些粉尘（你可以快速地拍打黑板擦或者拖把），那么你会看到空气中被粉笔末反射的光束，会看到斜射入水面时被弯曲的光束（你有可能看到一脸茫然的毛足鲈在巴望着食物）。类似这样，光线被玻璃或塑料等透明材料"掰弯"的现象叫作折射。童子军用放大镜把太阳光聚焦到一小撮木头上来点火，他们充分利用了透镜对光的折射原理，每一束光线被弯折并指向同一点，这个点被称作"焦点"。因此他们成功地将光能凝聚到一起，迅速加热了木头并使其燃烧起来。

在我们窗户上悬着的玻璃三棱镜将白色的太阳光按照光谱中不同的颜色分开来：赤、橙、黄、绿、蓝、靛、紫。我们的眼睛对可见光的颜色是会有反应的，但是我们也知道能量在不可见的部分依然是连续分布的，光谱中一端的不可见波段是长波长的红外光（比方说红外热灯、热的烤箱炉丝或者火焰余烬所产生的"光"），而另一端则是短波长的紫外光（又称"黑光"，气焊枪发出的强光中也有部分紫外光，这就要求焊接工人要佩戴护目镜）。所以白光是由等量的各种颜色光组成的。我们也可以用不同颜色的光重新混合成白光。利用一些测量设备，我们可以有选择性地测出每一个色带的强度（这里色带指的就是光的"波长"），于是我们可以将光中不同波长对应的强度值画到一张图表里。当我们试图为那些高温炙热的物体绘制这张图表时，我们会发现得到的图形是一个钟形曲线，在一个特定波长（颜色）的光的位置处达到峰值（见图13）。对较低温度的物体而言，曲线的峰值则出现在长波波段，或者说红光区。当我们提高发光体的温度时，会发现能量曲线的峰值会向光谱的蓝光区移动——当然，仍然有足够能量分布在其他颜色的区域，所以最后物体看上去是明亮的白色。在更高温度的情况时，物体便会发出耀眼的蓝白色光芒。在一个晴朗的晚上，你可以观察一下星星，你会发现它们在颜色上会有轻微的差别。发红的星星比白色的星星温度要低，这两者的温度又都小于那些发蓝的星星。这种颜色上的差异对应着恒星生命的不同阶段，因为它们在不同阶段所燃烧的核燃料的成分是不同的。这个简单的结果便给了量子理论一个"准生证"，关于这些内容，我们后面还有好多要说的。

光到底跑多快？

光是客观实在的，而且在从光源到你眼睛间需要走过一段距离，上述说法并不会让你立刻觉得有啥反直觉的。而对于一个孩子而言，光似乎并不需要"走"，它就是在那里亮着而已。如果光需要"走"的话，它就要有一个速度，而伽利略就是第一个尝试去确定光速的人。他雇了两个实验助手，让他们整夜守在两个相邻的山顶上，然后按照预先定好的时间遮住或打开煤油灯*。当两人的距离增加到足够远后，他们试着辨别出光这一来一回的延时。你可以很容易地通过类似的方法测出声速：目击一道闪电击中1英里外城市的水塔，然后数出过几秒你才能听到打雷声，便可以计算出声速了。声音的速度其实并不快，每秒不过1 000英尺，所以雷声行进1英里（约5 000英尺）要用大约5秒钟，这个延时还是很容易通过读秒数出来的。然而伽利略那个简陋的光速测量实验最后并没有成功，因为对于这个方法而言光速实在太快了。

1676年，一位名叫奥勒·罗默（Ole Römer）的丹麦天文学家在巴黎天文台用他自己的望远镜精确地测量了木星卫星的运动轨迹（这些木星的卫星早在100年前就被伽利略发现了）。[2] 罗默观察到木星卫星会绕着硕大的木星做椭圆运动，同时他还发现这些卫星在木星阴影区内消失和出现的时间之间常常会有一点点延时。而让人感到困惑的是，这个延时的长短取决于地球在公转轨道上与木星之间距离的远近（比如说木星最大的卫星木卫三在12月份时走出木星阴影的时间会提前一点儿，而7月份的时候会滞后一点）。罗默意识到他观察到的这个效应就是由于光速有限所引起的，这和我们听到遥远处的雷声时（相对于看到它）会有一个延时是类似的。

当罗默对时间延迟的精确测量和1685年对地球—木星距离的第一次精确测量结合在一起后，便得到了光速的第一个精确测量值——这个天文数字为每秒30万千米。后来到1850年，两位非常有能力但有点好胜心切的法国科学家，阿曼德·斐索（Armand Fizeau）和让·傅科（Jean Foucault），他们第一次在不借助天文学而在地球上精确地测到了光速。随后科学圈内一场你追我赶的竞争便开始了——看谁测定光速的方法更好更准。这场竞赛一直持续到今天，目前测得的最准确值，即 $c = 299\ 792\ 458$ 米/秒。请注意，在物理学中我们通常称光速

---

*　具体实验是两名助手各提一盏煤油灯，同时使用伽利略发明的钟摆计时器开始计时，而第二个人在看到第一个人发来的光信号时也立即打开自己的灯，当第一个人看到第二个人发回的光信号时立即停止计时。

为 c，所以不管什么时候，当你看到类似于 $E = mc^2$ 的方程时，你要能认出这个 c 就是光速。此外，你也要意识到，这个物理常数是构成整个物理学宇宙错综复杂的谜团中最重要的部分之一。

光是什么？粒子还是波？

我们已经知道光以非常高的速度从空间中一点走（我们称之为"传播"）到另一点，但是关于光我们仍然还有一些非常基本的问题没有回答：光到底是什么？关于这个世界构成的方式，人们直觉的认识便是万物都是由非常小的东西组成的，我们可称之为粒子。所以一个似乎很让我们信服的想法就是光实际上是由一束粒子组成，从光源处发射出来并且被眼睛收集到，之后进入视网膜，这里会发生一些生物化学反应并在我们大脑里产生一种被称为"视觉"的体验。

鉴于粒子是可以携带能量的，将光想象成粒子是一个很好的假说。粒子可以散射出去，也就是遇到各种平面时会发生反射；它们可以诱导化学反应。但同时它们还必须具有某种内在结构，这样才能产生不同颜色。就像之前的伽利略一样，艾萨克·牛顿非常满意于他对当时所有可观测数据的解释，即光的传播如同"微小粒子组成的毛毛雨"。这些粒子在从一个光源发射出来后，会以一个不可思议的速度沿直线行进，直到撞到一些可以吸收、反射或者折射它们的材料。别忘了这可是在18世纪，这时候光速实际上已经被测出来了，所以不同于伽利略，牛顿知道光的传播并非一个瞬时的过程。理论总是需要来自实验的强力支撑，即使作为最伟大的物理学家之一的牛顿也是如此。牛顿总结得出，光的折射——光在玻璃或者水中发生弯曲的现象——与其微粒在玻璃、水或者其他介质中速度的改变有关。

为什么会发生折射？想象一束牛顿式的光的微粒以一定的角度打到一块玻

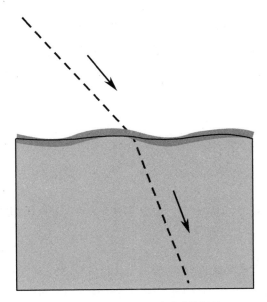

图4：光线从空气到水中发生的折射

璃或者水的表面，那么玻璃或者水这些介质会在光的微粒到达它们界面时"拖拽"它们，在一定程度上减弱其沿界面方向的运动。由于这一部分速度的损失最终导致微粒束流的"弯折"——这一切听起来都很有道理的样子。

然而在当时这不是解释折射的唯一理论。还有一个很有竞争力的想法，那就是类比声音的现象，声音被认为是以气压扰动的方式在空气中传播，也就是声波，这其实和水面波纹的传播很像。从这个假设出发恐怕会得到这样一个结论：整个宇宙填满了一种透明的填充物，而光是一种在这种介质中振动的波。和牛顿同时代的惠更斯，事实上就坚信光是以波的形式传播的，表现得就像当你用指尖轻触到一潭静止的池水时，向四面八方伸展的圆形波纹一样。惠更斯告诉人们，这种波在从空气进入致密介质时一样也会发生弯曲（折射），相较于空气，光速在这种使其弯折的致密介质中是会减小的。

事实上，光在玻璃或水这类介质中确实走得更慢。然而在那个时代，不通过天文学设备还没有谁能够测量出光的速度，所以这个理论的关键因素在之后的150年都未能被付诸实验验证。虽然上面这两种理论在那个年代都和实验数据吻合得很好，但是正是由于牛顿在物理学界的威信，他关于光的微粒说（牛顿称之为"光粒"）成为当时的标准理论——直到1807年。

托马斯·杨

那一年，一个博学的英国医生带着对物理学的无限激情表演了一个令人难忘的实验。托马斯·杨（1773—1829）是一个名副其实的神童。[3] 他两岁开始认字，六岁通读《圣经》两遍并开始学习拉丁语，在寄宿学校他学会用拉丁语、希腊语、法语和意大利语进行阅读，其间开始学习自然科学史、哲学和牛顿的微积分，掌握了制作望远镜和显微镜的技巧。还是十几岁的时候，杨就已经可以应对希伯来语、迦勒底语、叙利亚语、撒玛利亚语、阿拉伯语、波斯语、土耳其语和埃塞俄比亚语了。在1792年到1799年间，他到伦敦、爱丁堡和哥廷根等地攻读医学。在这段求学过程中他放弃了教友派（基督教的一个教派）信仰，并且纵情于各种音乐、舞蹈和喜剧。他曾自诩在自己的一生中从来没有虚度过哪怕一天。他非常痴迷古埃及学的研究，而且，这位超凡的学者、绅士、自学成才者，还是最早翻译古埃及象形文字的学者之一。他直到临终前还在坚持编译他的古埃及语字典。

不幸的是，杨并没有成为一名成功的医生，或许是因为他没有足够的自信，或许是他没有医生对待病人时那种很难描述出来的气质。不过正是他在伦敦期间越来越失意的从医实习，使得他有大把的时间可以去参加英国皇家学会的一些会议，并且和那个时代的科学大咖讨论一些想法。对我们来说，托马斯·杨最伟大的贡献就是在光学领域了。他于1800年开始了这方面的研究工作，并且在1807年之前展示了一系列越来越有决定性意义的实验来支持他的波动光学理论。但在讲述最有名的实验之前，我们需要稍微喘息片刻，来从整体上认识一下波动理论。

让我们来审视一下备受冲浪者和诗人喜爱的水波。想象大海深处各种海浪的情形，通过测量两个波峰之间的距离我们可以得到波长，而波峰高于平静时海面的高度被称为振幅。波峰可以高于基准面数英尺或数米，而波谷可以低于基准面同样的距离。波浪不断前进，其波峰在海面上以一定的速度移动着（这相当于光速对于光波）。一个从波峰到波谷然后再回到波峰的循环称为一个周期。接着就引出了频率的概念，即波峰（或波谷）通过特定一点的频率。比如说一分钟内有三个波峰经过，那么频率就是每分钟3次。将波峰之间的距离（波长，比如说30英尺）乘以频率（套用之前的每分钟3次）我们就能得到波速，在上面这个例子里波速是每分钟90英尺，也就是差不多每小时1英里。[4]

波的频率正是一个人们非常熟悉的声音特征量，并且可以完全靠人类的耳朵听出来。声波可以从30赫兹（赫兹，频率单位，单位时间内周期性变化的次数，符号为Hz）的低音一直变化到人类听力的上限，即非常尖锐的17 000赫兹。"音乐会标准音高A音"就是在钢琴键盘上高于中音C的第一个A，它的频率是440

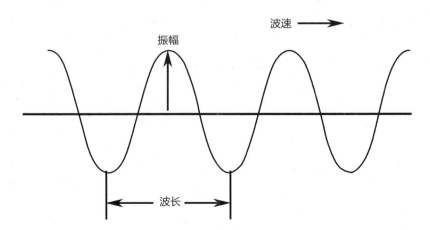

图5：图中所示即一列波，或者说"行波"。这列波是以速度c向右移动并有一个确定的波长（一个完整周期的长度，即从波峰到波峰，或从波谷到波谷的距离）。一名静止的观察者将以一定的频率（c除以波长）看到面前经过的这列波的波峰或波谷。振幅即高于基准零值的高度。

赫兹。就如我们已经看到的，声音在空气中的传播速度是每秒 1 100英尺或者每小时770英里。让我们稍稍用点数学：波长等于声速除以频率，由此可以推得，标准音高 A 音的波长是 1 100英尺／秒 ÷ 440赫兹 ＝ 2.5英尺。人类可以分辨的声音的波长范围是从 1 100英尺／秒 ÷ 17 000赫兹 ＝ 0.065英尺（约1.98厘米），到 1 100英尺／秒 ÷ 30赫兹 ＝ 37英尺（约11.27米）。这就是波长和声速的概念，二者共同决定声音怎样在山谷间回荡，怎样穿梭在瑞格利球场的上空，又是如何填满音乐厅的。

世界上存在着形形色色的波：水波、声波、绳子和弹簧上的波，以及可以摇晃我们脚下这个地球的地震波。所有这些波都可以用经典物理（非量子的）形式来表述。上述这些波中对应的振幅对应的物理量是各不相同的，它们分别是水面高度、声波的气压、绳子偏离中心的位移、弹簧的伸缩形变量，等等。当然，所有这些都涉及一种扰动，或者说是相对于没有受到干扰的平衡状态的一个偏差。这个扰动，就像一根被拉扯的长弹簧一样，以波的形式可以一直传递下去。在经典物理领域，正是振幅这个物理量决定了波动所承载的能量的大小。

想象一个渔夫坐在湖面上的小船里，他将绑着"浮漂"的鱼线投入水中，浮漂可以显示出鱼线入水且未触底的一个定量的深度值，并且当鱼上钩时还提供了一个肉眼可见的信号，当有水波经过时，浮漂只会上下浮动。像浮漂这样，在一个位置上循环变化、不断重复——从零点到达峰值，然后回落到零点并走向谷值，最后又回到零点——称为简谐波，又称正弦波。不管那么多，我们就叫它波好了。

衍射

现在我们再来说另一个现象，一个在波动领域至关重要的词：衍射。

考虑一个由海堤保护的港口，有一个狭窄的开口供船只通行。带有长长的平行波峰的海浪从很远的地方冲过来，拍打在海堤上。海浪冲到狭窄的开口（相对于海浪的波长来说，开口是"窄"的）时，将会穿过开口并向港口的各个方向扩散，狭窄的开口如同波浪的源头，使波浪向各个方向均匀地扩散。这种波从开口向各个方向扩散的现象称为衍射。声波也能做到这样，这就是为什么我们在拐角处也能听到声音。仔细的测量表明，波扩散的程度取决于波长和开口的大小。波长越长，开口越小，扩散就越广；而当开口比波长大时，波基本上按照原来的方向通过。

你可以通过在浴缸里的各种水波实验来重复上面这些现象，试着去重复像海浪通过有狭窄入口的港湾那样的长波长衍射。再或者，如果你是一个非常出

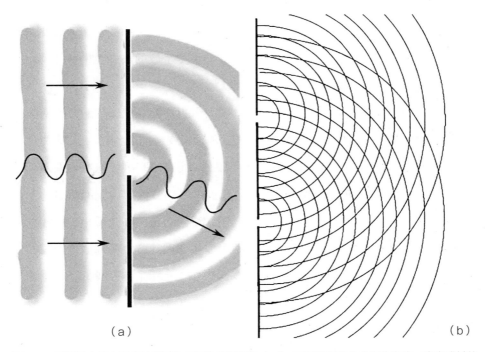

（a）　　　　　　　　　　　　　　　　　　　　　　（b）

图6：一列波浪在进入狭窄的港湾入口后的衍射行为（a），同样的现象也会发生在光、声音或其他形式的波上。正是由于声波的衍射，我们才能够听到墙角另一面的声音。光的单缝衍射是由有限的缝的宽度引起的，当我们同时有两个缝时，我们会得到图（b）里显示的图案。当经过双缝后的光打到屏幕上后，我们会看到当年托马斯·杨所看到的明暗交替的衍射图案。

色的观察者并且有很好的视力，你甚至可以用晚上街边的路灯看到衍射现象，而当你试着将眼睛眯成一条缝以减少进入眼睛的光后，你还可以看到闪烁的条纹——这也是衍射的一个例子。

光学的"波动论"之所以较晚产生，原因之一就是此前没有谁曾看到过具有说服力的光的衍射现象，即当其穿过一个小孔后改变原有的传播方向。因此，每个人都觉得光不会是波。但是杨最早坚持的论点便是光波的波长非常小（只有一英寸的十万分之一），所以光在通过缝时的衍射行为会非常轻微以至于逃过我们的观察。

我们是时候来介绍一下波的终极一面：干涉现象。波可以叠加（或者相消），这是它们在空间中处于同一位置时会发生的现象。此时有两种情形可能发生：波谷和波峰相遇并彼此相消，或者波峰和波峰、波谷和波谷相遇并叠加起来形成更大的波。事实上，海洋中可能会有那种多个波的波谷随机叠加到一起而形成"疯狗浪"，给船舶带来巨大的伤害。[5]

那些拥有着差不多相同波长（差不多相同的频率）的波在更大的空间范围内彼此叠加或相消时是最明显的。我们称那些波峰同时到达一点的两列波是"同相位"的，结果将得到一列大波，其振幅是原来单列波振幅的两倍（如果原来两列波振幅相同）。同样地，两列波也可以以"反相位"的状态达到同一点，然后彼此相消，使振幅降为零。其实在"同相位"和"反相位"两种可能性之间是一个连续过渡的情形，即在两列波相遇的地方，叠加后的振幅的值可能也是连续变化的。既然两列波可以以这种方式互相干涉，我们就称之为干涉现象。[6] 这种波峰或波谷相遇形成更大振幅的干涉被称为相长干涉，而波峰与波谷相消的干涉被称为相消干涉。现在大家就已经准备好去领略杨的双缝干涉实验了。

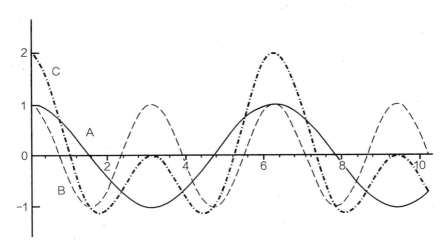

图 7：我们来看两列波是如何相加并彼此干扰的。如果我们用数学手段将波形 A［用实线代表的 cos(x)］和波形 B［用虚线代表的 cos(2x)］相加，我们会得到波形 C（用点虚线表示）。注意：波形 C 既可以有更高的波峰也可以有更低的波谷。当将更多的波相加后我们可以得到任意想要的波形（傅里叶分析）。

杨氏双缝干涉实验

　　杨氏双缝干涉实验是最早表明光波干涉现象的实验之一，并且它得到的结果完全不支持牛顿关于光的理论，即将光视作"光粒"或者粒子流。杨意识到，去挑战物理学这个伟大的偶像是非常冒险的，所以他在自己的论证的开头，很聪明地放上了牛顿本人的一段论述，在这段论述中，牛顿表达了他对光是波还是粒子的疑问。

　　为了能够重现杨氏双缝干涉实验以证明光的波动性，我们可以用一个便宜的激光笔作为固定光源，我们将光束指向一个屏幕——可以是一块带有两道相距很近的竖直狭缝的铝箔。狭缝要非常精细，比方说我们可以用刮胡刀片来划铝箔或者在烟色玻璃上蚀刻。两条狭缝要求是平行的并且相距大概一个毫米（越近越好）。光束经过两道狭缝后将照向第二块屏幕，与第一块屏幕相距比方

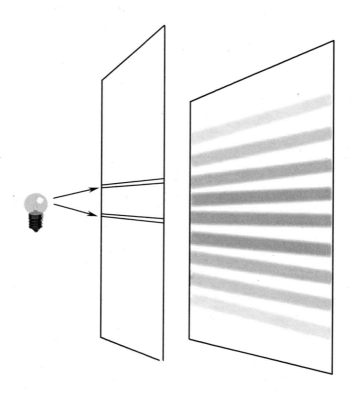

图8：光波经过如图6(b)所示的两道狭缝后干涉而成的图案，投射在了远处的屏幕上。这个现象使得托马斯·杨最终证明光是一种波。

说10到15英尺。在一个漆黑的房间里，我们将看到光会照到远处的屏幕上，仔细观察，我们会看到一系列由亮带和暗带交替构成的图案（如图8），亮带和暗带是和第一块屏幕上的狭缝平行的。换句话说，屏幕上的亮带便是光波波峰和另一个波峰（或波谷与另一个波谷）相长的区域，而暗带则是波峰与波谷相消的区域。这个图案就叫作干涉条纹。[7]

当我们挡住其中一个狭缝时，我们会得到一个全然不同的结果：只有一片正对着未挡住的那个狭缝的光亮区，并且光亮向着两侧渐渐淡去（如图9）。只有在两条狭缝统统是敞开状态时，我们才能看到明显的干涉现象，这时光波在两条狭缝后面的屏幕上会相互叠加，从而得到明暗相间的干涉条纹。[8]

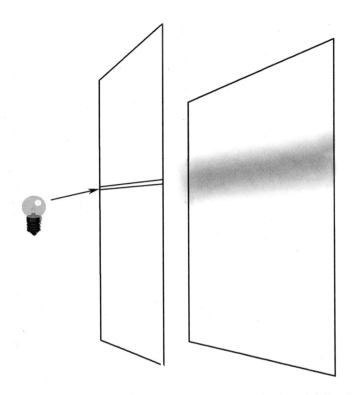

图9：在杨氏实验中，所看到的干涉现象是由图8中两条狭缝发出的光波叠加所产生的，当挡住其中一个狭缝时，我们就无法观测到干涉现象了。

　　这一切意味着什么？设想我们有一个很小的探测器放在第二块屏幕处，用 P 表示。光经过两个狭缝都到达了 P 处，既然光是一种波，那么当光从光源到达狭缝时可以处在波峰、波谷或者其间的某个相位。在经过两个狭缝时，光波具有相同的相位。如果 P 到两个狭缝的距离相等，那么两列波相遇时相位相同，就得到了明亮的干涉带。现在开始在屏幕上移动 P 点，在某些位置上，P 点与狭缝A、狭缝B的距离之差使得两列波在此干涉相消，换句话说，两列波在相遇时相位恰好相反，彼此抵消掉，此时我们就将在屏幕上得到一条暗带。

　　屏幕上明暗的条纹皆是由两列波相位的差异所造成的：当 P 点到两条狭缝的距离之差对应整个周期（或者说整倍波长）时我们得到亮条纹；相反，当 P 点到

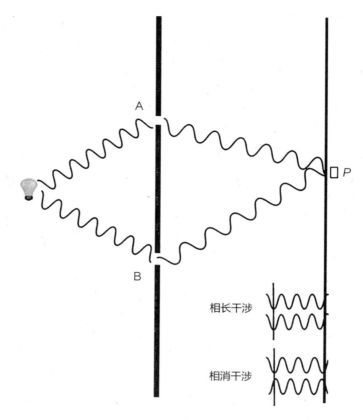

图10：一些双缝干涉成因的细节图。根据 P 点的具体位置，两列波有时发生相长干涉，在屏幕上留下一道亮带；有时发生相消干涉，留下一道暗带。

两条狭缝的距离之差对应半个周期（或者说波长的一半）时我们得到暗条纹。

　　关于光的波动理论，杨有一个绝妙而简约的论证：在特定的情形下两束光可能会由于叠加而更为暗淡——波峰与波谷叠加而形成相消干涉。这是一个干涉图案的典型特征，好似在极力呼喊着："光是一种波！"如果你想亲自观测到这个现象的话，那么请稍微留意一下水面上的浮油或者洒在地上的一摊汽油是如何产生彩色条纹的。这其中的缘由便是光的干涉。一束光照向油膜，将在油膜的上表面和下表面处都发生反射，由于反射后的两列光波的相位存在差异，所以，当它们最后在你眼睛里形成干涉的时候，如果赶巧的话，它们可能将会彼此抵消。但如果射向油膜的是白色的太阳光（涵盖了所有不同的波长的光），则两列波叠加时只能有一个特定波长的光会相消——比如说红色的光相消，之后我们眼睛看到的就是白色去掉红色之后的颜色：一种蓝色。当油膜厚度稍稍变化时，其他某个波长的光便发生相消，最终给你呈现了各种奇妙的颜色。再或者，等到下雨天去找一条彩虹，你将看到光的本来样子（原本就有各种颜色），以及从不同角度入射的光在穿过小水滴后形成的干涉现象。

> 长久的风雨中升起彩虹——
> 在稍晚的早晨——出现太阳——
> 云彩——像无精打采的象群——
> 地平线——蔓延向远方——
> 鸟儿在它们的巢中欢快地叫起来——
> 大风——事实上——已经停了——
> 唉，我的眼睛是有多大意——
> 竟没有注意到这夏日的精彩！
> 死寂一般的安静——
> 没有破晓——能让人振作——
> 慢慢地——大天使的呢喃
> 唤醒了大地！
>
> ——艾米莉·狄金森《长久的风雨中升起彩虹》[9]

很难想象牛顿口口声声说的粒子怎么能在一个地方相消却在另一个地方叠加，最后形成一个干涉图案。如果在我们装着苹果的筐里再摞上一堆苹果，那么我们只能得到更多的苹果，绝不会变少啊！

光是一种波

大约10年后，法国物理学家菲涅尔（Augustin Fresnel）验证并进一步发展了杨的结论，自此，光是一种波的认识便建立起来。基于光的波动理论，我们制造了很多更为精细的光学设备，如显微镜、望远镜等。

波动理论似乎可以对我们遇到的所有各式各样的现象做出解释：反射、吸收、折射、衍射以及干涉，尤其是干涉。鉴于光的波动理论，直到19世纪末以前光都被认为是原子振动时所发射出的。那时候，大家对这个说法也是一知半解，但众所周知，这样的振动必须够快，要到一千万亿（10^{15}）赫兹的量级，这个值对应光波的频率范围。别忘了，频率就是光速除以波长，那么我们用很大的光速值除以很小的一个波长值，所得到的频率值必然非常大，也只有原子尺度上高频的振动才可能达到。那时候人们已经知道，所谓颜色就是特定波长的光被视网膜吸收后产生的物理效果，将波长乘以频率你就得到了速度，而不同波长（或者说颜色）的光在真空中的传播速度都是一样的，也就是我们无处不在的c。请注意，在真空中所有光源发出的光都具有相同的速度，无论燃烧的蜡烛、炽热发光的金属还是太阳所发出的光芒，都是如此。可是，光在经过几乎所有的介质时速度都会降下来，比如玻璃或者水。不同波长（颜色）的光在介质中行进的速度有些许不同，正因如此，我们可以看到，白光在经过三棱镜时会华丽地分成五彩缤纷的成分光。

尽管在使用波动模型来描述光之后，很多20世纪之前的光学现象都得到了非常妥帖的解释，但是这其中依然存在着一些瑕疵。

没有解决的问题

在当时光学理论发展的阶段还有一些残留的问题没有很好地解决：光产生

的机理是什么？光波被吸收的机理是什么？或者说，为什么有颜色的物体仅吸收一些特定颜色（波长）的光？在视网膜或者照相底片上发生了哪些未知的过程，才让我们说"我看见了"？所有这些问题都是围绕着光和物质的相互作用。此外，考虑到我们原有的一些经验，即声音和水波的传播告诉我们，波的传播必须依靠相应的介质，那么光在太阳和地球中间的真空环境中是怎么传播的？必须存在着什么诡异的透明而没有质量的媒介来填充这中间广袤的真空地带吗？19世纪的物理学家给它起了个名字：以太。

继续思忖另一个谜题，这个是关于太阳的。这个巨型的光波发生器是一个非常强大的可见光和非可见光光源。非可见光由两部分组成，分别为波长大于可见光的部分（如红外线等）和波长小于可见光的部分（如紫外线等）。大气层——主要是平流层的臭氧——滤去了大部分的紫外线和全部的更短波长的部分，比如X射线。假设我们发明了一台设备，轻轻拨动一下转盘就能选择出很窄的一段波长范围的光，吸收并测量这部分的能量。

我们确实有这样的设备（通常在一些设备齐全的高中科学实验室中会有那么一台），它叫作分光仪。分光仪对红光的弯折作用最明显，而对紫光最弱，它会将原来的白光顺着入射方向扇形展开并呈现各种不同的颜色。牛顿的玻璃三棱柱就是原始的分光仪，在此基础上，我们加上一个目镜，并放置在一个标有精确角度的旋转台上，用来测量目镜和原来白光之间的夹角。因为光的颜色（波长）决定了它被弯折的角度，所以我们可以很容易地将角度换算成波长。

现在，让我们移动目镜到最深的红色刚渐变成黑色的位置，换句话说，这个位置已经没有可见光了。此刻显示的刻度为"7 500 Å"，这里Å对应的是长度单位"埃"，以瑞典物理学家埃格斯特朗（Anders Jonas Ångström）的名字命名，他曾对光谱学的发展做了一定的贡献。1埃是1厘米的亿分之一，即10^{-8}厘米。所以我们就知道最深的红色的波长为7 500埃，或者说从波峰到波峰的距离是一英寸的几十万分之一。这是可见光光谱区间的一端：如果波长再长，我们就需要借助那些对红外以及更长波长的光波敏感的探测器了。现在旋转目镜到达可见光短波长的一端——暗暗的紫色,其波长差不多有 3 500 埃。若要看到小于 3 500 埃的波长,我们同样需要专门的设备才行。

到此为止,这都不过是在牛顿发现的白光光谱的基础上进行些许的改进。然而在 1802 年的时候,英国化学家威廉·沃拉斯顿(William Wollaston)发现了一个有趣的现象。当他用这个分光仪对着太阳看的时候,在从深红到深紫之间平滑过渡的光谱中,发现了一些非常精细的暗线。这些暗线是什么东西?

这时,一个没怎么上过学却技艺高超的透镜制造者兼光学科学家,登上了历史舞台,他来自巴伐利亚,名叫约瑟夫·夫琅禾费(1787—1826)。[10] 夫琅禾费的父亲是个穷困的上釉工人,作为家里的第十一个同时也是最小的孩子,夫琅禾费很早就被迫成为一名童工,就像狄更斯笔下的那种苦命孩子一样。在被送到父亲的工厂之前,他只接受过最基本的小学教育。在父亲去世之后,年幼多病的他在慕尼黑开始了暗无天日的学徒生涯,学习生产镜片和切割玻璃。1806 年,他到慕尼黑一家科学仪器公司下设的光学商店工作,在那里,他得到了一位经过系统训练的天文学家和一位光学专家的指导,不但熟练掌握了应用光学,而且在数学和光学理论方面也有所长进。夫琅禾费是一位完美主义者,对当时玻璃的质量非常不满,精心准备并通过谈判签下了一份合约,据此他可以从一个大型的瑞士玻璃制造公司那里获得高度保密的专业技术,而这个技术才刚刚进入巴伐利亚。这样的一个合作不仅带来了性能优越的透镜,在我们看来更重要的是,还由此促进了理论的突破,让夫琅禾费足以名垂科学史史册。

在努力制作理想的光学透镜时,他偶然想到了可以用分光仪来测量不同玻璃对光线弯曲的程度。当他将这个精密的设备对准太阳时,同样看到了沃拉斯顿此前提到的精细暗线,不禁大为震惊。到 1815 年时,他总共观察到近 600 条暗线,并非常精确地记录了其中的大部分暗线所对应的波长。他将最明显的暗线标记为粗体字母 A、B、C 一直到 I;A 是在红色区域的一条暗线,而 I 处在紫色的边缘。这其中到底发生了什么？夫琅禾费只是知道金属或者盐投入火焰时会发出某些特定的颜色。当他用分光仪进行研究的时候，它会显示出一系列精细的亮线，并且其对应的波长分布在颜色明显的区域。

有趣的是，他注意到，那些盐的光谱中亮线的位置精确地对应着太阳光谱中的暗线。以食盐为例，它会发出一些明亮的黄线，分布在夫琅禾费图谱中 D 标示的区域。这时，一个似乎合理的解释便产生了。让我们回忆一下，一个分立且确定的波长对应一个独一无二且同样精细确定的频率。很明显，物质中的某样东西，推测应该是原子级别的某些东西，喜欢在某些特定的频率下振荡。原子（其实在夫琅禾费的时代，原子的概念还并没有确立，人们甚至对其一无所知）竟有明显可观测到的"指纹"！

原子的"指纹"

想一想这种在音乐中常见的机械现象：一个音高比中音 C 高的 A 音音叉，它十分精准地以每秒 440 下在振动。在原子的渺小世界里，频率要比音叉高很多很多，然而，在夫琅禾费的时代，人们已经能够想象神秘的原子里充满着各种又小又疯狂的"音叉"，它们每个都有自己的振动频率，并发射出一定波长的光，而这个波长对应的正是它的振动频率。

但是你会问：暗线又是怎么一回事？好吧，比如说，当钠原子受到火焰的激发时会以某些频率振动，并发出相应波长的光，即 5 962 埃和 5 911 埃（都在黄光范围），然后同样的原子结构也会优先吸收这两个波长的光。太阳白色而炽热的表面发出的光是全波段的，但是这些光经过温度相对较低的太阳外层大气（日冕层）的时候，气体中的原子可能会吸收掉那些它们本身喜欢发出的某些波长的光。这里的吸收过程正是夫琅禾费观测的奇怪暗线产生的原因。慢慢地，在后夫琅禾费时期，人们已经认识到当一种元素受热时会产生一系列特征明显的"光谱线"，有些非常明显（就像氖气的光谱中明亮的红色谱线，氖气就是我们熟悉的霓虹灯里的气体），有些比较微弱（比如汞蒸气灯暗淡的蓝色谱线）。这些谱线正是这些化学元素的"指纹"，这是证明原子内存在着极其渺小的"音叉"的第一个证据，或者指明了在原子之内一定存在着其他的什么神秘的振动结构。

因为这些光谱线都非常精细，所以分光仪的量度可以给出非常精确的读数，比如6 503.2埃（深红色）或6 122.7埃（鲜红色）。到19世纪末期，人们已经能够得到一本记录化学元素光谱的厚厚的书了，并且技艺精湛的光谱学家可以分辨出一些不常见的化合物以及一些微量的化学杂质。然而，在当时还没有谁能说出，为何会有如此明显的信息从我们还了解甚微的原子中发送出来。

分光仪的第二个主要成就就更具哲学性了。通过太阳光谱中的暗线，科学家可以得到太阳的化学成分，你瞧他们找到了什么？他们找到了和构成我们地球一样的元素：氢、氦、锂和其他各种元素。从那时起，每当我们去分析来自遥远星系的恒星发出的光时，总会找到我们熟悉的这些元素：氢、氦，等等。宇宙到处都由同样的物质组成并且遵循同样的自然法则，所有这些都在暗示，造物的某些不可思议的性质，实际上都可以追溯到同一个源头。

与此同时，从17世纪到19世纪的科学家一直被另一个问题所困扰，这个问题就是：力是怎么在很远的距离间传递的，比如说万有引力？当一匹马被套上一驾马车时，我们可以看到来自这匹马的力通过挽具的传递拉起后面的马车。但是地球是如何感知到9 300万英里外的太阳的存在？磁铁又是如何拽动路过其附近的一颗铁钉的呢？这里压根就没有什么"可见"的连接装置啊，所以人们称之为难以理解的"超距作用"。牛顿假设了引力的存在，并且它可以超距作用。但是连接太阳和地球并产生引力的"挽具"在哪里呢？在对"超距作用"这个问题百思不得其解之后，即便我们伟大的牛顿也不得不耸耸肩膀，将这个难题留给未来的物理学家去解决。

麦克斯韦和法拉第：贵族VS打工仔

这种超距作用的秘密，最早由迈克尔·法拉第（1791—1867）用电磁场的猜想阐明。[11] 法拉第是英格兰一个穷人家的孩子，后来得到了一份装订书籍的工作，通过阅读那些书籍，他掌握了大量知识。幸运的是，其中有一本书让他对科学着了迷。凭借着跳跃性的直觉（他的数学确实比较差），他推测一个带电的电荷会在其周围产生一些真实存在的东西，并称之为电场。这种场是一种在空间中存在的拉力，作用在周围任意带电的电荷上（尽管这种作用会随着距离的增加而减弱）。至于磁场的情形，我们也可以想象一下，在磁铁周围充满了磁场，空间好像被"拉紧"了，因此它能"告知"一定距离之外的铁屑这个场的存在，并对其产生磁力。

现在你可能很轻松地就说出"场"的概念，这是一种有点独特的说法，用来表示电荷a对电荷b有一个作用力。然而场的存在却是各种思想碰撞、言论相争以及哲学思辨后得到的结论。场的概念此后被引入到简单又令人信服的数学中去，到19世纪末，人们已经接受了电场（由电荷产生）、磁场（由磁铁或者电流，比如移动的电荷产生）和引力场（由有质量的物体产生）。场的概念，不仅提供了一种能够表示超距作用的物理图像，而且解释了能量如何从电荷传递到电场，之后又传到另一个电荷上。虽然它们不可见，但是可以测量，比方说一根小指南针对磁场的反应；一个很小的检验电荷可以感知到远处电荷发出的电场引起的作用力。并且场本身就包含了能量和动量。

法拉第在19世纪20年代的实验已经揭示了电场和磁场有内在的联系。他发现，当给铜线圈通电后，它便感生出一个磁场。法拉第提出了一个逆向的问题：磁场能产生电场吗？结论让人很惊讶：一个随时间变化的磁场，确实也会感生一个电场，这是法拉第在给一个缠绕紧密的线圈通大电流来产生强磁场时发现的。当时，他用一段带电的金属线作为探针来测试这个电磁铁周围的电场，可是一丁点电场都没有测到，然后他就把磁场降到零，结果当减小磁场时他发现小探针突然动了一下。接着，法拉第又把磁场开启，在磁场增加的时候小探针又动了，这表明周围又产生了一个电场。当时，法拉第大喊一声："天哪！"

　　当空间中存在一个变化的磁场时我们便会得到一个电场。这个神奇的效应（被称作"电磁感应"定律）很快就催生了电动机、发电机和几乎整个现代电气化时代的一切发明。这个效应可以让机械能直接转化为电能。举个例子，瀑布可以使水轮转动，轮子上附有磁铁并且在轮子旁边的线圈上产生一个变化的磁场，变化的磁场诱导出的电场便产生了电流。反过来，这种效应允许我们向附

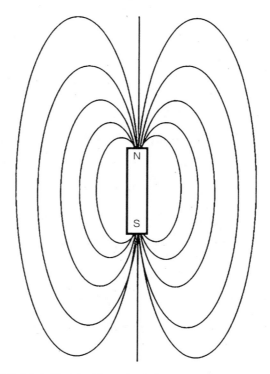

图11：我们熟悉的磁铁周围的"偶极"磁场。磁感线指出了磁场在空间中的方向；线密度则对应的是磁场的"强度"或说"力度"。将磁铁置于一张纸的下方然后在纸上撒上铁屑，之后铁屑便沿着磁感线排列，我们便能够观测到磁场。绝大多数的物理学家对"场"的真实性已经不存在争议了，他们很自然地假设各种场的存在，并且在此基础上进行各种研究。

近的拉斯维加斯或布宜诺斯艾利斯传送电能，并且以电作为能源来推动一个轮子，比如用在柴油电动引擎火车上或者电动摩托上。所有的这一切都要感谢法拉第。

法拉第电磁感应定律和他的其他相关发现，为在经典物理层面彻底理解电磁学理论奠定了基础。这些电磁学概念尽管已经被分类表述，却缺乏数学形式上的统一。几十年后，一个出身苏格兰贵族的物理学家，名叫詹姆斯·克拉克·麦克斯韦（1831—1879），他着手处理电和磁相关的实验规律，并且随后"将二者谱成一首旋律"——他将电流、磁场和电场之间复杂的关系用统一又简约的数学结构表达了出来。[12]

作为一个在爱丁堡声名显赫的大家族，麦克斯韦家族成员都专精法律，似乎这已经成了爱丁堡上层社会的传统。然而，我们的麦克斯韦却偏偏被科技类的东西给勾走了魂儿。他在《爱丁堡皇家学会学报》上发表文章时只有14岁，讨论了如何画一个完美的卵形图案，其方法和用绳子画椭圆的方法很相近。麦克斯韦告诉人们，所有我们能看到的颜色，都可以通过混合三种光谱上特定的颜色得到。他让托马斯·杨的理论得以复兴。杨曾指出，在我们的视网膜上有三种不同颜色的受体，而麦克斯韦则证明了色盲的原因就是其中一种或多种受体有缺陷。他验证了在可见光范围内所谓"麦克斯韦光斑"的存在，这正是他的妻子所不能看到的那个颜色，她的视网膜上几乎没有黄色受体。他在给同事的信上是这么写的："所有人都有这些小东西（黄色受体），除了英国皇家学会会员斯特兰奇上校，也就是我已故的岳父，还有我的妻子。"

1865年，麦克斯韦完成了他著名的《电磁学通论》的最后一部分（同时他也完成了他的电磁学大厦的非常重要的一部分）。1871年，他被任命为剑桥大学首任实验物理学教授，创设并大力发展了著名的卡文迪许实验室。麦克斯韦一生都渴望弄明白电的本质：它是通过电线的一股电流，还是介质（包括空间中空的区域）中的一种波或"应力"？为了更好地理解他的科学设想，我们必须假设所有空间里都弥漫着一种被称作"以太"的物质，一种虚无缥缈却能对电磁场有所反应的介质。

在他尝试用数学方程描述实验定律的时候，麦克斯韦完成了一个非常伟大的发现。首先，他注意到当时没有谁报道过法拉第电磁感应定律的对应逆向现象：如果变化的磁场能够产生电场，他在思索，那么变化的电场是否能产生磁场呢？于是，他在勇敢地超越了现有的实验现象后发现，事实上从数学上来讲这个对称是必需的——他的方程拥有了自己的生命。

接下来是一个更大的惊喜。当给方程填补上一些空缺的常数并进一步分析后，麦克斯韦发现电磁场可以从产生它们的导线或磁铁的周围逃脱出来，并且在真空里以一个非常大的速度运动——这个速度为每秒186 000英里（或每秒300 000千米），很精确地与阿曼德·斐索曾测到的光速相等。就这么巧吗？在物理上，像每秒300 000千米这样的速度可不会平白无故从树上长出来！于是麦克斯韦得到了一个令人吃惊的结论：光是一种电磁扰动，一种由电场和磁场紧密结合的混合物，在真空中以每秒300 000千米的恒定速度传播。

法拉第电磁感应定律在麦克斯韦理论里得到了体现：电场和磁场携带了能量和动量——它们不再仅仅是数学符号，而是物理实在。当我们说空间里有一束光波穿过时，科学家终于弄懂"波"到底是什么了。紧接着，科学家很自然地就得到这样一个结论，所谓光作用在人的视网膜、照相底片以及绿色的叶子上，其本质都是电磁力作用在一些原子内部的带电物质上。当时，物理学家们普遍认为原子是储存电子的仓库，但是它们是以怎样的组织形式存在的呢？

在1865年至1880年，德国物理学家海因里希·赫兹通过实验证明了麦克斯韦的理论。赫兹在实验中制造了电磁波，并证明了其同样符合反射、折射、衍射和干涉定律。这是一次重要且惊人的成功验证！麦克斯韦方程组完全通过了考验。麦克斯韦原本将他的理论总结成四个紧凑却充满过多符号的方程，之后由赫兹将其用数学上新的矢量微积分形式进行了简化。在赫兹及后来的古列尔莫·马可尼的带动下，同时由于两次世界大战的影响，麦克斯韦方程组掀起了新一轮的技术革命——不仅给我们带来了精彩的电视节目，还使我们吃上了用微波加热的晚餐。可见光和新发现的一系列波仅仅是波长不同而已，其中，日常用到的无线电波和微波在可见光的一侧，而紫外线、X射线和伽马射线在另一侧（如图12）。

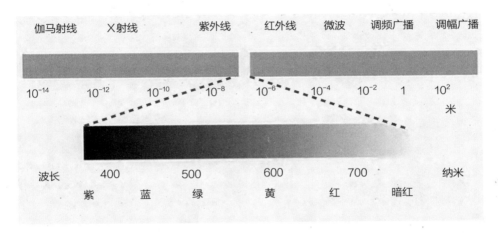

图12：光谱图。可见光只占到整个光谱的很窄的一个区间，从较长的7×10^{-5}厘米（或700纳米，或7 000埃，暗红色）到较短的4×10^{-5}厘米（400纳米，或4 000埃，紫色）。光子的能量随着波长的增长而减小，从红外线、微波到AM收音机的无线电波，波长逐渐变长，能量逐渐减小；反之，光子的能量随着波长变短而增大，从紫外线、X射线到高能伽马射线，波长逐渐变短，能量逐渐增大。

现在我们有如此壮观的一个科学体系了！看起来，所有蛛丝马迹都汇集在一起，给我们诠释了光的行为以及其他种种。给原子系统一些能量，那些小电荷便进入振动状态。麦克斯韦理论告诉我们，振动的电荷可以向外辐射出电磁波，其中包括可见光。法拉第、麦克斯韦和其他一些人已经成功地在经典物理框架内解释了我们这个宇宙，让我们知道光在空间中是以电场和磁场形成的波的形式传播的。所有一切似乎都天衣无缝，自然界是平滑而连续的，而非分散的、粒子化的。麦克斯韦电磁理论与牛顿经典力学联合在一起，给了科学家一套强大的理论工具，向下一个宏伟目标前进：弄清楚原子中电子的电荷和相互作用的机理。

　　然而就在大家越来越接近这个宏伟目标的时候，一种有关光的新理论却突然冒了出来，新鲜如刚搅拌好的水泥一般。不可思议的事情发生了：实验中的数据开始极其明显地指向另一个结论——光是一束粒子！

　　量子幽灵出现了……

第4章

量子幽灵的出现

伽利略和牛顿备受推崇的经典物理学定律已经统治了三百多年，充分地展示了经典物理学的美和理性光辉。这是经典物理的黄金年代，物体运动的规律、支配苹果和小行星的万有引力定律、蕴含着精妙对称的电磁理论以及经典物理的最卓越洞见——光是由电场和磁场组成的电磁波，以上这些科学成果，都是这三百多年中得到的。岁月平静地流逝，直到20世纪初，我们才见证一个颠覆性的事件，也就是说，在当时，事情突然开始变得有点奇怪。现在我们将遇到一些非常奇特和怪异的事件。我们将从一个熟悉的对象开始，这就是你每天早上上班之前都会用到的烤面包机。

请你插好烤面包机，然后打开它，并且观察它内部的加热线圈，你会发现它们会变热并且会发出红色光芒，它们正准备把你的白色英式松饼烤成诱人的金黄色。这里你观察到的光，也就是烤面包机加热线圈所发出的红色光芒，有一个专门的术语：黑体辐射。

在1900年的时候，黑体辐射是物理学中相当热门的话题。铁匠、金属工人和厨师们很早就观察到这种热的物体所发出的红色光芒，例如由煤炭所发出的辐射。但直到19世纪末的时候才有一个聪明的物理学家坐了下来，试图从麦克斯韦方程出发，去计算从黑体所发出的这种暖光，不过，他发现有点不对劲。

这些由类似烤面包机里发出的光的特殊性质和详细的数据，最终给了经典物理学重重一击。它提出了一个打开量子世界大门的微妙问题：为什么篝火或者烤面包机加热线圈的光是红色的？

什么是黑体？我们为啥关心它？

所有的物体都从它的周围吸收和辐射能量。这里的"物体"，我们是指大的或者"宏观的"，是由几十亿个原子组成的东西。物体的温度越高，其辐射的能量越大。

热的物体和它们的组成部分，最终都会达到平衡，也就是向外辐射的能量等于向内吸收的能量。例如，将冰箱中的鸡蛋放在装满热水的锅中，那么冷的鸡蛋会变热，会从水中吸收能量，而水则会稍微冷却，会把能量传给鸡蛋；将热的鸡蛋放入冷水中，随着鸡蛋冷却下来，水温会升高，过一阵子鸡蛋和水就会达到相同的温度。这是一个简单的实验，它展示了热的物体的基本行为。最终，鸡蛋的温度和水的温度达到的平衡，就被称为热平衡。同样，同一物体内，特别热的地方会冷却下来，而特别冷的地方也会变暖，当达到热平衡时，物体内的所有部分都将具有相同的温度，并且相邻的两部分会以相同的速率在彼此之间发射和吸收能量。

如果你在一个炎热、阳光灿烂的日子里，躺在海滩上，那么你就会辐射和吸收电磁波。太阳是一个典型的散热器，它会辐射给你能量。但与此同时，你的身体会调整和辐射出适当的能量，以保持一个正常的温度。[1] 如果你身体健康，那么你的体温应该在37摄氏度左右，你会以大概100瓦的功率向周围辐射能量。你身体的各个部分，如肝脏、大脑、脚趾，都处于热平衡的状态，这是维持生命体内的化学反应所必需的。如果你所在的外部环境非常冷，那么你的身体就需要产生和保持更多的能量，来弥补身体因向外部环境辐射而损失的能量。当我们的手指和鼻子变冷时，血液的流动会将热量带到身体的表面，并降低我们身体内部的温度。但另一方面，如果外面很热，那么身体就必须更多地散热来保持凉爽。温度较高的汗水会从我们的皮肤上蒸发，从皮肤吸收额外的热量，这本身具有像空调一样的效果，所以会将热量传递到外部空气中。一个挤满了人的房间温度也会升高：如果你被困在一个30人的沉闷会议中，那么这些人将会以3 000瓦的功率把能量辐射到房间中，并使温度升高。但如果你在没有壁炉的南极，那么你可能需要和那些人挤在一起，就像一群要越冬的帝企鹅，它们在漫长的冬天里试图挤在一起，以保护它们脆弱的蛋。

　　人、企鹅，甚至烤面包机都是复杂的系统，它们的能量在内部产生。对于人类来说，这是通过燃烧食物或者体内储存的脂肪来实现的；对于烤面包机，则通过形成电流的电子与加热线圈中的重原子相碰撞来实现。人和烤面包机是从其表面（例如人的皮肤和烤面包机中的线圈表面）辐射电磁波而传播到外部环境中的。这种辐射通常具有特定"原子跃迁"而留下的颜色印记，这本身是一种特殊的和化学有关的效应。例如，烟花爆炸的时候耀眼夺目，其中的一些特殊化合物，比如氯化锶和氯化钡等[2]，在发生氧化时能够产生强烈的红光和绿光，正因如此，烟花的颜色才会如此绚烂。

　　这些都是一些引人入胜的化学效应，但是对于电磁辐射有一个通用的模式，这就是当它们被简化或者理想化时，所有系统都有相同的模式，或者说把它们混合在一起时，这种特殊的原子跃迁而产生的颜色效应将被平均掉。这被称为热辐射。物理学家们定义了一个理想化的物体，它会产生热辐射，就像一个黑色的辐射体，简称黑体。所以，黑体根据其定义，当它被加热时，只发出热辐射，而没有像烟花一样令人神往的绚烂颜色。黑体是一个理想化的概念，物理学家在研究日常的复杂物体时，只能采取近似，不过可以相当好地近似。例如，我们知道，太阳在辐射光的同时，由其周围较冷气体原子形成的日冕，对太阳光也会有很强的吸收作用（夫琅禾费的暗线就是这么来的），但整体来看，太阳仍可被视为一个只放热不吸热的黑体。同样，木炭、烤面包机的加热线圈、地球的大气、核爆炸的蘑菇云和早期的宇宙，它们都可被看作近似的黑体。

一个极好的近似黑体的例子，就是老式的锅炉，比如蒸汽机车上的锅炉，里面装着炽热的煤火。炉子本身在其加热升温时，几乎可以被视为一个纯粹的热辐射源。事实上，物理学家最早研究这个问题是在19世纪末，当时人们想要找到一种近似的黑体。为了制造纯黑体源，需要隔离煤火的热辐射。一个大的、耐用的、有着厚厚的壁、通常由铁制成并且有一个孔的金属盒可以满足我们的要求。我们可以在盒子里插入一些仪器，把金属盒放在炉子里，让它升温。然后对着孔，直接观测盒子内的热辐射。这种辐射从盒子的热壁发出，并在内部反射，其中有一些辐射能够从孔中出来被我们观测到。

通过这个孔洞，我们可以研究热辐射，看看它包含多少特定颜色（或波长）的光。我们可以研究随着炉子温度的变化，颜色含量是如何变化的。这相当于在热平衡中仅研究纯辐射本身。

如果提高黑体炉的温度，首先只从孔中感觉到的是它所发出的温暖但不可见的红外辐射。在更高的温度下，我们将能够看到通过孔洞逃逸而出的带有暗红色的光，就像烤面包机里的加热线圈。然后，当它变得更热的时候，辐射将变成亮红色，然后最终变黄。如果我们有一个更加强大的贝塞麦炼钢炉（鼓入更多氧气），那么温度还能再高，这时我们观察黑体所发出的辐射，会发现它几乎变成白色。当然，如果我们调节炉子上的风门，使之达到更高的温度（我们使用任何常规的炉子都不能实现，因为它会熔化），孔中将会发出一种明亮的蓝白色光（混合了所有颜色的光），这时，其温度已经接近核爆或天上一颗蓝色亮星表面的温度，比如猎户座中的蓝超巨星参宿七，这是银河系中最强烈的热辐射源。[3]

物理学家不仅设计出了一种精确地测量不同温度下黑体所辐射的光的强度

的方法，他们还发明了如何测量任何给定颜色的光的辐射量的方法。他们发现所有波长的光均被包含在任何温度的黑体辐射中，但一些波长的光比其他波长的光辐射得要多一些。这些精确测量的结果就是所谓的"黑体辐射曲线"，其测量是一个困难但光荣的科学成就。图13是黑体辐射能量密度分布曲线，或称"黑体曲线"。

　　黑体曲线证实了我们日常对颜色随着温度变化而变化的直觉。在较低温度的炉火中，大概有 3 500 K（"K"即热力学温度"开尔文"，简称"开"），[4] 大部分发射出来的光都具有非常长的波长，主要为红外光和深红色的可见光。当我

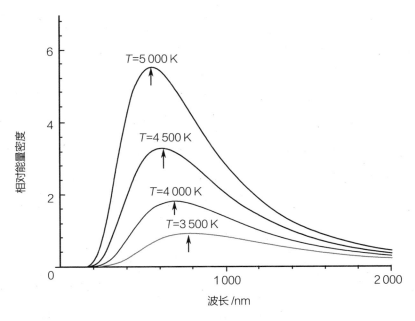

图13：在一定温度下的黑体光谱，它表现了热物体向外辐射各种光的信息。箭头表示每条曲线的峰值波长。因此，对于"较低"温度，T = 3 500 K，峰值波长约为800 nm，靠近红外波长，因此你将观察到红色光芒；对于较高的温度，T = 5 000 K，峰值波长在600 nm附近，发出黄光。在更高的温度下，峰值波长进一步减小，甚至会发出蓝光。注意，在所有情况下，最短波长的能量都会被抑制，这被普朗克的公式 E = hf（能量 = 普朗克常数 × 光的频率）所解释（该图纵坐标是发射光的相对能量密度）。

们升高温度时，光强的峰值越来越向较短的波长方向移动，也就是蓝色。由于许多其他的波长也被一起辐射，使颜色发生混合，我们最终观测到明亮的白色光芒。温度更高时，颜色会变成白蓝色（或叫蓝白色，你喜欢就好）。温度再高，它会变得更蓝，只是此时波长会出现在紫外范围，我们看不到而已。

热辐射的研究是一个丰富的课题，将热力学（热和热平衡的研究）和光的辐射两个物理领域结合在一起。来自这些领域的看似平淡无味的数据却产生了一些有趣的物理学研究，但没有人意识到，这些数据将会是一部侦探悬疑片——光和原子的量子性质（毕竟，本质上都是和原子相关的）的重要线索。

黑体辐射与音乐会

19世纪的物理学家，特别是聚集在柏林的杰出群体，花了很多时间来加热黑体，测量并绘制它们所发出的不同波长的光的强度变化曲线。凭借着他们的聪明才智，他们设计了一种仪器，在红波区域中选取一小段波长，比如介于652纳米和654纳米之间（参见第3章注释4和图12），并定量测量该频段中的辐射强度。一旦他们知道这个数值，他们只需看一眼黑体的辐射图，立即就能知道它的温度。

当讨论到黑体和温度的关系时，不必担心热辐射物体的具体细节，因为所有黑体或者近似黑体的东西，在任何温度下，其辐射曲线的形状都相同。但是你需要知道的是，到1900年为止积累的大量数据，即任何温度下的黑体曲线，它们看起来都是错的！这真是莫名其妙。实际上，这本不难推测，只要你信任麦克斯韦方程组，并熟练掌握热力学定律（对于19世纪末的物理学家来说，这不成问题），同时拥有一个杰出的理论物理学家所拥有的计算技巧，比如说，像普朗克那样。

统计力学诞生于19世纪，由麦克斯韦和当时寂寂无闻的美国理论物理学家吉布斯（J.Willard Gibbs）创立，[5] 是描述热和温度的一种重要理论。统计力学的奠基人是奥地利杰出的物理学家路德维希·玻耳兹曼，他的人生充满了不幸。[6] 根据麦克斯韦、玻耳兹曼和吉布斯的理论，我们能够计算系统不同部分的运动行为，即当系统处于热平衡时它们的运动是如何分布的。在把这些理论与麦克斯韦的电磁波理论相结合（这是很复杂的）之后，马克斯·普朗克认为，自己理应可以准确地计算黑体辐射的曲线了。

普朗克通过计算发现，在长波区，黑体曲线和实验观测能很好地相符，但是在短波区（紫外频段），曲线却陡然上升，也就是变得无限大。换句话说，任何温度下的黑体曲线都应该偏向光谱的紫色（最短波长）部分。显然，后一种效应与实验结果大相径庭。

从另一个角度讲，普朗克的详细计算表明，一定量的短波长高频（蓝紫色）辐射总是比同样定量的长波长低频（红色）辐射的强度（亮度）更强。这主要是因为蓝光"比较小"（它有一个较短的波长），在一定空间下，你可以挤进去更多蓝光。因此普朗克预测，在麦克斯韦的经典光学理论中，所有热物体在任何温度下都应该是蓝白色的。但从黑体辐射的实验结果上看，在低温下，红光比蓝光要多得多。事实上，在低温下，基本上没有蓝光。

那么到底发生什么了？一个有趣的比喻在这里可能有助于我们理解。假设我们有一个礼堂，正举办一场音乐会，票价都是一样的，但是你可以坐在礼堂内任何地方，欣赏着著名钢琴家阿尔弗雷德·布伦德尔（Alfred Brendel）所演奏的贝多芬的第十五号钢琴奏鸣曲。观众由业余爱好者组成，他们都非常瘦、非常友善。那么这些"超级厌食"的听众会如何选择自己的座位呢？记住，他们可以坐在任何地方，价格都一样。猜测一下？你可能是对的。由于这些听众异常热爱这场音乐会，热爱布伦德尔、贝多芬及其第十五号钢琴奏鸣曲，所有的两千名听众最终都会挤到左边角落最靠近钢琴家和钢琴键盘的地方，很多人都坐在同一个座位上（记住，他们足够瘦且非常友善），只有一些更加精明的音乐爱好者（想听而不是观看钢琴演奏）散布在礼堂的其余部分。音乐业余爱好者想要看看钢琴家的手在钢琴键盘上飞舞跳跃——这个比喻的物理含义是什么呢？这意味着，按照热力学和光的经典理论的预测，黑体辐射会朝向最小波长的地方聚集，因此会表现出蓝色。毕竟，相对于长波，短波可以更多地拥挤在一段区间内。

但是，无论在音乐世界还是在黑体辐射中，事实都远非如此。在一场真正的音乐会中，前排座位非常昂贵，而且往往并不密集，而后排和最高的看台则常常是空的（你在那里通常看不到或听不到任何东西），大部分的观众都处在中间位置。类似地，观察到的黑体辐射的强度分布开始（在长波长处）比较小，然后在某一波长处（由温度决定）达到峰值，最后在非常短的波长处也会减弱。在自然界中，光根本不会聚集到短波长区域。事实上，黑体辐射中，超短波长的光更是极其微弱。总之，普朗克本以为，运用麦克斯韦的理论和统计力学的方法将预测到拥挤的蓝光，但事实却并不是这样。那么为什么不是这样呢？

紫外灾难！

普朗克根据经典光学理论做的计算预测，在黑体辐射能量密度分布曲线上，能量密度会随着波长变小而不断升高。理论物理学家们对此无比困惑，他们知道，这个理论意味着，在超短波长处（比如远紫外频段）的辐射强度是无穷大的。有人——也许是一个报纸记者，把这种情况称为"紫外灾难"。之所以称它为"灾难"，是因为在实验中并没有观测到黑体辐射集中于紫外频段。事实上，如果是这样，那么低温火焰将不会发出红光而是发出蓝光，但数十万年的经验告诉我们，它确实发出红光。

就这样，一路高歌猛进的经典物理学遇到了一个困难。（其实吉布斯已经找到了另一个，也许是第一个，大约35年前，其意义在当时没有被认识到，当然可能除了麦克斯韦。）关键是，实验数据明显与经典理论不同。黑体曲线（图13）与温度相关，在某些波长处显示一个峰值，该峰值取决于温度（低温时为红色，高温时为紫色）。然后，曲线在更短的紫外线波长处迅速下降。现在，当一个由几个世纪以来最伟大的头脑所创造并被当时物理学界所歌颂的非常漂亮而纯熟的理论，与一个肮脏、丑陋的实验事实相冲突时，会发生什么呢？在宗教中，绝对的教条是永恒的；但在科学中，假的理论会被丢进历史的垃圾桶。

经典理论预测，烤面包机加热线圈应该发蓝光，但事实却是发出了一种暗淡的红光。因此，每当你注意到烤面包机的加热层时，你会看到一种与经典物理学的期望大相径庭的现象。此外，虽然你可能还没有意识到这一点，但你也看到了直接的证据，光是以一块一块的形式出现的，也就是以所谓"量子"的形式出现的。你正在亲眼见证量子物理学！但是，你抗议，在前面的内容中，天资聪颖的杨不是才向我们证明光是一种波吗？是的，是这样的，它仍然是波。所以我们现在必须准备好，事情和答案可能变得有点怪异。记住，我们来到了一个陌生的奇幻世界，但我们其实早就在烤面包机的炽热线圈中见过它的踪迹。

普朗克与量子

让我们将历史的镜头切回柏林，回到这紫外灾难的中心。当时在柏林大学，有一个40岁的理论物理学家，在热力学领域尤为专精，他就是马克斯·普朗克。[7]普朗克意识到紫外灾难的存在并且想要了解到底发生了什么。1900年，他对柏林同事的黑体辐射实验数据进行了一些处理。他运用了一个数学技巧，根据麦克斯韦、玻耳兹曼和吉布斯的理论，推断了一个黑体曲线的公式，结果与实验数据非常吻合。普朗克的数学把戏允许波长较长的光在任何温度下都可以或多或少地向外辐射（这和经典理论所说的差不多），但波长较短的光则需要"额外收费"才行。正是由于这种"收费"，黑体抑制了蓝色光的辐射（记住：短波长＝更高频率＝蓝色），因此蓝色的光将很少地向外辐射。

普朗克的数学把戏似乎有效。经过普朗克这么一"收费"，产生更高的频率的光就需要消耗更多的能量，而低频的光则只消耗较少的能量。然后，普朗克正确地推理，在一定温度下，没有足够的能量来激发短波长的光。继续用我们的音乐厅比喻：普朗克向前排座位收取额外费用，向后排收取少量费用，从而来减少前排人数，让更多的人进入顶层和更高的看台。在这里，他做了一个不寻常的启发性假设，将光的波长同光的能量关联起来。此时普朗克已意识到，波长越短，频率越高，它的能量也越高。

这似乎是一个简单的想法，不管怎么样，感谢自然吧，它确实是这样运行的。然而，光的经典理论根本没有这样的预测。在麦克斯韦的经典理论中，光具有多少能量仅取决于强度，而与颜色或频率无关。那么，普朗克是怎么偷偷地在黑体辐射的光谱中加入这一点的呢？他凭什么说光的能量不只取决于强度，还同样取决于频率呢？这里仍然有一个关键点没有说清，就是当光有更高的频率的时候，是什么具有了更高的能量？

为了解决这个问题，普朗克有效地将黑体曲线中任何波长（或频率）的光的能量离散化成一个个单元，或者说量子，为每个"量子"分配与其频率相关的能量。普朗克把这一天马行空的灵感写成一个非常简单的公式：

$$E = hf$$

即"光量子的能量与其频率成正比"。这意味着电磁辐射是一份一份地出现，同时每一"份"的能量等于某个常数h乘以频率f。任何给定频率的光的总强度等于该频率量子的数量乘以量子的能量（回想频率与波长成反比）。普朗克在拟合实验数据时，发现黑体辐射中高频（短波长）光会消耗更多的能量。当你代入普朗克的方程，并算出给定温度的黑体曲线，此时你会发现，方程预测的黑体曲线与实验数据精确地吻合。

值得注意的是，普朗克并没有意识到他实际上修正了麦克斯韦理论中关于光的认识。相反，他设想，量子与黑体壁上的原子有关，也就是说，光是这么来的。发射蓝光的"收费"要超过红光，这不是光的固有属性，而是作为原子间相互跳动和辐射特定颜色的光而引起的。如此这般，普朗克希望避免与完美的麦克斯韦理论形成潜在冲突。毕竟，光与电磁理论的联系是由麦克斯韦的理论建立的。更何况，电动马达驱动的有轨电车在欧洲大陆上四处奔驰，马可尼发明了无线电报机，人们正在设计复杂的天线。这都说明麦克斯韦的理论没有明显缺陷，所以普朗克不想修正它。他更倾向于"修正"更加晦涩的热力学理论。

但是，现在有两个地方与经典物理，至少是热辐射理论存在明显偏离：一个是辐射的强度（能量大小）与频率（在麦克斯韦理论中完全不存在）的联系；另一个是小份的"量子"的引入，或者说离散性的引入。这些在逻辑上是错综复杂的。在麦克斯韦理论中，强度是连续的，可以取任何值，这仅仅取决于光作为一种电磁波的振幅；而普朗克则不同，他事实上认为，特定频率的光的强度（能量大小）取决于其量子的数目，因而不是连续的，只能取一个个相应的值，其中每个量子携带的能量与其频率成正比，即 $E = hf$。一份份的"量子"的新想法更接近于粒子的概念，但从此前的衍射和干涉实验来看，光似乎仍然是一种波。

但没有人，包括普朗克自己，真正了解这个突破的全部意义。普朗克认为量子，hf 的整数倍的能量，是由于黑体中的不明细节的热辐射而产生的，而这些热辐射来自黑体壁中的受热搅动的原子运动。他没有想到后来以他名字命名的常数（普朗克常数）将成为即将到来的革命的基石，预示着旧量子理论和现代量子理论的诞生。顺便说一句，普朗克完成这个伟大发现时，他42岁。在1918年，马克斯·普朗克因发现"能量子"而被授予诺贝尔奖。

爱因斯坦驾到

年轻的爱因斯坦第一个领会了普朗克的量子论所蕴含的深刻内涵，然而在1900年，当他刚读完普朗克的论文时，却困惑地感叹道："这令我感觉好像脚下的地面都消失了。"[8]问题的关键在于，这些量子团是热物质辐射光这个过程的产物，还是光本身就是量子团。爱因斯坦意识到，对于热物质辐射光的过程，普朗克引入了令人不安的全新的、离散的或类似粒子的概念，但他一开始还并没有足够的勇气去断言这些量子团就是光本身。

让我们先来简单介绍一下爱因斯坦。阿尔伯特·爱因斯坦是一个晚熟的孩子，而且并不喜欢上学，在任何人眼里，他都不像"能成功的那类人"。在他4岁的时候，他的父亲给了他一个罗盘，他发现不管罗盘如何转动，罗盘里的铁针总是指向北方，其中使铁针转动的无形的力深深地吸引了他，从此他就对科学着了迷。在他70岁的时候，他写道："我仍然记得，或者说至少我相信我记得，当时那个现象给我留下了深刻且长远的印象。"几年之后，他的舅舅教了他一些代数学的知识。他在12岁的时候又学习了一些几何学的知识，其中科学所展现的魅力，深深地吸引着他。在16岁的时候，他就发表了自己的第一篇学术论文，讨论了乙醚在磁场中的性质。

此时的爱因斯坦还默默无闻。毕业后，他没能找到正式的大学教职，就零散地做一些家庭教师、代课老师的工作，最后成了瑞士专利局的一名专利审查员。虽然只有周末才能自由地做他自己的研究，但就是在专利局工作的这7年时间里，他奠定了20世纪物理学的基础。其中的主要研究成果包括：发明了原子计数（测定阿伏伽德罗常数）的方法；建立了相对论，深刻地改变了我们的时空观念；揭示了质量与能量的关系 $E = mc^2$；对量子理论的贡献。

爱因斯坦具有"通感"的天赋，就是说，他在拥有某种感觉（如视觉）的同时能够唤起另一种感觉（如听觉），当他在思考一个问题时，他的思维过程伴随着虚拟的图像，并且他总能知道自己的想法是否对路，因为此时他的指尖会感受到一种特别的麻刺感。直到1919年的一次日食证实了他的相对论理论之后，爱因斯坦才变得家喻户晓。然而，为他赢得诺贝尔物理学奖的工作却是在1905年对光电效应的解释（而不是相对论！）。

试着想象一下1900年时人们在观念上所受到的冲击。你正阅读着19世纪中期关于热物体辐射的连续谱研究的相关数据。这是一些关于电磁辐射的实验，自从1860年以来，人们一直用麦克斯韦的电磁波理论来理解和描述它们。但是在特定的情况下，这些波状物质看起来就像是一份份能量包，或者说"粒子"，这给坚持经典观念的人们带来了极大的困惑。但是普朗克与他的大部分同事却大胆地假设并相信，一些非传统的观念即将到来。毕竟黑体辐射是一个复杂的现象，就像天气一样——很多原本可以简单理解的事物聚集在一起，往往就形成了难以理解的复杂状况。也许这里面最不可思议的是，大自然正向真正耐心的观察者展现出她最深处的秘密。

光电效应

伽利略、牛顿、麦克斯韦等构建的经典物理基石开始崩塌，你甚至可以听到它们粉碎时低沉的隆隆声。下一波攻击它们的海啸就是光电效应。每当你用你的手机拍照，你就在利用光电效应（由光电管来实现）。基本的原理就是："光打进去，电就出来"。

光电效应首先由德国的物理学家海因里希·赫兹在1887年观察到。他发现抛光的金属表面受到光的照射时，会发射出电荷，也就是说会发射电子。但并不是所有的光都奏效，只有短波长（高频率）的光有效，例如红光（长波长，低频率）就不行，但紫光就行。是不是听起来很耳熟？这其中有什么联系吗？

在我们讨论爱因斯坦对光电效应的贡献之前，让我们先来了解一些关于电子的背景知识。电子由J.J.汤姆逊于1897年在剑桥大学的卡文迪许实验室发现。电子是一种带电微粒，一种没有内部结构的点粒子，其质量只有原子质量的两千分之一。（在过往的一个世纪里，即使不断增大原子束轰击电子的能量，也没能把电子分解为任何更小的组分，所以在此文中，我们认为电子是一种不可分且无结构的基本粒子。）

在19世纪与20世纪之交，人们已经认识到电子是原子的重要组成部分，但对电子在其中扮演的角色还并不十分清楚。鉴于我们的目的，我们必须清楚，当光照射到金属表面时——特别是高度抛光的良导体（金属表面的油渍、污垢以及氧化会影响效果）——电子就能跑出来。这就是光电效应。光进去，电子出来！

这是实验所能观测到的事实。想象一束光，我们可以改变它的强度（明亮度）以及颜色（波长或者频率），然后令它照射在一个干净的金属表面。我们会发现，当我们往金属表面照射微弱的红色光时，什么都没有发生，即使我们增强红色光的光强，除了能使金属微微发热之外，还是什么都没有发生。接着，我们调低光强，但是改变光的颜色为蓝色或者紫色（更短的波长、更高的频率），此时我们立刻就能观测到，当蓝光照射金属时，一些电子从抛光的金属表面逸出来了！再接着，当我们增强照射光的强度（明亮度），就会发现有更多的电子更快地从金属表面逸出。

我们已经观察到一些不寻常的现象。电子的逸出，不仅仅取决于照射光有多强，而更关键的是，取决于照射光的颜色。其中存在着一个光的阈值频率，低于这个频率的光就打不出电子（也就是说，我们使用的照射光的波长必须足够短，要短于阈值频率所对应的波长）。低于阈值频率的光（红光），一定打不出电子，即使我们大大地增强红光的光强，或是延长照射时间，也不会有任何电子出射。这是非常奇怪的现象，因为从麦克斯韦经典电磁波的角度来看，光

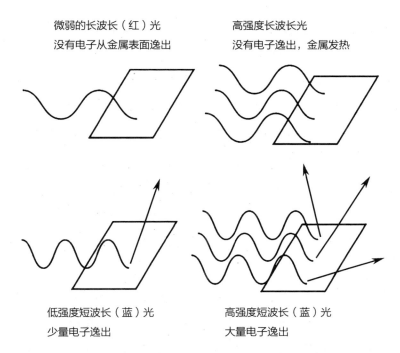

微弱的长波长（红）光
没有电子从金属表面逸出

高强度长波长光
没有电子逸出，金属发热

低强度短波长（蓝）光
少量电子逸出

高强度短波长（蓝）光
大量电子逸出

图14：光电效应。正如爱因斯坦所解释的，微弱的（红）光的平均单个光子能量不足以打出电子。同样地，明亮的红光的平均单个光子能量也一样不足以打出电子，而效果只是将金属加热。一旦照射光具有足够短的波长（蓝光），也即光子的能量足够高时，就能打出一些电子。高强度的蓝光能打出更多的电子。这直接揭示了一束光所具有的能量为 $E = Nhf$，其中 N 为光子数，f 为每个光子的频率（也就是说，hf 是单个光子的能量）。

所蕴含的能量由它的强度或者明亮度决定，而与光频率无关。而光电效应中，决定电子能否从金属中逸出的，只是照射光的频率（或者波长）。当照射光频率高于阈值频率（或者说波长短于阈值波长）时，我们再去增强光强，则能打出更多的电子，这一点还是和麦克斯韦理论相吻合的。

电子通常被束缚在金属表面的原子阵列上。为了打出电子，我们需要给它足够的能量以冲破表面的束缚，使之能自由出射（干净的表面会使这一过程更容易发生）。只要光的频率低于阈值频率，即使我们增大光源功率到两倍或者三倍，也打不出任何电子。然而，令人惊讶的是，即使光强非常微弱，即使我们用10瓦的光源替换了1 000瓦的光源，而一旦我们提高光的频率（减小光的波长）到高于阈值频率，电子就即刻出射了。

测量从金属表面出射的电子的能量是非常容易的。从19世纪末以来，物理学家们在米兰、柏林、斯德哥尔摩等地的实验室所做的历史性实验，至今仍能在任何一个设备齐全的高中物理实验室重复出来。科学实验总是可以重复的，并且在任何时间任何地点，总能得到相同的结果（不像降神会中的鬼魂，有时能看到，有时看不到）。理所应当地，出射电子的能量总是只由照射光的频率（或者波长）所决定，而与光的强度无关。一旦电子能从金属表面逸出，增强这一频率光的光强只能增加单位时间内出射电子的数目，而不能改变出射电子的能量。

提高光的频率，或者减小光的波长，从蓝紫光的4 500埃到紫光的3 500埃，确实能增大每个出射电子的能量。欧洲所有的实验室观测到的这个神秘的阈值频率的值都相同，而这些数据显然正确描述了自然的本性——至少是大自然中涉及光、金属表面以及电子方面的本性。

我们应当从中受到什么启发呢？任何对光电效应的解释都应当立足于这个基本事实，就是要使得电子从金属表面"逃走"，就必须付给金属表面一定的"能量费"。如果电子没有足够的"钱"（能量），那么它就不能偿付这个能量费，因而也就不能逾越表面这个障碍而出射。19世纪早期盛行的光波的经典理论认为，电磁波的能量取决于波幅（从波谷到波峰的幅值的一半），然而这并不能解释实验事实，因为实验数据始终表明，当光频率不够大时，即使提高光波的强度也无法打出电子。同时，经典波动理论还认为，高于阈值频率的光照射在大量原子之上，如果其光强较低的话，即使可能，也很难能在极短时间内将其能量集中作用于单个电子，最终导致其不能出射。最后我们要问，为什么出射电子的能量只取决于令它出射的光的频率？关于光的经典理论并不能对这一问题给出解释。

好了，现在轮到一位"夏洛克·福尔摩斯"出场了，他将收集相关证据，并给出合理的解释（先暂停阅读，想一想到此为止你得到的相关信息，也许你能猜出他是谁）。最终，是由阿尔伯特·爱因斯坦在1905年偶然发现了问题的解决方案。当时他正从博士考试的创伤中恢复过来，并且在瑞士伯尔尼的专利局从事专利审查员的工作，同时利用闲暇时间做做自己感兴趣的研究。他想起了普朗克关于黑体辐射的论文并想道：如果光在辐射时是一份份地发射，那么在吸收光时，是不是也能一份份地被吸收呢？光的能量事实上是不是集中于量子团中，而正比于其频率呢？回想普朗克关于黑体量子辐射的公式：$E=hf$，其中能量（E）等于频率（f）乘以一个固定常数h。爱因斯坦沉思道，也许普朗克公式描述的并不仅仅是热力学中复杂的辐射问题，而且是对光的实质的描述。如果光本身就是一个个，那么在光量子与电子直接碰撞的过程中，光量子的能量要么全部提供给电子，要么丝毫不给。当光量子的能量大于某个阈值能量W时，电子就能吸收这份能量量子，它就有足够的能量来偿付逸出金属表面的"能量费"而出射。这表明光量子存在一个阈值频率F，而当hF大于或等于W时，就能将电子从金属表面打出来。只要照射光光子的频率大于F，电子就能获得足够的能量以逸出金属表面，这和实验结果相吻合。蓝光有效，而红光无效。这个简单却漂亮的猜想，完全解释了光电效应相关实验的所有结果。

由于对光电效应的解释，爱因斯坦赢得了1921年的诺贝尔物理学奖，这也是他人生中唯一的一个诺贝尔奖。爱因斯坦在光的量子性质上对普朗克的思想做了新的阐释。普朗克将光量子的概念引入黑体辐射的复杂机制中，而爱因斯坦进一步地认为，光量子是光的本质属性。人们很快将光量子称为光子。事实上，光确实是由光子构成的，在实验室中也可以将光子像其他粒子一样来处理。每个光子的能量E正比于它的频率f，比例系数就是普朗克常数h，即公式$E=hf$。爱因斯坦认为，高强度的光含有的光子数目更多，因而能从金属表面打出更多电子。但是，为了能将电子从金属中打出来，每个光子具有的能量

E 必须大于阈值能量 W。如果光子的能量低于 W，那么电子就不能从金属表面逸出。[9]

在接下来的几年里，许多实验物理学家对这个理论进行了详细的验证。结果必然是正确的，因为有它才有了电视机。现在我们可以在相关参考书中查阅到电子从任何金属逸出所需要偿付的能量费，就是我们所说的"金属功函数"，用 W 表示。W 的值由金属的原子结构所决定。W 值较低的金属，电子就相对容易逸出，因此它们常被用来作为光电池的表面，以提高光电池的效率。现在太阳能电池已经较为普及，可以用来给家庭和工厂供电。由于太阳能电池能利用光产生电流，所以这对解决能源危机具有重大的意义。现如今，人们发明了一种叫作"量子点"的光电设备，它具有纳米尺度（与大分子差不多大小），而且吸收光之后能发射出所需要的任意能量的电子，其反过程也同样有效。基于此，衍生出了大量与之相关的纳米技术。除了更高效的太阳能电池外，量子点也在医疗领域具有远大的应用前景，例如利用带有能量的电子攻击癌细胞。[10]

因此，爱因斯坦成功解释了光电效应之后，人们的认识就是：将电磁辐射看作在空间中传播的一种波，能解释很多现象，比如反射、折射、衍射与干涉；但是对于黑体辐射，以及光电效应问题，经典波动理论并不能给出解释，而粒子（量子）模型成功了。电磁辐射的量子模型认为，每个粒子（光子）具有确定能量的量子，其值可由普朗克公式 $E = hf$ 得出。[11]

阿瑟·康普顿

1923 年，在普林斯顿大学获得博士学位的阿瑟·康普顿开始研究 X 射线（极短波长的光）与电子的散射问题，其结果进一步证实了爱因斯坦的光子假说。他的实验结果非常明确：用光子去撞击电子时，光子表现出粒子的性质，就像两个台球撞在一起似的。[12] 初始静止的电子，在碰撞后就像一个台球一样被弹出，而光子本身在碰撞后看起来也像被反弹了一样。这种具有能量的光子与电子碰撞后，产生反弹的光子与电子的过程，现在被称为"康普顿散射"，也叫"康普顿效应"。

与物理中的其他碰撞问题一样，康普顿散射过程中，电子与光子的总能量、总动量守恒。只有赋予光子以粒子性才能很好地理解这一过程。在康普顿对其散射实验结果给出正确的解释之前，曾尝试过很多理论解释，但都失败了，即使是尼尔斯·玻尔的"旧量子论"（最早的量子理论）也行不通。实验结果需要新的量子力学来解释和说明它的不凡意义。当康普顿在美国物理学会会议上报告了他的实验发现时，很多同行对他充满了敌视。

康普顿是俄亥俄州伍斯特市一名勤劳的门诺派教徒的儿子，他不断地改进他的实验及其理论解释。关于这个问题的最后一次公开讨论是在 1924 年。这年夏天，英国科学促进会在多伦多举办研讨会，康普顿在一次特别会议上给出了令人信服的结果。他曾经的反对者，哈佛大学的威廉·杜安（William Duane），之前在实验中并没有观测到康普顿所预言的结果，但在这次会议之后，杜安回到实验室重新实验，亲自重复出了 X 射线散射实验，并承认"康普顿效应"是对的。阿瑟·康普顿获得了 1927 年的诺贝尔物理学奖，他对 20 世纪美国物理学的发展做出了重要贡献，并因此荣登 1936 年 1 月 13 日的《时代》杂志封面。[13]

这一切说明了什么？一系列的现象表明，光就是一束粒子流，这种粒子就是光子。（嗯，牛顿，你是怎么知道的？）但是杨氏双缝干涉实验表明光的经典波动理论也是正确的（在世界各地的高中、大学的实验室里，重复了无数次的实验结果也证明了波动理论的正确性）。持续了三百年的难题又回到眼前。物理学遇到终极悖论了吗？怎么会存在既是粒子又是波的东西？难道我们都应该放弃物理学而去研究禅与摩托车维修技术吗？

"恐怖的"双缝实验

为什么不同的实验现象对光有两种不同的解释呢？是不是有两种不同类型的光？抑或光的波动性和粒子性并不矛盾呢？光波在空间中随处可见，粒子往往在特定的区域才是可见的。"波"可以分成不同部分，例如，80%被表面反射，20%被表面吸收。一个粒子不能被分成不同部分，它要么在那儿，要么不在那儿。但是波和粒子最大的区别是通过托马斯·杨的双缝实验解释的。

为了进一步解释"波"和"粒子"这两个相悖的特性，让我们一起来看看下面的一系列实验，这些实验已经被重复非常多次了。我们使用单色光重复托马斯·杨的实验，这里使用的单色光是指具有确定波长的蓝光。在实验过程中，单色光照射到一个刻有两条水平狭缝的屏幕上，在屏幕的后面还有一个探测屏幕，最初覆盖的是照相底片，用来记录通过狭缝的光波的实验结果。实验开始，我们打开光源，过几分钟之后观察底片。在底片上我们能看到通过狭缝之后产生的垂直条纹图像，在这个图像上我们能找到干涉条纹（见前面图8）。

由于我们不想等待底片成像的过程，因此我们使用一个由成千上万个微小光电管组成的屏幕，这样我们就能立刻捕捉到照射到它上面的光。当蓝光照射到它表面的时候，探测屏上的光电管就会探测到由光子引起的电流（利用的是光电效应的原理）。就像浴室里墙壁上的瓷砖布满整个浴室那样，这些光电管布满了整个探测屏。

打开光源，使光照射到刻有两条狭缝的屏幕上。光通过狭缝之后，有些光电管探测到比较强烈的电流，有些光电管没有探测到电流，还有些光电管探测到不强不弱的电流。探测到强电流的光电管完全对应于我们在照相底片上观察到的亮条纹。因此，使用光电管组成的探测屏幕和使用照相底片的效果是一样的，而且还能省去光子与底片作用产生图像的过程。这时候你可能猜测，用光电管探测到的光具有和波一样的干涉特性：从两个狭缝经过的波打在探测屏上，

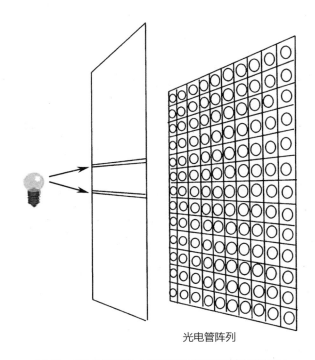

光电管阵列

图15：杨氏双缝实验中用来统计光子数的光电管阵列

在某些区域干涉相长，在某些区域干涉相消。当我们关闭其中一个狭缝之后，刚才得到的图案自然也就消失了，取而代之的是一条直线，这条直线代表的就是未关闭的那条狭缝对应的光电管探测到的光子（见图9）。因此，就如托马斯·杨证实的那样，我们必须同时打开两条狭缝才能得到明暗相间的干涉条纹。

我们对实验做一些新的变化。我们使用非常昏暗的光源，如果光源是电灯泡，只需减小电压。接下来，重复实验。这时候，光电管探测到不稳定的光电流，光电流时而增大，时而减小，反复波动，没有定值。从光电管的原理出发，我们很容易解释这样的现象。当光的强度减小之后，光子慢慢地打到探测屏上，也就是说，我们观察的并不是连续的光波。我们可以计算出有多少个光子打到探测屏上。为了计数方便，我们可以将每个光电管的输出端连接到计算机上，利用编写好的程序，就可以计算出打在探测屏上光子的数量。因此，使用昏暗的光源，可以使得到的电流值从0开始变化。当光子一个个打到光电管时，我们实时地将计数的结果呈现在一个显示屏上。

我们耐心等待，直到一些光电管显示的数字为100或更多时，检查光子计数结果的程序。我们获得的实验数据与用照相底片进行试验获得的数据一样：被光子打到的光电管所构成的图案和用照相底片获得的图案一致。我们观察到一些光电流为0的光电管组成的行，这些行是干涉相消的区域，这意味着没有光子打到该区域。因此，即使是使用非常昏暗的光源进行实验（此时光子是一个个打到光电管上的），但只要光子积累的时间足够长，我们也可以得到干涉图案。这样的结果令人吃惊，我们不禁会猜想，干涉图案是不是光子与光子之间的相互作用导致的呢？

这时候如果把光源的亮度调到足够微弱，使每次只有一个光子穿过狭缝，此时光子之间的相互作用将会消失，这时候我们应该不会得到干涉图案。调节

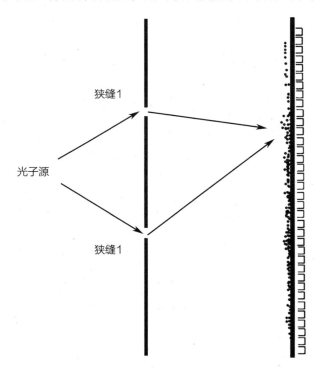

图16：用自动计数程序获得实验数据并绘制实验结果图，由于数据太少，并不能获得任何图案

光源，直到每秒钟只有一个光子打到光电管上（之后可以继续调节光源，把时间控制到每分钟、每小时甚至是每年），一小时之后，我们查看实验数据。这时候我们观察到，在整个探测屏上只有一部分光电管上收集到数据，这些光电管的分布没有规律，即随机分布（见图16）。此时获得的实验数据太少，因此我们让实验继续进行，目的是获得足够多的数据。

当实验进行了几个小时之后，实验得到的图案慢慢地浮现出来。我们检查一行光电管记录的数据，将这行标记为#6，这行收集到的光子数分别为：67，75，71，62，68，…。检查#6附近的一行，标记为#8，这一行收集到的光子数为：33，31，26，31，28，28，27，…。检查远离#6和#8的一行，标记为#12，这一行收集到的光子数为：0，0，1，0，0，0，2，0，…。行#6与之前杨氏双缝实验的亮条纹区域对应，行#12与干涉相消的暗条纹区域对应，行#8与介于明暗条纹之间的区域对应。经过几小时的实验，我们发现干涉条纹又重新出现

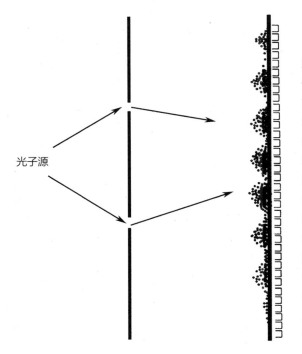

光子源

图17：在获得足够多的数据之后，我们看到了似曾相识的图案。光子在之前杨氏双缝实验中的"亮条纹"区域堆积，然而几乎没有光子出现在"暗条纹"的位置。亮条纹的产生是光子堆积的结果，但是我们这时候会感到好奇：光子之间是如何相互作用的？也许，我们降低光源亮度，直到每小时只有一个光子经过狭缝，只要实验的时间足够长，我们仍能得到干涉图案。很明显，这说明了干涉图案和光子间的相互作用是没关系的。即使是每年只有一个光子经过狭缝，如果有足够的实验时间，我们依然可以得到干涉图案。

了，这时候我们不是用连续的光波，而是一个个单独的光子，每秒只有一个光子经过狭缝到达探测屏。正是因为每个光子都是单独到达探测屏的，所以光子之间的相互作用是不存在的。这些光子是粒子，但它们竟然莫名其妙地发生干涉效应了！

但这种干涉现象有可能是实验装置导致的，也许不需要光源，实验装置也能自己制造出类似于干涉的图案。我们来尝试让干涉图案在实验过程中消失，这样就能证明干涉图案不是由实验装置产生的。

我们小心翼翼地关闭其中一条狭缝，重置计数器，打开昏暗的光源。慢慢地，我们得到了一组数据，这组数据代表着一条明亮的条纹，它出现在没有

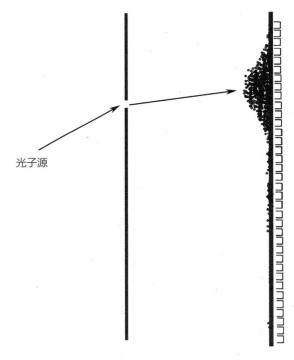

光子源

图18：关闭狭缝2，重复实验。这时候我们没有得到干涉图案，确实是因为双缝的存在光子在经过狭缝之后才产生了干涉图案。每一个光子似乎"知道"狭缝是打开一个还是两个，并且它们在不同的情况下有不同的行为！

关闭的那条狭缝对应的区域。这时候，行#12搜集到的光子数为：21，20，17，18，20，19，15，…，然而，还记得吗，当两条狭缝都打开的时候，这行的光子数为0，0，1，0，0，0，2，0，…，我们通过关闭一条狭缝的方式使干涉条纹在实验过程中消失。这意味着什么？即使我们使用的是产生一个个光子的光源，我们也能得到杨氏双缝实验一样的结果，但杨氏实验用的是连续的光波。这样的实验结果着实令人吃惊！

什么是一个单独的光子？什么是光的单独微粒？它们为什么会发生干涉？它们是怎么选择自己要通过哪条狭缝的？当光子通过一条狭缝时，它怎么知道还有另一条狭缝存在呢？是的，亲爱的读者，这些奇怪的现象是真实存在的。这个实验已经通过不同的形式重复过无数次了。涉及点状粒子运动的实验结果，取决于粒子可能走的所有路径以及它实际走的特定路径。这可能是我们可以直接观察到的最恐怖的事情。大自然，我们所在的物理宇宙，显然就像是一个鬼屋。

给双缝设"陷阱"

我们现在见证了波和粒子行为之间的精彩斗争。光子是光的能量子，当它经过狭缝1时，如果此时狭缝2也开着，那么它的行为与波的干涉行为一样，就像杨氏双缝实验预测的那样，光是一种波。如果狭缝2关着，这时候就不会产生干涉现象，同样与杨氏实验的结果一致。

但光子是一种粒子，可以肯定地说，粒子不是通过狭缝1就是通过狭缝2。如果它通过狭缝1，那么粒子（光子）是怎么知道狭缝2是否开着并参与干涉效应的呢？唯一同时也是荒谬的解释是：通过狭缝1的光子以某种方式"知道"狭缝2是否打开，当光子得知狭缝2打开时，它们会改变它们的轨迹以避免击中某些光电管探测器，未被光子打中的区域对应于干涉相消的区域。换言之，这些光粒子会事先"感应"有几个狭缝是开着的，然后根据"感应"到的结果决定要从哪个狭缝经过。这种解释难道不是很荒谬吗？

很显然，这是一个很奇怪的观点，但我们可以检验它的正确性：我们可以在狭缝1后面放置一个光电管探测器，这时候我们就可以得知这些"搞怪"的光子到底是从哪个狭缝经过的。这个探测器就像一个坐在高速公路广告牌后面摩托上的巡警。只要一个探测器就可以知道光子经过的是狭缝1还是狭缝2（因为当我们结束计数之后，没有被探测器探测到的光子必定从狭缝2经过）。

放置完探测器后，我们重新进行实验。我们使用昏暗或者明亮的光源，同时，只要狭缝1处的探测器探测到光子，探测器就会发出提示声。我们这样做的目的是确定光子是从哪个狭缝经过的。实验进行一段时间之后，我们得到的实验结果是：干涉图案消失了（见图19）。

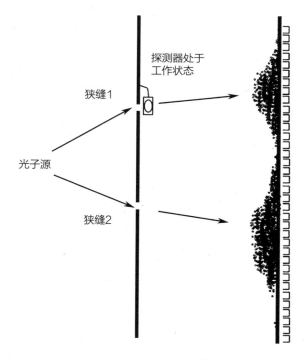

图19：这时候我们试图探测光子的路径。我们在狭缝1后面放置一个探测器用以记录光子是否经过狭缝1。打开探测器后，重复实验。这时候我们并不能得到干涉图案，取而代之的是两堆光子。

　　我们关闭狭缝1处的探测器，这意味着我们无法得知光子是从哪个狭缝经过的，我们得到的实验结果是：干涉图案又出现了（见图20）。我们多次重复打开探测器和关闭探测器的实验，甚至把探测器放置在狭缝2后面而不是狭缝1后面。我们发现，无论我们把探测器放在狭缝1后还是狭缝2后，只要我们试图掌握光子的路径，干涉图案就会消失。当我们不再检测光子的行为时，我们又重新得到了干涉图案！这会不会是一种巧合呢？这难道不是一个很神奇的实验吗？是不是真有什么可怕的东西在操纵着这一切？也许，在狭缝处放置探测器以期观察光子行为，这种行为本身影响了光子的路径，最终破坏了干涉图案。

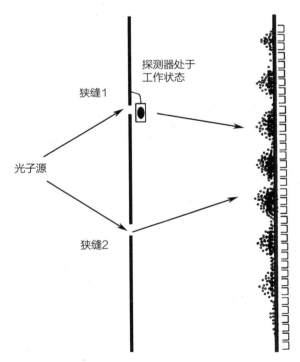

图20：关闭狭缝1后面的探测器，我们将无法得知光子的路径。此时，我们又看到了干涉图案，如图19所示。我们仅仅想知道光子是经过哪个狭缝的，但是这种探测行为却破坏了干涉图案。如果没有任何人或者物试图掌握光子的路径，我们就能获得干涉图案，这个结论同时适用于光子和电子（或者是其他基本粒子，甚至是单原子）。

这种解释不是不合理的，因为改变光子的运动路径并不是什么难事。我们很想得知粒子是如何产生干涉图案的，但是大自然好像是要故意破坏我们所有的努力。

我们在狭缝1和狭缝2后面各放置一个探测器，重复实验。结果是，只要我们试图掌握光子的行为，干涉图案就会消失。当我们把探测器关闭之后，我们又得到了干涉条纹。我们在这个实验中有了新发现：两个探测器不会同时发出警报声。在此之前有一种近乎疯狂的说法：一个光子分裂成两部分，一部分穿过狭缝1，另一部分穿过狭缝2。还有另一种说法：光子检查狭缝2是否打开，然后以某种方式反过来穿过狭缝1。经过这次实验之后，我们可以明确地说，上述两种说法都是错误的。虽然如此，结果却那样令人不安：我们现在只知道，如果我们想得知给定光子的运动路径，那么我们将不能获得干涉图案；如果我们不去监测光子的行为，那么我们又能得到干涉图案。

我们最后可以做的是，确认无论是谁、无论用何种测量工具去探测光子路径，都不会影响最后光子落在探测屏的位置，也就是说，证明影响光子路径的因素不是人或者某种实验装置。因此，我们可以将所有设备放在另一个房间，只在磁盘驱动器上记录实验数据，并且在实验之后才读取实验数据。我们最大限度地降低人对实验结果的影响。

在重复多次实验并将得到的数据与狭缝处探测器的状态相比较之后，我们发现，当狭缝处的探测器处于工作状态时，也就是我们能够记录光子经过的是哪个狭缝时，没有干涉条纹；当狭缝处的探测器处于关闭状态时，我们无法得知光子的行为，此时我们可以得到干涉图案。这依然是一个神奇的结果，微小的光子似乎知道什么时候有人在试图观测它们的行为。当它们被观测时，它们的行为和一般的粒子一样，穿过它们该穿过的狭缝。但是当它们没有被观测时，光子的行为和"波"一样：穿过狭缝时会产生干涉效应。也许我们需要喝杯酒压压惊。

双缝实验似乎是"粒子"和"波"概念之间的最终博弈。它揭示了粒子令人震惊的行为，并且让我们了解到：观测粒子行为与否，最后得到的结果是不同的。光子对我们来说确实很陌生，但是当我们用电子取代光子进行实验后，结果并没有改变。

从杨氏双缝实验中我们可以得出：干涉图案中的暗条纹是经过狭缝1和狭缝2的光干涉相消的结果。这种干涉相消是因为，当光通过狭缝1和狭缝2后打在监测屏上时，分别处于波峰和波谷（或者波谷和波峰）。实际上，经过托马斯·杨及其追随者的实验，我们可以得到"光是一种波"这个结论，但是，光也是由光子组成的粒子流。换句话说，确实如牛顿所认识的那样，光是由粒子组成的，但是这些粒子（光子）却具有波的行为。你可以说，光既不是粒子也不是波，也可以说它两者都是，这就是量子物理对我们心灵的折磨。[14]

穿过玻璃，透亮儿

光子是一种粒子，它可以像粒子般碰撞。光子能解释为什么黑体能辐射不同颜色的光，它还能解释光电效应和康普顿效应，但是，它却无法解释光的干涉效应。此外，还有很多现象也是光子无法解释的。

回想我们第1章的那个实验，我们曾注视着维多利亚的秘密商店橱窗。现在，让我们再次漫步，这回我们经过的是梅西百货。春装摆放在大橱窗，在商店通明的灯光照耀下更显得光彩绚丽。透过玻璃，你可以看到衣着华丽的人模，同时也可以看到，昏暗的街道映在玻璃上，其中还包括自己。碰巧，展示的橱窗里有一面镜子，透过橱窗里的镜子，你可以看到自己清晰的样子，但商店橱窗玻璃上的映像却比较暗淡。

我们可以做出如下推理：太阳光在你身上发生反射，反射光透过玻璃窗照射到镜子上，再次反射，这时候你看到了这束反射光。但是当光照射到玻璃窗的时候，并不是所有的光都发生透射，而是有一部分光被玻璃窗反射。那么，你会产生什么疑问呢？如果光是一种波，那么这是合理的。波可以一部分发生透射，一部分发生反射。如果光是一束粒子流，我们也可以说96%的粒子穿过玻璃窗，4%的粒子发生碰撞之后弹了回来。但是如果光是一束光子流，它们由许许多多的光子组成，每个光子都是可以被辨识的，这时候怎么判断一个给定的光子（就管它叫"伯尼"好了）是要发生透射，抑或是反射呢？

想象这样一个画面：一群光子朝着玻璃窗奔腾而去，大多数光子通过玻璃窗，但每隔一段时间有一个光子反射回来。我们假定光子是一种粒子，这种粒子是不可再分的——没有人见过一个光子的4%或96%。伯尼要么穿过玻璃窗，要么被玻璃窗反射。也许，玻璃窗中含有很多原子，而100次中只有4次伯尼击中了其中一个原子并被反弹。但是此时我们并不能看到一个如镜面的反射图像。我们能看到玻璃有点模糊，这是因为4%的光子数量被反射。我们站在玻璃窗前，玻璃上反映出我们的样子，这明显是波的效应，但它似乎也适用于单个光子。单独的光子，怎么可能"一部分"发生反射呢？这可以解释为，光子有4%的概率发生反射，96%的概率发生透射（此时其行为和透射波类似）。爱因斯坦在1901年的时候看到了普朗克的光子模型，由于这个模型中将概率引入物理，所以他不喜欢这个模型。随着时间的流逝，他越来越讨厌它。

卢瑟福和原子模型

普朗克用量子理论解决了紫外灾难，爱因斯坦用量子理论解释了光电效应，此后不久，经典物理又将第三次被量子物理击败——这就是所谓"梅子布丁模型"的失败。

欧内斯特·卢瑟福（1871—1937）是个大块头，长相粗犷，和海象颇有几分形似，他不仅曾任卡文迪许实验室的主任，[15] 还获得过诺贝尔奖。卢瑟福出身于一个贫苦的新西兰农民家庭，这个家庭有十几个孩子。卢瑟福从小勤俭节约，拥有科技创新能力。当他还是一个孩子的时候，他就曾摆弄、拆解父亲的时钟，还为父亲制作了一个水车模型。在他读研究生期间，他研究了电磁学，并设计了无线信号检测器——比马可尼还要早。在他拿着奖学金进入卡文迪许实验室之后，他把他的无线电设备带到英国，并收到了半英里外传来的无线信号，这个壮举给很多人留下了深刻的印象，包括当时卡文迪许实验室的主任J.J.汤姆逊。

在 X 射线被发现后，汤姆逊邀请卢瑟福与他一起研究这些射线对气体放电的影响。尽管卢瑟福十分渴望回到他的故乡新西兰，但是这个提议他却无法拒绝。他们最终合作发表了一篇有关电离的文章，这篇文章的基本思想是，与物质碰撞的 X 射线似乎产生相等数量的正离子和负离子。后来汤姆逊表示："我从来没有一个学生比卢瑟福先生更有热情和能力进行原创实验研究。"

1909 年时，在卢瑟福的博士后期间，他用一种被称为"α 粒子"*的粒子流撞击一块金箔，并记录了粒子被金箔中的金原子轻微偏转的路径。然后，一些完全意想不到的事情发生了：大多数粒子在穿过金箔后到达探测屏幕时只发生了轻微的偏转，但是大约每 8 000 个 α 粒子中就有一个朝着 α 粒子发射源反弹回来！正如卢瑟福说过的那样："就好像你在一张薄纸上发射了一枚 15 英寸的炮弹，这枚炮弹被反弹了回来，并击中了你。"这究竟是怎么回事？难道是原子内部有什么东西排斥带着正电荷并且有较高质量的 α 粒子？

通过 J.J. 汤姆逊的早期工作，我们已经知道，原子中充满了质量非常小、带

---

* α 粒子是某些放射性物质衰变时放射出来的粒子，由两个中子和两个质子构成（氦 4），质量为氢原子的 4 倍，速度可达每秒两万千米，带正电荷。穿透力不大，能伤害动物的皮肤。

负电荷的电子。显然，为了维持原子的稳定，原子内部必须具有相同数量的正电荷，以此平衡电子的负电荷。但是，正电荷在原子内部的分布犹未可知。在卢瑟福之前，没人能给他一幅"原子地图"。

1905年，J.J.汤姆逊提出了一个原子模型，在此模型中，正电荷均匀地分散在整个原子球体中，电子则嵌入其中，这个模型被称为"梅子布丁模型"。因此，如果按照这个模型，卢瑟福发射的 α 粒子应该总是直接通过原子的。原子就像一大团剃须膏，α 粒子是步枪子弹，步枪子弹应该直接穿过剃须膏团。然而，卢瑟福看到的却是，有些步枪子弹竟然在与一团剃须膏碰撞后被弹了回来！

根据卢瑟福的计算，只有在一种情况下，α 粒子会发生轻微偏转或反弹：整个原子的质量和正电荷集中在一个"核"，这个"核"体积很小并且位于原子中心。核的质量和较大的正电荷数可以排斥射过来的 α 粒子。这似乎就像在剃须膏球内藏着致密的钢球，从而导致步枪子弹反弹或者偏转。至于电子，它们应该围绕着这个原子核分布。因此，J.J.汤姆逊的模型是个错误的模型。实际上，一个原子类似于一个微小的太阳系，微型行星（电子）围绕着一个致密且不发光的微型恒星（原子核）运转，它们通过电磁力维持稳定。

进一步的实验表明，虽然99.98%以上的原子质量集中于原子核中，但是，原子核实际上是非常微小的，它只占原子体积的万亿分之一。原子中的大部分都是空的空间，电子在其中高速穿行。也就是说，物质的大部分都是空的，这是多么令人吃惊的结论啊！（你所坐的实实在在的椅子，竟然大部分是空的！）卢瑟福发现这个实验现象的时候，在这个小小的太阳系模型中，牛顿和麦克斯韦发现的物理定律——例如 $F = ma$，仍然被认为是金科玉律，就像在宏观太阳系中太阳和它的行星那里一样，大家都相信经典物理的定律具有普适性，即使在原子中也不例外。每个人都享受着所谓的"完美的"物理理论，直到尼尔斯·玻尔的出现。

玻尔——忧郁的丹麦人

尼尔斯·玻尔来自丹麦，他是一个年轻的理论物理学家，曾在卡文迪许实验室学习。玻尔在听了卢瑟福的演讲后，对其原子理论十分痴迷，并于1912年来到曼彻斯特，对这位伟大的实验物理学家进行了长达4个月的访问。[16]

玻尔仔细研究了卢瑟福得到的实验数据并很快意识到卢瑟福模型的一些重要意义。这是一场灾难啊！在用麦克斯韦方程组考察电子围绕原子核的运动之后，玻尔意识到，电子在快速圆周运动的状态下，将以电磁波的形式快速地辐射所有的能量，此时轨道半径将迅速收缩到零。也就是说，在一百亿分之一秒内，电子将螺旋坠落至原子核的位置。这意味着，原子是不稳定的，进而物质也是不稳定的——我们知道，这样的事是不可能的。麦克斯韦方程组在卢瑟福的原子模型中不适用，不是卢瑟福的模型出了问题，就是麦克斯韦理论有局限性。

玻尔致力于以卢瑟福的模型去理解氢原子——最简单的原子，只有一个电子围绕着带正电的原子核。关于波与粒子的关系，普朗克和爱因斯坦认为，具有与波的行为类似的粒子可能被束缚于原子轨道中运动。基于此，玻尔提出了一个非常"反经典"同时也是令人吃惊的理论。玻尔认为，对于原子中的电子，只有某些特定的轨道存在，因为这些轨道中电子的行为与波的运动类似。在这些特殊的轨道中有一能量最低的轨道，在此轨道运动的电子最接近原子核，并且不能辐射出任何能量，因为这是电子最低的能量状态，所以它不能进入更低的能量状态。轨道的能量最低状态被称为基态。

玻尔试图解释的一个实验现象是原子的发射和吸收光谱，我们前面已经讨论过了，这个光谱是离散光谱。回想一下，当各种元素被加热直到它们发光时，通过分光仪观察，我们可以看到每个元素发出独具特色的一系列颜色鲜明的亮线，它们叠加在连续的较暗色带上。同时，太阳光的光谱在特定区域被一系列细细的暗线覆盖。亮线代表辐射,暗线代表吸收。和其他元素一样,氢发出类似于指纹图谱的光谱,玻尔尝试用他自己建立的模型来解释这些实验现象。

他在1913年发表的三篇论文中,大胆地提出了氢原子量子理论。每个轨道代表着特定的能量,当电子从高能级向低能级跃迁时,如 E_3 到 E_2,则辐射出能量。原子发出一个光子的能量($E = hf$)等于两个轨道的能量之差:$E_3 - E_2 = hf$。当数亿原子同时向外辐射光子时,我们就能看到一个明亮的光谱。这一模型在保留了牛顿力学的同时也摒弃了一些经典理论,在已知电子质量和电荷等条件下,玻尔成功地用方程计算出氢原子光谱中所有谱线对应的波长。

在玻尔的模型中,电子必须在特定的轨道上运行,这些轨道对应着不同的能级,分别编号为1,2,3,4,…,而且每个能级都有不同的能量:E_1,E_2,E_3,E_4,…,电子只能吸收或者辐射一定量的能量。如果电子吸收光子,那么电子将发生跃迁,例如从 E_2 到 E_3。而处于高能级的电子跃迁到低能级时,释放出光子,例如从 E_3 到 E_2。这些光子具有特定波长,在玻尔模型中可以通过光谱线精确地预测。

原子的特征

得益于卢瑟福和玻尔,原子能委员会的图标才成为现在这样:电子像微型行星一样围绕着原子核,其轨道呈椭圆形。很多人认为图标上的模型描述的就是真实的原子,实际上并非如此,虽然这个模型可以解释最简单的原子——氢原子,但却无法解释氦原子,一个拥有两个电子的简单原子。20世纪20年代以前,量子力学理论发展尚未成熟,这踏出的第一步,被称为"玻尔的旧量子理论"。

量子理论的创始人普朗克、爱因斯坦、卢瑟福和玻尔发起了一场革命,但革命尚未成功。显然，这已经不是我们所熟悉的了，因为现在和我们打交道的是量子跃迁（从一个轨道跃迁到另一个轨道，而不是处在两者之间），光是波和粒子（两者都不是，同时也两者都是），还有很多问题待我们去理解与处理。

> 出自密林深处的曙光，
>
> 跃入草地的黎明，
>
> 象牙的身躯，棕色的眼睛，
>
> 闪出了我的牧神！
>
> 他歌唱着蹦过灌木丛，
>
> 影子也翩然起舞，
>
> 我真不知追随哪一个好，
>
> 影子还是歌声！
>
> 哦，猎人，帮我捕住影子，
>
> 哦，夜莺，帮我攫住歌声！
>
> 否则，被音乐和疯狂纠缠的我
>
> 怎能将他追踪！
>
> ——奥斯卡·王尔德《林中》[17]

第5章

海森堡的不确定性

　　终于到了你们一直等待的时刻了。现在我们要直接进入量子力学的领土，这片领土是如此神秘和怪异，以至于它让物理学界伟大的明星沃尔夫冈·泡利，在1925年去认真地考虑退出物理学领域。"对我来说，物理学实在是太难了。"泡利对他的同事说，"我真希望我是一个喜剧电影演员或其他什么人，从来也没有听说过物理学！"如果令人敬畏的泡利真的退出物理界，转而成为那个年代的杰瑞·刘易斯*的话，我们也许就不会有"泡利不相容原理"了，科学的发展也许会截然不同。[1] 不过还好，他最终坚持到底了——我们希望你也能坚持下来，尽管这段旅程不是为一颗脆弱的心准备的，但最终它会对你非常有帮助。

玻尔的原子模型

　　让我们从尼尔斯·玻尔的量子理论开始。这个理论最早来自卢瑟福的实验。实验告诉我们，原子不是一块"梅子布丁"，它有一个致密的核心，外边有很多的电子围绕着。这有点类似于我们的太阳系——中心有一个致密的太阳，外围

---

* 杰瑞·刘易斯（Jerry Lewis），美国著名喜剧演员，对美国喜剧事业影响深远。

的一些行星在轨道上围着它转动。我们提到过，玻尔最初的"旧量子理论"最终被淘汰，这种理论就像一盆奇怪的乱炖，将经典力学和某些特定的量子法则胡乱地混在一起，随着量子理论的不断完善，最终被人们抛弃。但无论如何，玻尔向世界介绍了量子化的原子，同时理论中一些粗糙的暗示也被一个精彩的实验所证实。

在经典物理学定律中，电子不能绕着原子核转动。因为当电子在轨道上转动时，电子必定有加速度——事实上所有圆周运动都是加速运动，因为速度随着时间在连续地改变方向。于是，根据麦克斯韦的电磁学理论，加速的电荷一定会以电磁波的形式辐射出能量，也就是光。据估算，所有的电子轨道能量将立即以电磁波的形式辐射出去，然后电子就像只受伤的小鸟一样，螺旋着坠落到原子核上。于是，电子的轨道以及原子本身就崩溃了。这种崩溃的原子是没有化学活性的，什么用都没有。所以，经典理论中关于电子能量、原子或原子核的说法，都与实际情况不符。这就要求我们必须建立一种新的理论——量子理论。

此外，19世纪晚期的科学家知道原子会发射出光，对应于特定颜色的分立谱线，也就是说，波长（或者频率）的值是离散的、量子化的。这看起来就像原子中只存在某些特定的电子轨道，当原子发射或者吸收光的时候，电子就在这些特定的轨道上跳上跳下。如果这些轨道是连续的，就像行星围绕恒星公转的轨道那样，那么发射光的光谱就应当是连续的。然而，原子世界并非如此，和牛顿物理中那个连续变化的世界相去甚远。

玻尔专注于最简单的原子，即氢原子。氢原子由带正电的原子核（只有1个质子）和1个核外电子构成。他琢磨着普朗克和爱因斯坦的量子理论，最终注意到，根据普朗克的观点，动量（或者能量）与确定的波长（或者频率）存在关联。如果把这种观点应用到电子上，玻尔意识到，这或许暗示着特定轨道的存在，并最终得到了描述电子轨道能量的公式。玻尔的特定轨道是圆形的，并且其周长（绕着轨道一圈的距离）也是特定的。他坚持认为，周长应该总是等于电子的量子波长（从普朗克公式可以推出）。[2] 每一个这样的轨道都对应于一个特定的能量，那么原子就可以拥有一系列的能量状态了。

玻尔立刻意识到，这样一来，电子一定存在一个最小的轨道，而这个轨道的半径就是电子离原子核最近的距离。一旦电子进入这个轨道，之前电子宿命般向原子核坠落的过程就不再发生了。这个最小的轨道叫作"基态"，即能量最低的状态。电子不能处于比基态能量更低的状态，这样我们的原子就稳定下来了。基态是所有量子系统的一个特征。真空是我们整个宇宙的基态。

这个新理论带来的效果实在太好了。与之相关的一些重要数字，表征了实验观测到的氢原子的辐射模式。所有在原子中的电子，都被物理学家们称为处于"束缚态"的电子。因为如果不为其提供能量，这些电子将永远待在原子核附近旋转，处于"束缚"之下。而把一个电子从原子中"拉"出来，你需要加入的那份能量叫作"结合能"。结合能依赖于电子具体所处的轨道。我们通常定义一个自由的、没有被束缚的、速度为零的电子的能量为零（这个其实是任意的，让能量是多少都行，但是定义为零会带来更多的方便）。那么一个束缚态电子的结合能将是一个负数，因为束缚态的能量比能量最低的自由电子的能量还要低一些。同样，如果一个能量很低的自由电子被一个原子捕获进一个轨道，那么在捕获过程中变成光辐射掉的那份能量将正好等于被捕获进轨道的结合能。

结合能的单位是"电子伏特"（eV）。[3] 基态，也就是离原子核最近的那个特殊轨道，其结合能为13.6电子伏特（这意味着你要花掉13.6电子伏特的能量才能把电子从基态移出去）。13.6电子伏特，这个数字经常被叫作里德堡常数，为纪念瑞典物理学家约翰内斯·里德堡（Johannes Rydberg）在1888年［同约翰·巴耳末（Johann Balmer）和其他一些人］得到一个描述氢原子谱线的经验公式。这一特殊而又大名鼎鼎的数字和公式，早在玻尔很多年之前就预测了一系列结合能。但是直到玻尔出现，我们才终于在逻辑上解释了这个公式到底是怎么来的。

氢原子中的量子态（等价地说，玻尔轨道）能够用一系列数字符号表示出来：$n=1$，2，3，…，有最大结合能（最负）的态——基态，对应 $n=1$；第一激发态对应 $n=2$，依次类推。这些离散状态在原子中是严格限定的，这是量子力学的本质。这里的整数被赋予了一个高贵的名字"主量子数"。每一个态，或量子数，都有对应的能量值，用 E_1，E_2，E_3，…表示（见注释3）。

回想一下，原子可以从一个高能量的状态跳到一个低能量的状态，同时辐射出一个光子。当然，这条规则不适用于 E_1 能级（$n=1$）的电子（基态上的电子），因为很显然它没有地方往下跳。这种状态的变化，叫作"跃迁"，通常通过一种可预测的、符合数学的方式发生。比如说 $n=3$ 的态上的电子跳到 $n=2$ 的态上，然后 $n=2$ 的电子跳到 $n=1$ 的态上。每一次跃迁必须发射出一个光子，光子的能量等于两个能级之间的差，这里是 E_3-E_2 以及 E_2-E_1，具体表示为 10.5 eV $-$ 9.2 eV $=$ 1.3 eV 以及 13.6 eV $-$ 10.5 eV $=$ 3.1 eV。由于光子的能量和波长 λ（读作"拉姆达"）与普朗克公式相关联：$E=hf=hc/\lambda$，所以物理学家们就可以利用分光仪测量原子发射的光的波长，最终求出原子中电子所处轨道的能级。这套理论在解释氢原子这种最简单原子（一个电子绕着一个原子核）的特殊谱线时非常有效，但是很遗憾，哪怕是稍复杂一点儿的氦原子，就无能为力了。

玻尔认为电子的运动状态也可以用另一个不同的方法去测量：让原子吸收能量。如果其状态的确是量子化的，那么能量吸收的模式应该是一整份一整份的。能量只有恰好等于电子往上跳（从 E_1 到 E_2、E_3，等等）的能量差时，才能被原子吸收。验证这个想法的关键实验由詹姆斯·弗兰克（James Franck）和古斯塔夫·赫兹（Gustav Hertz）完成，那是在1914年的柏林，可能是德国人在第一次世界大战之前完成的最后一个意义重大的实验。虽然他们的实验数据完美地契合了玻尔对发光过程的分析，但这两位德国实验物理学家却对这个来自丹麦的伟大理论一无所知，而且这种状态持续了很长一段时间。

弗兰克－赫兹实验

在我们描述实验细节之前，让我们先想象一个经典物理学中的类比，尽管这个类比可能不那么恰当。想象一些小钢球从山坡上滚下，在山脚下有一个小小的上坡，我们要求小球在掉进上坡后面的一个桶里之前，有足够的能量往上爬一点点。现在让我们随机地在山坡上钉一些小钢钉，让山坡的表面看起来有点像一个弹珠机。小球在下落的时候与钢钉反复地碰撞，但由于钢钉和小球之间的碰撞是弹性的，即反弹的时候没有能量损失，所以这些小球仍然具有足够的能量让速度快到足够越过山脚的小上坡，然后"扑通"一声掉进桶里。但如果我们把钢钉换成橡皮泥做的钉子，这个碰撞就不再是弹性碰撞了（橡皮泥将吸收能量），然后这些小球在损失了大量能量后，就只能漫无目的地掉到山脚，无法翻越山脚的小上坡。现在，假设我们可以调整山的高度，保证小球在到达底部时具有或多或少的能量。

弗兰克和赫兹做了差不多一样的事情，只不过他们用电子代替了小球，这些电子来自被加热的金属丝。电子由于金属丝与栅极之间的电场而加速，加速过程中要穿过稀薄的汞原子气体，与汞原子不断碰撞。电场的电压可以在 $0 \sim 30$ 伏之间调节，相当于可以改变高度的山坡，而汞原子就类似于山坡上的钢钉。于是，加速电场为电子提供能量，就像山坡给我们的小钢珠提供能量一样。当电子在来来回回的碰撞中终于穿过了汞蒸气后，接下来将会面对一个大约1伏特的"制动电压"——类似于我们山脚下的小上坡。如果电子克服了制动电压（爬上了小上坡），它们将打进一个收集板，在那里它们产生的电流将被记录下来。于是，这个游戏的关键就是，测量电流随着加速电压的缓慢增加而产生的变化。

关键数据反映在电流 I 随着加速电压 U 变化的图上，重点是，如果电子在与汞原子的碰撞中损失能量（非弹性碰撞）并且这些碰撞在栅极附近发生，那么电子将无法越过屏幕前的制动"上坡"，我们也就无法收集到电流。如果这个碰

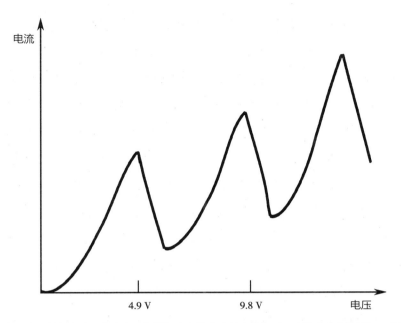

图21：弗兰克–赫兹实验。当我们不断增加电压使之穿越汞蒸气时，电流也会不断增加，直到电子到达激发汞原子所需要的能量，即4.9电子伏特。这时候汞原子将在碰撞中吸收电子的能量，并跳到下一个能级，电流减小。随后汞原子从高能级跳回到原来的基态，它所发射出来的光也被探测到了。当电压增加到9.8伏，重复发生汞原子通过碰撞吸收电子能量的过程，电流第二次减小。弗兰克–赫兹实验证实了玻尔基于他的原子理论的预言。

撞不损失能量（弹性碰撞），那么电子将保留所有的能量（由 U 决定）并且将翻越这个上坡，最后产生电流。

我们看到，我们从低电压开始，一旦 U 超过制动电压，电流马上就增加了，表明电子与汞原子的反复碰撞没有任何能量损失。然而当电压上升到一个临界值，4.9伏，奇怪的事情发生了，我们看到电流有一个突然的下降。显然，当电子到达4.9电子伏特的能量时，它与汞原子的碰撞发生能量损失了，因此无法再爬上"上坡"后面的收集器。[4]

玻尔欣喜地解释这一切：原子只能一份份地吸收与特定能量状态相对应的能量。汞原子的基态 E_1 与它的第一激发态 E_2 的能隙差为4.9电子伏特。电子的能量必须恰好是这个值，才能把它的能量交给汞原子，同时产生一个零能量的反弹。然后，它不再有能力抗衡制动电压，实验也不再能收集到电流。相反，一个具有4.6、4.7或者4.8电子伏特等能量的电子——很接近，但是没门儿！它一点儿能量也不会交给汞原子，而是毫无损失地反弹回来，穿过制动电场，最终作为电流被测量到。然而，随着电压连续地增加，电子可以在距离栅极远一些的地方就到达4.9电子伏特的临界能量。这样的话，从非弹性碰撞反弹出来后，电子仍然可以在接下来的电压作用下获得足够的能量去战胜制动电压，然后变成电流，曲线重新开始上升。那么在9.8伏时，将发生什么呢？另一个尖锐的下降。因为电子在到底屏幕前可以经历两次非弹性碰撞，把两个汞原子激发到E_2状态，同时耗尽自己的能量。

分析得很漂亮！但这真的是玻尔理论的有力证据吗？让我们继续：激发态的汞原子不会一直保持这种状态。经过一个非常短暂的间隔，它们会"退激发"，也就是"跳"回到基态，同时发射出一个光子，这个光子的波长将由两个能级之间的能量差决定。曲线的第一个峰出现在4.9电子伏特时，对应的波长在紫色光的范围——这也就是为什么汞弧灯发出的光是紫色的。把分光仪瞄准这里的气体，弗兰克和赫兹寻找这样的紫色线。当电压小于4.9伏时，这样的紫色线没有被看到；但在恰好4.9伏时，紫色线出现了！他们所看到的正是汞原子的退激发，原来的激发就是由电子的碰撞所产生的，汞原子在碰撞时偷走了电子的所有能量。

因此，原子内部的离散能级是真实存在的。自然界具有内在连续性的经典信条宣告死亡。这个实验最终载入史册，它被命名为"弗兰克-赫兹实验"。

狂飙突进的二〇年代

现在很难去领会在1920年至1925年，在这个可怕的二〇年代的开端，那些顶尖物理学家所面临的恐慌状态。在过去400多年中，科学家们一直笃信自然有一个经典的符合逻辑的图景，但现在，他们突然被强迫去重新审视这个核心信念。是什么首先打破了关于旧世界的固有认知呢？是最深刻也最让人不安的量子世界的二象性。一方面，有一系列的实验，重复了很多很多遍，证明光是一种波，显现着干涉和衍射这些典型的波动特性。前文已述，如果光由粒子组成，我们几乎不可能解释双缝干涉实验。

但同时，同样强有力的数据又证明光的确是由粒子组成的。正如我们在第 4 章看到的，黑体辐射、光电效应、电子与光子碰撞的康普顿实验，所有这些研究都解释了不可忽略的"粒子性"。对这些实验，符合逻辑的结论只能是：特定颜色的光，也就是特定波长的光，是一束粒子流。这些粒子都以光速 c 运动，都有一个确定的动量。动量，在牛顿框架下即速度和质量的乘积，是物体运动的一个重要特征。对光子来说，动量是它的能量除以光速 c。动量之所以是一个重要的概念，是因为所有互相碰撞的物体的总动量是守恒的，也就是说，碰撞的过程不会改变总动量。例如，当两个台球碰撞时，碰撞前它们各自的质量乘上速度然后再求和，等于碰撞后它们的质量乘上速度再求和。[5] 康普顿实验已经表明光量子就像汽车或者其他宏观物体一样，总动量在碰撞过程中是守恒的。

现在，让我们花一些时间来澄清粒子和波的区别。首先，粒子存在离散的性质。取一杯水和一杯纤细、干燥的沙，二者都可以倒出去，都可以产生漩涡，如果你不站得特别近地看的话，它们的特性基本上是一样的。但是液体是连续和光滑的，沙子却具有可数的、离散的颗粒。一个小勺子总是舀出一定体积的液体，而不是一个，两个，三个，…，但沙粒的数量却能一粒一粒地数出来。在量子理论中，整数变得至关重要——恍如古希腊数学家毕达哥拉斯重出江湖！粒子在任何时刻的位置都是确定的，它沿着一定的轨迹运动；而波是在空间中延展开来的。此外，粒子具有能量和动量，这些能量或动量可以在碰撞中转移到其他粒子上。那么，根据定义，是粒子就不能是波，是波就不可能是粒子。

　　现在回到我们之前的故事。让物理学家们疑惑的是，他们遇到了一个怪物——一个波动的粒子，也有些人叫它作"波粒子"。虽然光是众所周知的波，但是一个接着一个的实验揭示了光子（光量子）是一份份的，具有碰撞和推动电子的能力，还能够被物质吸收：要么整个吞下，要么一口都不吃。激发态的原子可以发射这些光子，然后失去一份确定的能量（$E = hf$），被光子带出。这种状态被一篇了不起的博士论文提升到一个新维度，论文的作者是法国的一个物理系学生，出身贵族，名叫路易-恺撒-维克多-莫里斯·德布罗意。[6]

　　说来令人震惊，他居然醉心于寒酸的物理学，而不是军事、外交、政治。德布罗意的家人在最开始是反对他的意愿的。他的祖父，一位公爵，曾经嘲笑说："科学是吸引着一堆老头子的老太太。"所以年轻的德布罗意被迫做出妥协，他在海军谋得一个职位，然后业余时间在家族豪宅里开辟出的实验室里做实验。在海军服役的时候，他因为对无线电的研究而出名。在老公爵逝世后，他终于能够脱下戎装，全身心地投入到他真正的激情所在。

　　德布罗意一直在沉思着爱因斯坦关于光电效应的焦虑。通过光电效应，爱因斯坦证明光具有粒子特性，并且这种粒子特性与早就被肯定的波动特性之间并不相容。回顾着爱因斯坦的研究，德布罗意得到了一个最反正统的观念。他推断，如果光波看起来具有粒子性，或许反过来也是对的。或许粒子——所有的粒子——它们自己也表现出波动性，就像德布罗意说的（关于原子的玻尔理论）："这个事实暗示了我，也许电子不能被简单地想象成粒子，它可能还具有频率（波动特性）。"[7]

　　正常情况下，如此激进的一篇博士论文可能会让这个学生直接转去神学院，或者被流放到穷乡僻壤的下级学院去。但这是1924年，德布罗意得到了一声响亮的喝彩。当巴黎大学的评审们由于困惑而让步时，伟大的阿尔伯特·爱因斯坦受邀审阅这篇学术论文。他对德布罗意的论文表现出极大的兴趣（我们想知道爱因斯坦是不是想说："我本该想到它的呀！"），并且把它纳入自己的量子研究计划中。这位大师在给巴黎评审委员会的回信中写道："德布罗意已经揭开了一个巨大面纱的一角。"后来德布罗意不但得到了他的博士学位，而且没过多久还因为这篇博士论文获得了诺贝尔奖。总的来说，他精确地把一个电子的动量（质量乘以速度）与"电子波"的波长通过普朗克公式联系起来。[8] 但是，什么是电子波？电子是粒子，波在哪里？德布罗意含糊其辞地表示，存在于粒子内部的"某种神秘的内在周期过程"。这听起来很模糊，但他确实是这么说的。不过忽略其模糊性，德布罗意的确抓住了某些要点。

美国电话电报公司的贝尔实验室，位于新泽西，很有名气。1927 年，贝尔实验室的两位物理学家正在进行实验，在真空管中把电子流射到不同的金属氧化膜上。这些电子在从晶体中出来时展现出一种奇怪的图案。在某些方向上，有许多电子从晶体中射出来，然而在另一些方向上，却根本没有电子被探测到。这个现象困扰了贝尔实验室的物理学家们，直到他们听说了德布罗意"疯狂"的电子波之后，才意识到这不过是托马斯·杨的双缝干涉实验的更复杂版本而已。此时，电子展现出了另一种波的特性——衍射！如果电子波的波长的确与电子动量有关的话，这个图案就有意义了，因为那正是德布罗意的预言。原子在晶体中的规则空间排布，等价于 200 年前著名的杨氏双缝实验中的缝。这个关键的"电子衍射"实验，证明了德布罗意提出的动量与波长之间的关系。电子是粒子，其行为表现得像波，这是显而易见的。

我们回头还会谈到电子的双缝实验等内容，那时我们将发现一个更令人震惊的结果；另外，电子在晶体中像波一样地衍射，导致了不同材料的电导体、绝缘体、半导体等不同的性质，最终让我们生产出像晶体管这样的器件。但在我们涉及那些之前，我们必须介绍另一位量子革命的英雄（可能是超级英雄），他就是海森堡。

海森堡的突破

维尔纳·海森堡（1901—1976）是顶尖的理论物理学家，但他当年在慕尼黑大学的口试中，由于对电池的工作原理都没有一点儿头绪，险些没拿到博士学位。还好他最后勉强通过，这对整个量子物理学来说真是万幸。不过，还有很多别的事等着他。

第一次世界大战期间，当他的父亲作为预备步兵战斗着的时候，食物和燃料短缺常常迫使当时的大学关闭。在1918年的夏天，年轻的海森堡吃不饱饭，日渐虚弱，被迫离开学校，和其他男生一起来到巴伐利亚的农庄收获庄稼。海森堡才华横溢，在23岁时便成为一个足以登台演出的业余钢琴家、优秀的徒步和滑雪运动员、古典学者——当然，更是一位数学物理学家。作为杰出物理学家阿诺德·索末菲的学生，海森堡遇到了他的同学沃尔夫冈·泡利（1900—1958），后者将成为他最亲密的同事和最尖锐的批评者。1922年，索末菲带着年轻的海森堡前往哥廷根（当时欧洲重要的学术中心），去听由尼尔斯·玻尔主讲的一系列关于新诞生的量子原子物理的讲座。在这些讲座上，年轻的海森堡没有畏首畏尾，他大胆地批评这位伟人的论断，质疑他原子模型理论的核心。尽管如此，这些冲突却标志着二人终生合作以及互相钦佩的开端。9

从那一天起，海森堡深深扎进了量子的谜团中。1924年，他前往哥本哈根，待了大约半年时间，与玻尔一起研究辐射的吸收与发射问题。在那里，他研究着玻尔的"哲学思考"（泡利的原话），10 努力去想象玻尔原子的真实情况，探讨其行星似的电子轨道，并最终因此收获了人们的尊重，而泡利也开始坚信这里一定有什么东西搞错了。海森堡越是思考这个理论，就越觉得可疑，玻尔所谓的一个简洁而完美的圆形轨道，看起来仅仅是头脑构造出来的，纯属累赘。所以他进一步发展了自己的理论，认为电子占据着一个轨道这个想法只是牛顿经典力学的封建残余。

年轻的海森堡建立了一个严格的信条：不能有基于经典思维的理念，换句话说，原子结构不应是一个"小型太阳系"。通往救赎的道路不是好的理念，而是犀利的数学推理。此外，他坚持认为，应该无情地舍弃掉任何不能直接被观测到的理念（比如说轨道）。

关于原子，哪些是能够被观测到的东西？分立的谱线。原子发射或吸收光，归因于原子中的电子改变了它们的轨道，即"量子跃迁"。所以，谱线引起了海森堡的注意，他要利用这个可见又可测的线索，去探索隐藏的、未知的电子运动。1925 年 11 月，一个非常严重的问题——花粉症，把海森堡带到了北海的黑尔戈兰岛。[11]

当时指导他思想的是玻尔的"对应原理"，它指出，量子法则应该在系统变得足够大的情况下能够和经典法则无缝对接。但是多大算大呢？答案是：大到方程中普朗克常数 h 变成一个可以忽略的小系数（例如，一个火箭发射到太空不会涉及 h，因为所有的材料，包括火箭发动机、燃料、宇航员都是宏观的）。然而一个原子级对象的质量可能只有 10^{-27} 千克，一个几乎看不到的尘埃的质量可能是 10^{-7} 千克，也就是说尘埃都比原子重了 100 000 000 000 000 000 000 倍（1 后面跟着 20 个 0，可以写得简单点，即 10^{20} 倍）！尘埃也处在牢固的经典力学框架之内，也属于宏观物体，其物理行为不受普朗克常数影响。更为基本的量子法则生来是用于描述原子尺度的现象的，但当面对更大、聚集在一起的宏观现象时，量子原子的细节便消失了，描述现象的就由量子法则过渡为牛顿法则和麦克斯韦方程组。"对应原理"的关键是（我们在这里和其他地方都会强调），全新的、怪异的、不熟悉的量子观念应该能够随着物体变得越来越"大"，直接与宏观世界的经典观念实现"对应"。

在玻尔的对应原理的引导下，海森堡引入了熟悉的经典物理量，比如位置、速度、加速度，来描述电子，以便让它能够和牛顿的世界有一些对应。但是当他努力去协调量子和经典理论的时候，他发现，必须把一种奇怪的"新代数"引入到物理中来。

每个上过学的小孩都知道，当我们把两个数乘起来的时候，比如 $a \times b$ 与 $b \times a$，其结果是一样的，即 $a \times b = b \times a$，比如，$3 \times 4 = 4 \times 3 = 12$，这叫作乘法交换律。然而，数学家们知道，某些纯数学系统中的数是不可交换的，$a \times b \neq b \times a$。这样的例子在自然界也不少见，比如一本书沿着两个不同的方向做两次连续的旋转，用两种不同的顺序，这里的旋转不满足交换律。[12]

海森堡没有学习过那个年代的纯数学，但是他更具数学思维的优秀同事们很快就意识到，这个代数就是基于复数的矩阵，也就是著名的"矩阵代数"。此时，奇异的矩阵代数诞生不过60年，它详细说明了一列列数字（即矩阵）的相乘和相加。把这些东西放到一起，海森堡的新公式完成了一个具体构想，最早解释了量子物理是什么。他获得了原子状态的能量的正确数值，他得到了当电子从一个态跳到另一个态，原子发射光子时的原子转变。

同时，当这个新的矩阵代数被应用到氢原子和其他一些简单原子系统时，没有任何问题，公式的解与实验结果对上了。但现在，一个令人吃惊的新观点从这个晦涩的矩阵力学公式中跳了出来。

不确定性原理的开端

海森堡认为，先测量物体的位置 x，再测量其动量 p，与先测量物体的动量 p，再测量其位置 x 会得到不同的结果。x 和 p 不可交换的核心是，对一个粒子来说，位置和动量不能被同时测量到确切值。换句话说，如果你精确地测量了位置，你一定会被搅进一个对动量完全无知的局面，反之亦然。这不是测量仪器的问题，也不是实验者水平的问题。这是一个基本的量子物理自然法则。

这简直让哲学家们疯掉了！用公式来表示，一个粒子位置的不确定性 Δx（Δ 读作"德尔塔"），动量的不确定性 Δp，它们存在如下关系：

$$\Delta x \Delta p \geqslant \hbar / 2$$

其中 $\hbar = h/2\pi$，即"位置的不确定性乘以动量的不确定性总是大于等于普朗克常数除以 4π"。这意味着，如果我们测量的时候，让位置的不确定性 Δx 尽可能小，动量的不确定性 Δp 就变得无穷大；反之亦然。简而言之，鱼和熊掌不可兼得：要么你准确地测量一个粒子位置然后不管动量，要么你准确地测量动量（速度）然后放弃位置。

从这里我可以知道，为什么原子不会崩溃，或者说，为什么它一定有一个基态，而不是像牛顿物理预言的那样，原子发生崩溃，电子旋转着下落并撞向原子核。如果电子撞向原子核，便意味着电子所在位置越来越定域化，也就是说，位置的不确定性逐渐接近于零（$\Delta x = 0$）；但是根据海森堡不确定性原理，那样的话，动量的不确定性将增加到任意大，能量也随之变得任意大。[13] 因此，给定动量的不确定性 Δp，这里要有一个态以实现平衡，在这个态上电子"略微"定域在原子核周围，但 Δx 不能为零。

在下一节，如果我们按照薛定谔的方式，不确定性原理的物理起源会更加容易理解——这是一个平凡的波的非量子效应，早就被通信工程师们知道了。上面所有这些东西都在向我们透露，我们要开始描述一点量子物理的波动现象了。最开始的时候，海森堡的矩阵力学似乎理所当然地是看透原子世界的唯一途径。但幸运的是，在 1926 年，正当全世界的物理学家忙着磨炼他们的矩阵技能时，另一个更生动的解决方案出现了。

有史以来最可爱的方程

我们最早在第 1 章听过了埃尔温·薛定谔和他那著名的度假故事。总之，薛定谔在那个假期所做的"正经事"是提出了一个方程（后来被称为薛定谔方程），这个方程大大澄清了量子理论到底是什么。

为什么对一个方程这么大惊小怪？首先考虑牛顿第二定律（即"运动方程"）$F=ma$，这个方程决定了棒球以及其他所有宏观物体在力的作用下的运动。这个方程的表述是，在外力的作用下，质量为 m 的物体将以加速度 a 加速。解这个方程，我们便能知道棒球的位置以及它在任意时刻的速度。绝大多数情况是已知外力 F，然后就可以从加速度 a 中，求出 t 时刻的位置 x 和速度 v。牛顿第二定律是一个微分方程，因此，位置、速度和加速度这些量，有时候是很难解出来的。（例如，同时求解许多各不相同的粒子的位置。）这个方程看着是足够简单的，但它的应用却可以非常复杂，并且不总是有简单的解。

牛顿利用万有引力定律和运动方程，不仅能够求出太阳系中规则的椭圆轨道，还可以在数学上严格地证明开普勒的行星运动定律，这让整个世界为之震惊。无论是月亮、从树上落下的苹果还是飞出太阳系的宇宙飞船，牛顿的方程都能够适用。但当面对四个或者更多在引力作用下互相吸引的运动粒子时，如果不做近似值运算或者使用计算机计算，你不可能求出它们的解析解。问题就出在这儿——简单的方程抓住了自然的核心，然而它又反映了我们这个世界难以置信的复杂性。薛定谔方程就是量子版本的 $F=ma$，尽管薛定谔方程并不能像牛顿方程那样能够求出粒子的位置和速度。

当 1925 年 12 月薛定谔跑去度假时，他带上了德布罗意关于粒子和波的博士论文。当时很少有人重视德布罗意的想法，但薛定谔即将彻底改变这一切。到了 1926 年 3 月，这个平凡的苏黎世大学物理学教授（当时他已年近四十，相比于那个时代的其他理论物理学家，已经算是一个老头了）发表了一个方程，这个方程解释了电子的德布罗意波的行为（比冰冷抽象的矩阵要舒服多了）。薛定谔方程中的主角是 Ψ，叫作"波函数"。波函数就是薛定谔方程的解。[14]

波函数早在量子理论出现之前，就经常被物理学家们用来描述连续介质中经典的波，例如空气（包含非常非常多的粒子）中的声波。以一列声波为例，

我们用 Ψ 代表空气压强。数学上，$\Psi(x, t)$ 是一个函数，表达了空气压强 Ψ（相对于常压）随着位置 x 和时间 t 的变化。一列"行波"自然地出现了——这实际上描述的是当受到扰动时空气（或者水的，或者电场、磁场的，等等）运动的方程的解。这个 Ψ 函数也可以是碎波、海啸，以及各种形式的水波。它们都被"微分方程"所描述，一种含有微分和典型解的方程，用一种统一的形式描述许多不同事物随时间和空间的变化。其中一类特殊的微分方程叫作"波动方程"，决定了在一个扰动下产生的波函数 $\Psi(x, t)$，如声波在位置 x 和时间 t 上的压强 Ψ。

薛定谔在阅读德布罗意的文章时，很快就获得了一个启发，他发现海森堡那令人生畏的数学形式可以写成另外一种熟悉的样子，使之看起来非常类似于物理学中那些描述波动的方程。因此，可以说，至少在形式上，量子粒子的正确描述涉及一个新的函数 $\Psi(x, t)$，也就是薛定谔所谓的"波函数"。利用薛定谔的这种量子力学解释，也就是通过求解薛定谔方程，人们原则上可以计算一个粒子在几乎任何情况下的波函数了。然而当时还没有人知道量子理论中的这个波函数代表什么。

因此在量子力学中，我们不能再说"在任意给定的时间 t，粒子位于位置 x"。相反，我们说："粒子运动的量子状态是波函数 $\Psi(x, t)$，即在时间为 t 时，位置 x 处的量子振幅为 Ψ。"粒子的精确位置不再可知了。只有波的振幅是知道的，如果它在某些特定的位置 x 比较大而在别的地方接近于零，那么我们就说这个粒子"位于那个位置附近"。总的来说，波函数可能在空间中扩展开，就像行波一样，于是哪怕在原则上，我们也永远不知道这个粒子到底位于哪里。记住，发展到这个阶段，物理学家们，包括薛定谔，仍然非常不清楚这个波函数到底是什么东西。

然而，这是量子力学在数学方面的一次惊人的路线转移。薛定谔发现，波函数把一个给定的粒子描述成了一个关于空间和时间的连续函数，就像任何波一样。但是，波函数不是我们熟悉的实数。这就和水波或者电磁波的情况明显不一样了，因为无论处于任何时间或位置，它们总是实数。比如水波，我们可以说："这个波从波谷到波峰的高度是 10 英尺，即振幅为 5 英尺，所以我们现在要发布小型船只避险警报。"或者我们说："正在冲向海滩的海啸的振幅是 50 英尺，所以这是一个巨大的波！快跑！"实数能够被各种测量仪器测量到，我们都知道它们是什么意思。

然而，量子波函数不是实数，而是"复数"。[15] 对一个量子波，我们将会说："在这一点上，这个量子波的振幅为 $0.3 + 0.5i$。"这里 $i = \sqrt{-1}$，即这个数乘上它自己等于 -1。复数就是一个实数加上一个实数乘以 i。事实上，薛定谔的波函数方程总是以一种基本的方式包含 i，这也是要求波函数是复数的原因。[16]

经过数学上的转折，在通往量子理论的道路上，复数不可避免地成了一种必要的工具。它强烈地暗示着我们不能直接测量到量子力学中粒子的波函数，因为我们在实验上只能测到那些总是实数的东西。从薛定谔的观点来看，电子确实是波——物质波——与声波、水波等没什么不同。但是这怎么可能呢？一个粒子，比如电子，有确定的位置，而不能在空间中扩展开。但是，如果我们把许多波叠加在一起，它们在空间中某些位置的效应便会增强，而在其他位置则完全抵消。因此，经过这种巧妙安排，波可以代表某种在空间中非常"集中"的东西，这种东西我们称之为粒子。粒子产生于大量各种波相叠加的地方。在这个意义上，粒子真的很像海洋中的"疯狗浪"，由许多小型的波叠加在一起，叠加后的振幅大到能推翻一艘船。

傅里叶的方法

薛定谔方程不仅具有波动解，而且在某种程度上能够描述定域化的粒子的行为。这种观点值得进一步考察。波动通常能够扩展到很遥远的距离。可是，根据定义，粒子只能定域在特定的位置。一个扩展开的波怎么与一个定域的粒子等而视之呢？

数学家让·巴普蒂斯·约瑟夫·傅里叶（Jean Baptiste Joseph Fourier）生活在18世纪后期到19世纪初的法国，他设计了一种把大量波叠加起来的数学方法，这种方法如此巧妙，以至于这些波的净扰动可以被定域在空间中的一个很小的区域（非常像一个粒子）。

假设我们有成千上万列简谐声波，它们的波长各不相同。每列波都是波动方程的一个解；它们大量叠加后形成的复合波，也是波动方程的一个解。所以，考虑一系列不同波长的波的叠加：每个波都从洛杉矶西面的某个地方开始，传播到堪萨斯城，再传播到新泽西州霍博肯东面的某个地方，以特定的波长来回振动。但设想下面这个情况：经过安排，每一个波都在堪萨斯城中心的牛排店达到一个峰值。所有这些声波都很小，但它们都要在堪萨斯城的那个确定的地方叠加起来。这将产生一个巨大的"爆炸"，把牛排店的屋顶都掀翻（如果肋眼牛排上的辣酱没有已经把房顶掀翻的话）。

傅里叶分析告诉我们，如果我们把足够多适当波长的波叠加在一起，就可以得到定域在空间某个地方（比如说堪萨斯城中心）的巨大波包。但还可能有这样的情况，当这些波从这里离开，往东边或者西边走的时候，波峰和波谷撞在了一起，最终互相抵消干净。所以这一系列的波，如果孤身一人（啊，不，孤身一"波"）的话，可以永远这么走下去；但把它们加在一起后，则只在空间的一个小地方有显著的值，比如我们最喜欢的堪萨斯城的餐厅，而在别的地方可能都为零（我们已经有效地设计过堪萨斯城中心的那个如"疯狗浪"般的巨大波峰了）。并且，如果所有这些加在一起的波是运动着的，就像水波一样，从西向东，那么它们加在一起形成的那个巨大波包的位置也是从西向东移动的。然而，把所有移动的波加到一起时，却产生一个奇怪的结论：波长不同的各个波，其移动的速度也会略有不同。因此，在精心安排下，这些波叠加形成的浓

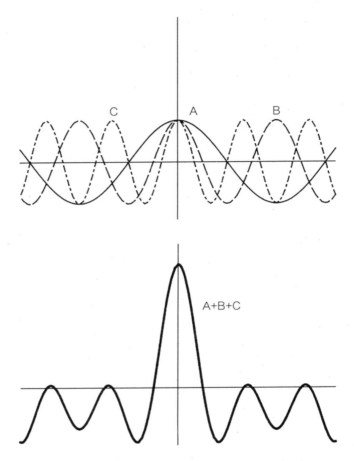

图22：通过把普通的行波组合在一起，比如，A = cos(x)、B = cos(2x)和C = cos(3x)，我们得到了一个浓缩的波包（A + B + C）。在三个行波相位相同的地方（原点），出现了这个波包。相应地，在三个行波相位不相同的地方，振动减弱。薛定谔认为这带来了定域化的"粒子"概念，但是事实上粒子是无处不在的，只不过，在波函数（的平方）更大的地方，在那里发现它的概率也更大。

缩在空间中某个地方的波包，很快就崩塌了。描述我们这个严格定域的粒子的狭窄脉冲，开始随着时间逐渐变宽。最终，关于粒子位于哪个地方的信息慢慢地消失了，波包逐渐退去。

　　上面的论述同样适用于薛定谔的波函数。比如，当时间$t = 0$时，粒子被定域在位置$x = 0$处，这就像把一颗小石子丢进湖中；接着，我们又在那里看到了泛起的大水花。经过傅里叶求和，许多波被叠加起来，在位置 $x=0$、时间 $t=0$ 时形成了一个大鼓包。但随着时间推移，水花开始散开，就好像许多波一起向空间远处传播开去一样。"粒子"消失得无影无踪。

薛定谔方程几乎立刻就获得了成功，因为它重复了玻尔和海森堡原子能级的结果。但它还有一个额外的好处，它告诉了我们，原子的能态到底是什么样子的——不是玻尔认为的圆形轨道，而是模糊的"轨道函数" $\Psi(x,t)$，电子束缚在原子中，$\Psi(x,t)$ 并不传播到外面的空间中去。这些束缚态电子的波函数就像那些弦乐器上弦的振动模式一样。这里应该指出，定域的或者被一种束缚力困住的任何粒子，其运动看起来都类似弦乐器上弦的振动模式，只允许有特定离散数值的对应能级，对应能级就类似于振动的弦上的节点。[17] 这对束缚在原子中的电子是这样的，对束缚在原子核中的质子和中子是这样的，对束缚在质子和中子中的夸克还是这样的。对于束缚在粒子中的夸克，能级代表的是夸克运动的激发态，对我们来说，这些激发态就像新的大质量粒子。并且最终，弦论就是一个被相对论性化的吉他弦。弦论的目标就是用量子弦的振动来解释夸克本身（以及所有其他真正的自然界基本粒子）。如果你简单练习一下，这些美妙的音乐只需要一个旧吉他就可以听到。

薛定谔的理论被称为"波动力学"，曼哈顿计划的领导者奥本海默称赞它为"人类发现的最完美、最精确和最可爱的理论之一"。[18] 和海森堡的矩阵力学相反，薛定谔方程使用的是人们更熟悉的数学形式（微分方程在那个年代对绝大多数物理学家来说都是熟悉的）。薛定谔认为，他已经给原子的理解和量子理论的初生带来了智慧的曙光。量子物理现在已经与经典物理变得很像，没有粒子，只有波函数叠加——看起来类似一个定域的粒子。

但是，唉，这还并不是思考量子世界的正确方式。量子力学是一个众所周知的神秘存在，这一点即使是盲人也能感觉到。此时海森堡描述了它的象牙，薛定谔描述了它的躯干，但整只大象要比这些部分大得多呢！

概率波

　　这里有个问题。我们说一个波函数 $\Psi(x, t)$ 表示一系列波叠加形成的波包——电子定域在一小片空间中并以特定的速度运动着。当这个波函数（波的傅里叶求和）撞到一个障碍物时，一部分会反射回来，另一部分会穿过去。从数学上看，这再清楚不过：这个波函数从初始的一个鼓包分成两个鼓包，一个从障碍物反射回去，一个穿过障碍物继续传播。但是，从物理上讲却遇到了困难，因为一个电子是不能被分成两部分的！这个电子要么被反射，要么穿过这个障碍物（毫无疑问这是事实，早已经过实验验证）。你永远不可能看到电子的 10% 穿过这个障碍物而另外 90% 被反射！

　　当时的另外一位物理学家马克斯·玻恩，曾于 20 世纪 20 年代在哥廷根大学同沃尔夫冈·泡利和维尔纳·海森堡共事过。[19] 玻恩意识到，"物质波"的想法过于天真，一个粒子的近似不可以作为波函数的物理解释。他认为，与模糊的波相比，粒子更为"明确"，要么被整个地探测到，要么一点儿也探测不到，根本不可能出现"10% 个粒子"或"90% 个粒子"，这不符合事实。玻恩提供了另外一种关于波函数的物理解释，并沿用至今。在海森堡不确定性原理的强烈影响下，玻恩提出，波函数（绝对值）的平方，一定是一个实数并且一定是正数，是特定时间在特定空间点找到这个粒子的概率：[20]

$$\Psi(x, t)^2 = 在时间 t、位置 x 找到粒子的概率$$

玻恩关于波函数的解释，不可避免地把粒子的概率和波的概率紧密联系在了一起。这是骇人听闻的，或者说"羞耻的"，取决于你怎么看待——现在物理学不得不把概率作为物理理论的基础了。我们再也不能得到熟悉事物的位置和动量的确切状态了。根据这个物理定律，我们必须接受，物理实验的结果有了更多的限制信息，不再能够像牛顿或者爱因斯坦那样，得到粒子在时间 t 的确切位置 $x(t)$。相反，现在我们能够得到的信息隐藏在 $\Psi(x, t)$ 中，同时只有它的绝对值平方是可以被测量的。

顺便一说，"量子力学"这个词是马克斯·玻恩创造的。[21] 玻恩已经指出了薛定谔方程和 $\Psi(x, t)$ 真正描述的东西——毫无疑问，粒子表现出某种波动性，贝尔实验室的那次偶然发现就是一个例证。波函数 $\Psi(x, t)$ 代表了一个概率（的平方根）波。在 $\Psi(x, t)^2$ 大的地方，发现电子的概率就大；而在 $\Psi(x, t)^2 = 0$ 的地方，永远不可能发现电子。波函数 $\Psi(x, t)$ 可以变化，可以在空间和时间的任何点上有任何（复）值，[22] 但"概率"只能有0到1之间的正值。所以玻恩把 $\Psi(x, t)^2$ 解释为概率，与此同时他为薛定谔方程增加了一条警告，那就是，在任一给定时间和空间中发现一个电子的总的概率必须总是等于1。[23] 这个概率的分布，$\Psi(x, t)^2$，可以具有波一样的性质，但是电子本身是一个真实的、牢固的粒子。然后那个障碍问题的解释（维多利亚的秘密玻璃窗）就变成一个统计问题了。如果薛定谔方程预言90%的波反射同时10%的波穿过，这就意味着1 000个电子中大约有900个将反射回来，100个将穿过去。但一个单独的电子会发生什么呢？为了确定它的命运，我们必须掷骰子——一个有10个面的骰子，9面写着"反"（意味着反射），1面写着"穿"（意味着穿过）。至少，这就是大自然看起来要做的事：掷骰子。在量子层面，大自然只允许人类预言实验结果的概率。

玻恩解释波函数的灵感实际上来自1911年爱因斯坦的一篇论文，但是到了1926年，科学和哲学发生了一次巨变，这毫不逊色于一场智力的大决战。在牛顿绝对确定性的旧世界之后，要接受你的大自然母亲屈服于概率并不是一件容易的事，无论你是想去测量或者想去预测什么东西，无论这是粒子的位置、速度还是能量，等等。比如，薛定谔自己就强烈抵触它，后悔设计这个导致概率的方程。

唉！现在一切都被弄清楚了。真的吗？正如你猜到的那样，当涉及量子物理学时，要搞清楚一件事不是那么容易的。还记得吗？在这里，观测后的再次观测，能够产生荒谬的矛盾。最重要的解答出现在1925—1927年，多亏那群无畏的量子探索者一系列令人震惊的思想突破。这些人包括上面提到的埃尔温·薛定谔、维尔纳·海森堡、马克斯·玻恩以及思想深刻的丹麦物理学家尼尔斯·玻尔，当然还有极度害羞的保罗·狄拉克、暴躁的批评家沃尔夫冈·泡利、博学的数学家帕斯卡·约当（Pascual Jordan），同时我们也不要忘了爱因斯坦、普朗克、德布罗意的贡献——那真是一个群星闪耀的时代！

不确定性的胜利

在所有的辉煌之上，不确定性关系让海森堡成了一个家喻户晓的名字：

$$\Delta x \Delta p \geqslant h / 2$$

它讲清楚了，除开别的问题，为什么我们永远得不到一个电子在 A、B 两点之间的精确轨道。我们用 Δx 来表示，测量电子在轴上的位置时，我们可能做到的最好的、最接近的程度，即剩余不确定性。[24] Δp 是对应另一个量的不确定性，这个量就是当我们试图去束缚住一个粒子时我们需要知道的量，也就是，它沿着 x 轴的动量 p。

海森堡发现，任何把 Δx 变得很小的测量（让我们非常接近粒子的真实位置），将会不幸地产生一个对应的大 Δp，即巨大的动量不确定性。如果我们设法让 Δx 缩小到 0（位置没有不确定性），那么我们的 Δp 将增大到正无穷。因为 Δp 只有无穷大时才能超过公式中的普朗克常数（公式中的 h）。因此这两个量——沿着某个轴的位置不确定性和沿着相同轴的动量不确定性——将永远此消彼长，紧密相关。

把海森堡的发现称为"不可知关系"或许会更好，因为它告诉我们，有些事情在本质上是不可知的。这整个方程的意思是，我们能够知道的电子位置的最小间隔，乘以我们能够知道的电子动量的最小间隔，必须大于等于普朗克常数除以2。（注意这个量子领域标志的再次出现，我们第一次看到它是在著名的普朗克的公式 $E = hf$ 中。顺便说一下，$\hbar = h / 2\pi$，因为 h 在公式里面出现得太频繁了，所以我们给了它一个自己的符号。通常物理学家们说"普朗克常数"时，也会用来指 $\hbar$。）再总结一次，不确定性关系的要点就是，我们越是知道一个粒子的位置，我们就越不清楚它的动量；反之，我们越是知道一个粒子的动量，我们就越不清楚它的位置。海森堡告诉我们，无论我们的测量设备多么先进，大自然母亲都会让微观世界这两种不确定性的乘积超过普朗克常数。（在经典领域我们可以忽略这个讨厌的 $\hbar$，它在数亿倍的大尺度面前显得无关紧要。正因如此，我们才能够精确测量棒球、行星以及保时捷的运动轨迹。）

爱因斯坦在1905年提出，时间与三个空间方向 x、y、z 联系在一起，共同构成所谓的"四维时空"。现在，海森堡发现了大自然的另一困惑之处，$\Delta E \Delta t >$ $\hbar / 2$（不确定性关系的另一种形式）。这意味着，在量子的世界中，时间和能量这两个属性，也拒绝同时被固定下来。举个例子，你越是精确地知道何时一个粒子穿过某个狭缝，你就越是不能精确地知道它的能量；反之亦然。

玻恩，傅里叶，海森堡

马克斯·玻恩对波函数 $\Psi(x, t)$ 的概率解释，揭示了海森堡不确定性关系的本质。让我们取薛定谔方程的最简单形式，它描述了一个粒子（比如电子）以特定的速度移动。它的解是空间中一个特定波长的波（这个波长就是普朗克常数除以动量，由德布罗意提出。如果你忘了，请回顾一下本章注释6）。所以，我们知道这个电子有关波长（或者动量，两者是一致的）的一切信息，但是完全不知道它在哪里。如果电子沿着轴运动，其位置可以在轴的任何地方，从负无穷到正无穷。这就是量子科学。如果我们确切地知道它的运动状态（动量），我们对其位置就一无所知。

但对一个位置知道得更精确的电子，薛定谔方程能告诉我们什么呢？这就是数学家傅里叶的方法的妙处。还记得堪萨斯城的那个粒子吗？一个定域扰动，可以通过傅里叶变换为一系列无限延展的不同波长的波的叠加。傅里叶变换纯粹是一种数学方法，所以扰动可以是任何东西，如声音脉冲（声波）、一条长绳上的波包、电脉冲、海中的"疯狗浪"，等等。在各个情况下，我们想描述的定域扰动的详细形状，决定了那些叠加的波的数量及其各波长的范围。

傅里叶发现，脉冲越定域化，需要的波长的范围就越大。如今的高保真音响系统就是一个例子，它为了忠实地表现非常短的脉冲，必须有较宽的频率接收范围，因为在表达一个非常短的声音脉冲时，它的波长范围一定要足够宽才行。那这对薛定谔方程意味着什么？记住，根据马克斯·玻恩的解释，波函数是概率波，如果我们知道电子的位置，我们就可以把它看作傅里叶变换中的一个"概率脉冲"。

现在关键来了。如果电子的位置是已知的，不确定性很小。利用傅里叶分析，我们可以看到，若要去描述一个窄的概率脉冲，其相应的波长范围就要足够大。换句话说，傅里叶两百年前的方程为海森堡不确定性关系提供了支持。如果我们"几乎"确定电子在哪儿了，海森堡说，那么我们将对它的动量一无所知。同样，电子的位置可以被描述为一个尖锐的"概率脉冲"，这样的话，根据傅里叶分析，我们需要大范围的波长来描述它，这就暗示了动量的一个大的不确定性。早在一个世纪前，傅里叶就提供了海森堡正在描述的东西所需的数学方法。

哥本哈根解释

2000年初，百老汇上演了一部从英国引进的戏剧，叫作《哥本哈根》，由迈克尔·弗莱恩（Michael Frayn）创作。它只有三个角色，尼尔斯·玻尔、玻尔的妻子玛格丽特以及维尔纳·海森堡。这部剧描述了第二次世界大战期间，德军占领了丹麦，海森堡去玻尔的实验室的一次历史性会面。海森堡是当时德国极具声望的科学家，被卷进了纳粹德国的战争机器中。这次会面的主题无人知晓，但剧作家把它写得绘声绘色，充满各种政治和科学的纠葛。

　　海森堡在纳粹研制原子弹的计划中究竟扮演过什么角色，时至今日仍是不清楚的。一些历史学家推测，他慎重地预先阻止了任何可能使原子弹研制成功的真正努力，而另一些则宣称，他只是没有获得制造这个超级武器的技术罢了。说来也奇怪，海森堡的角色是神秘和不确定的，就像他那个著名的不确定性关系一样，后者成了新量子科学的基石。

　　但是为什么有这些特殊的对立呢？为什么我们越是知道一个粒子的位置，我们就越是不知道它要走到哪儿去（动量）呢？同样，为什么时间和能量也如此呢？玻尔称这些量为互补变量，因为对一个量的认识会限制对另一个的认识。这就像一个新手学习编织东方地毯，细节和整个图案总是不能兼顾。在分析编织细节时，他的注意力因集中于细节，无暇顾及整个图案；而在看整体的图案时，他又不得不往后退一点，不能再看到编织的细节。

　　我们已经提到海森堡以及玻尔，他们拒绝任何不能被实验证实的陈述。因此，当涉及 Δx，海森堡想象了一系列装置去测量电子的位置 x，这就是所谓的"理想实验"，或者叫"思想实验"，既合理，又充满想象。对理论物理学家来说，这种实验不需要把手弄脏，但可能需要通宵达旦地去想清楚，理论上的这个结果将会是什么。

　　一个思想实验是"伽马射线显微镜"，基于光学中被广泛认可的原理。海森堡希望精度更高（Δx 更小），所以他坚持用伽马射线，因为它是波长最短的电磁波。然而把位置信息变得如此精确的同时，伽马射线的能量将极大地干扰电子，它的动量 p 将产生无可估量的变化。一个接着一个的例子，都证明了不确定性关系的一致性。其中，量子标志h的出现，源于波长与动量之间的关系（如德布罗意所指出的）。位置可能的最小不确定性和动量可能的最小不确定性，两者相乘必将比h大。

所以我们必须努力接受这个事实：量子领域的实在是概率性的。在经典物理学中也有概率，用来处理大量粒子的位置和动量过多以至于无法记录的情况，但经典的不确定性可以在微观实验中减小为一个可忽略的值，我们对未来结果的预测仍可以有事实上的确定性，正因如此，我们才敢断言下周木星不会歪到土星那边去。但在量子物理中，不确定性总是存在的，并且和自然法则存在着根深蒂固的关联。

玻尔走了更远的一步，这被称为量子力学的"哥本哈根解释"。他认为，试图去想象电子的轨迹，这是没有意义的。不能被测量的东西就不存在。不要说什么云室中清晰的电子轨迹。实际上，粒子沿着明确的路径运动，这个观念根本不对。终究来说，玻尔神奇的圆形原子轨道根本不存在。他最后宣称，我们能够知晓的只有概率。

这是令人震惊的。人类的大脑天生不是为量子事实而设计的，所以很自然地想找到一种方式来摆脱恼人的不确定性。多年来，许多的伟大物理学家试图去驳倒海森堡的主张。比如爱因斯坦，他厌恶概率性的实在，设计了很多巧妙的思想实验，希望把那种不确定性的结果归因于"不可避免的干扰"。他和玻尔的交锋是量子理论历史上一个令人愉快的章节——好吧，对玻尔是愉快的，对爱因斯坦可能不是。正如我们将要看到的，爱因斯坦多次提出反对意见，他不认为原子领域的不确定性是内在的，然而，面对这个颠扑不破的结论，这位物理学大师终究还是败下阵来。

所以关于双缝干涉实验的谜，哥本哈根解释能告诉我们什么呢？换句话说，电子走了哪一条路径？答案是：概率波干涉，电子出现在概率大的地方。

时隔多年，依然疯狂

所以，经历了海森堡、薛定谔、玻尔、玻恩等人的探索，现在进展如何？现在我们有概率波和不确定性关系，作为看待粒子的一种方式。"有时是波，有时是粒子"的危机解决了。电子和光子都是粒子，它们的行为被概率波描述。这些概率波可以发生干涉，并且，根据概率波函数，这些听话的粒子在它们该出现的地方出现。它们怎么到达那里？这个问题不许问！这就是哥本哈根解释，充满了不确定性，使量子理论显得那么不可思议。

自然（或者上帝）用亚原子物体掷骰子，这个概念从来没有被爱因斯坦、薛定谔、德布罗意、普朗克等人真正接受。爱因斯坦坚守着一个信念：量子理论只不过是一个权宜之计，它最终将被一个有确定因果的理论替代。多年来，他做了许多聪明的尝试，想要表明不确定性关系是可以被绕开的，可结果都被玻尔"饶有兴致地"打败了，一个接着一个。

所以我们在这里结束这个章节，既怀着胜利的喜悦，也有挥之不去的不安。到20世纪20年代末期，量子理论已经初步成熟，但新的成功和进一步的完善将一直持续到20世纪40年代。

第6章

奏效的量子科学——解释元素周期表

虽然看起来玄之又玄，但海森堡和薛定谔的量子理论的确能奇迹般奏效！现在，物理学家在解释氢原子的内部结构时，不再需要类似开普勒行星轨道的思想支撑，取而代之的是新奇又模糊的薛定谔波函数，现在称为电子"轨道"。随着物理学家们越来越熟练地把薛定谔方程应用到各个领域以及更复杂的原子、亚原子级系统中，新量子力学变成了一个作用巨大的工具。正如海因茨·帕格尔斯（Heinz Pagels）写道："这个理论释放了全球工业化国家中成千上万年轻科学家的能量。从未有一套思想对技术产生过如此的影响，而且它还将持续去影响人类文明，包括社会和政治。"[1]

然而，当我们谈一个科学理论或模型"奏效"时，我们到底在谈什么？我们的意思是，这个理论通过数学，做了某些关于自然的论断，并且这些论断可以同我们以往的实验进行比较。如果这些论断和实验相符，这个论断就以一种"事后诸葛亮"的模式奏效：解释了我们已经知道是对的但以前不能理解的东西。

比如说，我们可以把两个不同质量的物体从比萨斜塔丢下去。伽利略的示范以及所有后续实验都表明，除了空气阻力导致的小误差，这两个物体如果从相同的高度被丢下，它们将在同一时间到达地面。当没有空气阻力时的确如此，比如月球表面——电视上曾演示过，令人啧啧称奇，月球上一个宇航员同时丢掉一根羽毛和一个锤子，两者在同一时间落到月球表面！[2] 在这个例子中，被测试的那个更新、更深刻的理论就是牛顿运动定律，即一个物体受到的力等于质量乘上它的加速度。另外，牛顿的名气还来源于他的万有引力定律。当上述两个定律结合在一起时，我们就可以预测下落物体的运动，并且预测两个物体从相同的高度下降到地面所花的时间。牛顿的理论很好地解释了这些物体同时到达地面的原因（如果我们忽略空气阻力的话）。

但是一个好的理论还要能够进行预测，能够告诉我们，如果我们做一些从未做过的事的话，将会发生什么。当卫星于20世纪被发射到太空时，牛顿的理论被用来预测其轨道，只需要已知引力、火箭发动机的推力以及其他重要参数的修正，比如风速、地球自转等。当然了，方程的预测能力依赖于我们在多大程度上掌握所有的决定因素。再一次，我们见证了理论的巨大成功。牛顿的理论不仅能够正确地"事后诸葛亮"，也能在宏观（比原子大）低速（远小于光速）的广大领域中很好地预测这个世界。

但牛顿从未给我们发送过电子邮件！

现在让我们问：量子理论能够解释（"事后诸葛亮"）我们生活的这个世界吗？它能够被用来预测我们以前从来没见过的新现象从而帮助我们发明新的有用的设备吗？我们的回答很干脆："是的！"在无数测试中，无论解释还是预测，量子理论都被证明是一个彻底的成功理论。量子理论脱胎于牛顿力学理论和麦克斯韦电磁理论，[3] 每当量子的标志——普朗克常数 h（或者 $\hbar$）——在方程中不可忽略时，也就是当物体的质量、大小和时间尺度可以和原子相比时，量子理论便要大显身手了。同时，既然一切都是由原子组成的，人类及其测量设备也不例外，那么，对于原子现象偶尔在宏观世界中冒一下头，我们就不应该再感到惊讶。

在这一章，我们将探索这鬼魅般的理论。它到底有多可怕？稍后就清楚了。它将解释化学中所有的难题，从元素周期表到构成分子（化学家们称为"化合物"，它们有数十亿种）的原子间力。然后我们将探索，量子物理实际上是如何影响我们生活中几乎每一个角落的。上帝或许和宇宙掷骰子，但是人已经设法把量子理论掌握得足够好，能够制造出晶体管、隧道二极管、染料激光器、X光机、同步光源、放射性示踪剂、扫描隧道显微镜、超导磁体、正电子发射断层扫描、超流体、核反应堆、核弹、核磁共振仪、微芯片以及激光——只提了一点点。尽管你的房子里可能不会有什么超导磁体或扫描隧道显微镜，但可能有上亿个晶体管。此外，你日常生活中接触的很多东西，是量子物理才让其成为可能。如果我们被困在一个纯粹由经典物理支配的宇宙中，那样的话，就不会有互联网了，也不会有软件大战，也就没有史蒂夫·乔布斯或比尔·盖茨了（或者更确切地说，他们可能是铁路大亨）。我们可能因此得以避免一些我们如今要面对的现代问题，但是自然地，我们也不再会有现代工具来解决这些问题。

翻越物理的围墙，我们会发现，量子理论对其他科学的影响同样深刻。埃尔温·薛定谔，他不仅给了我们那个统治着整个量子领域的精美方程，还在1944年写了一本具有先见之明的书《生命是什么》[4]。这本书中有一个关于遗传信息的猜测。年轻的詹姆斯·沃森读了这本书后激起对DNA的兴趣，然后余下的历史就是，沃森和弗朗西斯·克里克，发现了DNA分子的双螺旋结构，引发了20世纪50年代的分子生物学革命，同时开启了我们现在生活的新篇章——蓬勃发展的基因工程时代。[5] DNA分子是分子生物学的基础，同时也是生命的基础。没有量子革命，我们就无法理解任何分子的结构，更不要说DNA分子了。在更加遥远、更加充满变数的前沿，在解释思想、人类自我感知以及意识的问题上，可能也需要涉及量子科学。[6]

量子力学继续照亮化学的进程：比如1998年的诺贝尔化学奖授予了两位物

理学家沃尔特·科恩（Walter Kohn）和约翰·波普（John Pople），他们开创了强大的计算技术，用以解出那些关于分子的形状与相互作用的量子力学方程。天体物理、核科学、密码学、材料科学、电子学、化学、生物学、生物化学等学科，如果没有量子力学的话，都将变得同样地贫瘠。如果没有量子力学，信息技术就只能用于设计文件柜了。没有维尔纳·海森堡的不确定性原理和马克斯·玻恩的概率波，这个领域不知道会落到怎样一步田地！

化学元素组成了我们生活中的所有东西以及我们本身，定义了所有的化学反应和化学结构。若没有量子理论，化学元素的特性和规律将永远不能被我们完全理解；而这种种特性和规律，则体现在比量子理论早半个世纪出现的元素周期表中。

与门捷列夫玩扑克

和物理一样，化学早在量子理论出现之前就已经是一门受人尊重并不断发展的科学了。事实上，我们是通过化学，才知道原子存在的事实的（1803年由约翰·道尔顿提出）。而且，我们是通过麦克尔·法拉第在电化学上的研究才得以知晓原子本质上的电学性质。但原子却完全没有被理解。现在，量子物理学将为化学家提供一种深刻而又理性的理论，将原子结构和性质阐释清楚。同时，它还将提供一种模式，用以理解和实际预测分子的形成与性质。正是量子理论的概率性催生了这些成果。

的确，化学不是人人喜爱的学科，即使大量的现代技术都离不开它。一个脑子不怎么灵光的学生，甚至可能在他高中化学期末考试中答道："H_2O 就是热水，CO_2 就是冷水。"但我们相信，在我们一起探讨化学背后的一些逻辑后，你会迷上它的。你将发现，揭示原子的过程简直是人类历史上最伟大的侦探小说。

化学无疑开始于那个著名的图表——元素周期表，它装饰了全世界成千上万个化学教室的墙。周期表是名副其实的重大科学进展，它基于一个化学定律，这个定律由俄国化学家德米特里·伊万诺维奇·门捷列夫（1834—1907）发现。门捷列夫生活在沙俄，是一个相当多产的学者，平生著作逾四百种。他还是一个讲究实际的科学家，在肥料、合成奶酪、度量衡、俄国贸易和关税、造船等很多不同的领域，都做出过贡献。同时，门捷列夫支持激进的学生运动，和他的妻子离婚并娶了一个年轻的艺术系学生，并且，就像照片里那样，他一年只允许自己剪一次头发。[7]

门捷列夫的元素周期表上的原子，是按照原子量由小到大的顺序排列的。请注意，提到"元素"，我们指的是一种特定原子或者包含一种特定原子的材料。因此，一块碳（元素），可以是一块石墨，也可以是一块钻石，两者都仅包含碳原子，只不过原子排列方式不同而已。这就使得石墨漆黑，能够用于制造铅笔；钻石坚硬，可以给未婚妻带来惊喜——不必说，它在钻一些硬金属时也很有用。相反，水不是一种元素，它是由氢元素和氧元素结合形成的，彼此间由电磁力维系。它们也是被薛定谔方程统治的，所以我们说水是一种化合物。

原子的原子量，简单地说就是它的质量，这里记作"A"。每一种原子都有独特的质量。所有氧原子有相同的质量，所有氮原子也有相同的质量，但是氧原子和氮原子的质量不同（氮比氧轻一点）。一些原子非常轻（低质量），比如氢原子；而另一些要重数百倍，比如铀原子。在某种特殊的单位下，[8] 原子质量是最方便测量的量，但其精确值目前对我们而言还不重要。不过，我们有兴趣以原子的原子质量依次增加的顺序做一个表。门捷列夫观测到，一种元素在这个列表中的位置，与这种元素的化学性质存在明显的关系。这正是打开化学之门的钥匙。

在警局里指认元素

让我们想象一下，一群嫌犯在警局里排成一队，等待证人指认。我们用字母代号表示每个嫌犯的名字，氢（hydrogen）是"H"，氧（oxygen）是"O"，铁（iron）是"Fe"（来自拉丁语的"fer"），氦（helium）是"He"，等等。

嫌犯按体重（而不是按字母顺序）从左到右排成一队，最左边的最瘦小，越靠右，嫌犯的"块头"越大。这是一个随着原子质量增加的"有序排列"，原子在这个排列中的位置叫"原子序数"，记作"Z"。

所以我们看到，体重最轻的嫌犯，氢原子的原子量最小（大约$A=1$），[9] 因此分配到的原子序数$Z=1$，排在队列的第一个。氦原子第二轻（大约$A=4$，差不多比氢重4倍），因此氦有$Z=2$，它是队列里的第二个嫌犯。下一个是锂（$A=7$），所以有$Z=3$；然后是铍，$Z=4$；以此类推。最轻的几个"嫌犯"的队列如图23所示，但这个队列今天已经超过一百名"嫌犯"了。

原子序数Z，是各个原子的主要标志。Z告诉我们从队列的哪里可以找到对应的嫌犯。如果我们问："谁是嫌犯$Z=13$？""铝"（外号"Al"）便会回答："到！""谁是嫌犯$Z=26$？""铁"（外号"Fe"）也会出列喊："到！"你应该花点时间仔细看看这些嫌犯和它们对应的原子序数。记住，Z不是原子量，而是它们在这个队列中的序号。

Z在原子物理中至关重要。插一句，量子理论将告诉我们，Z就是围绕着原子核运动的电子的数量。例如，钠（Na）原子序数为11，因此，有11个电子围绕着钠原子的原子核运动。原子都是电中性的，因此原子核必定带有相同数量（原子序数Z）的相反电荷（正电荷）。因此，钠原子核外有11个电子进行量子式的模糊旋转，而致密的核（回想欧内斯特·卢瑟福对原子核的发现）中还有11个正电荷隐藏在其内部。今天我们知道，这个正电荷就是原子核中的质子。总结一下：钠$Z=11$，是队列中的第11个，有11个电子绕着核并且有11个质子

图23：证人芬斯特女士，由警官奥里登陪同，检查着嫌犯的队列（总共118人）。嫌犯根据重量增加的顺序从左到右依次排列。不过请注意，Li和Na都穿着统一的星星装饰的猫王夹克——它们两个很有可能是同伙。

深埋其中，两者平衡，原子呈电中性。如此多的信息包含在Z中。说来令人难以置信，门捷列夫竟对这些原子内部结构的细节一无所知！他完全不了解原子内部是怎么回事，但就像一个伟大的侦探，他从"嫌犯的指认队列"入手。

门捷列夫发现了一个关于元素化学性质的重要规律，即元素在参与不同化学反应时，随着原子序数Z的增加而呈现出相应的规律。一言以蔽之，元素的化学性质是周期性的。也就是说，当我们从一个给定的原子出发，沿着Z往下找，最终我们会找到一个重得多的原子，这个原子的化学性质几乎和我们开始的那个原子的化学性质一样！即在这些嫌犯的队列里一定藏着某种共谋——不同的嫌犯表现出几乎相同的行为。随着更多的原子被发现，队列的人数逐渐增多，这个精准的规律也在不断完善。实际上，这些原子的周期性也能够帮助人们找到更多新的"在逃"元素，从而填满这个原子的序列。让我们看看在现代的原子序列中，这个共谋到底是什么。（尽管许多原子对门捷列夫来说还是未知的，但我们用的是他的方式。）[10]

首先让我们来考察一下所谓的"化学性质"。什么是化学性质呢？我们都知道，盐易溶于水，但油不易溶于水；水不能够燃烧（它能熄灭绝大部分火），但像碳（$Z=6$）这种东西，它是煤炭的主要成分，却可以轻松地烧起来；像铁这种东西生锈，也是一种缓慢的燃烧——没有氧（$Z=8$）的话，这些东西没有一样能够燃烧或生锈。事实上，燃烧和生锈都只是氧化作用，氧元素与其他元素的化合作用。我们看到一些元素容易与氧结合，而另一些则不会。这些过程必定伴随着能量的变化（2个氧原子与1个碳原子结合，生成CO_2同时释放能量），同时与碳原子和氧原子的化学性质有关。正是由于这些特定的性质，相应的化学反应才能够发生。我们呼吸氧气，它在我们全身细胞里面发生氧化反应，维持我们的生命。（从某种意义上讲，我们在燃烧！）但我们却不能在氮（$Z=7$）中呼吸，尽管在列队指认时，氧和氮两个家伙是互相挨着的。这些都是常见的、基本的化学性质。但话说回来，是什么使得氧原子能成为一种氧化剂，而氮就不行？

为了把化学性质说得更详细一点，让我们考虑元素锂（$Z=3$）。纯锂（Li）是有光泽的、延展性良好的金属，暴露在潮湿空气中时会剧烈反应，形成一层氢氧化锂，即 LiOH。通常这种金属要储存在油里面，从而杜绝空气中的水分腐蚀其表面（顺便说一句，锂的原子量非常小，所以它的密度也很小，可以浮在水面上）。现在，如果一块金属锂被扔进水中，一系列壮观且剧烈的化学反应随即发生，释放出氢气和大量能量。这会导致水面上方的氢气在空气里燃烧起来，正如很多视频网站上锂-水和钠-水燃烧的视频那样。[11] 总之，水和锂剧烈反应形成了氢氧化锂（LiOH），并且释放了氢气到空气里。这个爆炸性的火焰通常发生在水面上，在那里，氢气迅速被点燃，和空气中的氧气发生反应，因此，我们切不可把金属锂往水里扔。

最终，门捷列夫侦破出原子队列中的"阴谋"。沿着原子序数走8步，从锂 $Z=3$ 就到达了钠 $Z=3+8=11$。钠也是一种闪亮的金属，当它的表面暴露在空气中时会迅速地转变成灰白色［与空气中的水分反应生成了一层氢氧化钠（NaOH）］。如果你把钠丢到水里，猜猜会发生什么？发生一种迅速、剧烈的反应，释放出氢气，通常会在空气中燃烧，然后形成一次令人印象深刻的爆炸。听起来很熟悉？钠原子比锂原子重得多，但是在化学上，它们表现得一样。这怎么回事呢？锂和钠在指认队列中隔了8个位置，然而它们看起来像同一个帮派的。从这个例子入手，我们有望侦破这个阴谋。很明显，这个队列的嫌犯中，存在着行为相似的同伙。

在考察了自然界中的大量化学反应后，我们发现，锂和钠非常相似，发生化学反应时只有很小的差异，比如反应速率稍微不同——这和我们预想的一样，毕竟钠原子要比锂原子重一些。几乎任何包含锂的化合物（分子），你都可以直接用钠来代替；同样，任何包含钠的化合物，也能够用锂来代替。

现在，如果我继续往前走8步，我们就看到了钾（K）。你可能猜对了：钾表现得跟钠和锂一样。事实上，即使氢也表现得跟这些金属元素一样，尽管它在常温常压下是气体。所以氢气很容易发生化学重组，用一个 Li 代替一个 H，就变成了 LiH（氢化锂），类似的还有 NaH（氢化钠）、KH（氢化钾），等等；或者 $H_2O = HOH$ 可以被替换成 LiOH（氢氧化锂），同样还有 NaOH（氢氧化钠）、KOH（氢氧化钾），等等。显然，氢、锂、钠和钾都来自同一个帮派！

　　虽然我们已经从警方记录中察觉到这些原子嫌犯的显著相似性（就像当初门捷列夫那样），但我们仍然不能理解为什么它们会如此相似。为什么会有神奇数字 8？我们也不理解，是什么控制着这些显著而剧烈的化学反应？

　　当科学家感到困惑时，他们做的第一件事是分类，然后给它们起一堆花哨的名字。所以我们将 H、Li、Na 和 K 所在的帮派叫作"碱金属"（是的，我们知道氢不是金属）。门捷列夫的方式，看起来就像当地警方对黑帮做的那样，把碱金属的每个成员的名字列在一个垂直的表上（见图 24）。

　　这便是元素周期表的第一列，一个具有相同化学性质的帮派，按照它们原子量的升序排了下来。如上所述，这是指认队列中一个叫作"碱金属"的特殊帮派。

　　从钾开始继续增加原子序数，我们会看到，这个规律令人惊讶地改变了。下一个碱金属（和其他成员一样的化学性质）是铷（Rb），与钾隔了 $18 = 8 + 10$ 个位置（经过化学的审讯后，铷承认它是碱金属帮派的成员）。然后再走 18 步，我们得到铯（Cs），然后再走 $32 = 8 + 10 + 14$ 步，我们得到了最后一个碱金属钫（Fr）。这几个大块头也属于"碱金属"帮，共同组成了元素周期表的第一列，以元素钫结尾。但为什么神奇数字 8 变成了 18，然后变成了 32？这是怎么回事？为什么列表以元素钫结束了呢？

　　最后一个问题关系着原子的整体稳定性，主要是重原子核的

| 1
H |
| 3
Li |
| 11
Na |
| 19
K |
| 37
Rb |
| 55
Cs |
| 87
Fr |

图 24："碱金属"是原子或元素的一个化学家族，它们有着共同的化学性质。

稳定性。事实证明，随着原子变得越来越重，比如钫，它们的核会变得非常不稳定从而产生放射性，最重的原子的寿命甚至不足几分之一秒（这已经不属于化学了，而是核物理）。钫在地球上只能由更重的原子（比如铀）放射性分解产生，然后它自己又迅速地分解掉了。在任何时候，据估计整个地球上只有一盎司的元素钫，它是最稀有的天然元素。但这足够去验证它的化学性质了——它确实是一种碱金属。我们现在建立了元素周期表的第一列，我们也见证了这个阴谋，或者说元素周期律；它首先被门捷列夫发现。多么奇怪的规律啊！这是怎么回事？不要怕——量子理论将完整地解释它。

事实上，量子物理解释了为什么元素会分为不同的帮派，正是这些不同的帮派组成了元素周期表的各列。以氦（He）为例。在门捷列夫那个时代，氦还未被发现，因为它不和任何东西发生化学反应。它是一种非常轻的原子，$Z=2$，通常为气态。氦气比氧气和氮气都要更轻，这使它在大气中不断上升并从地球逸出到外太空。因为不会燃烧，所以氦气非常适于建造飞艇。太阳（以及其他恒星）主要由氢和氦组成。同样，由于氦的质量很轻，如果我们吸入之后开口说话，我们的声音听起来就和唐老鸭一样！

由于氦不会和任何东西发生化学反应，所以对一个健康的成年人来说，它可以相当无害地用来表演小把戏（但我们不建议用氢气来代替，至少叼着一根点着的烟时不要这样，因为你的肺里可能会发生爆炸！）。由于氦不发生化学反应，也就是说它不会和任何东西形成化合物，我们说氦是"化学惰性的"。

再一次，如果我们从 He 开始沿着原子质量走 8 步，我们便走到了氖（Ne）。Ne 也是一种气体，并且也具有化学惰性。再走 8 步我们就得到了氩（Ar），它也是惰性的。前面我们又一次看到了神奇数字 8，但紧接着，需要再多走 10 步才能遇到下一个惰性气体氪（Kr），然后再多走 10 步找到惰性气体氙（Xe），然后，你猜对了，32 步之后得到了氡（Rn）。氡是一种放射性气体，密度较大，能够从地下渗入我们的地下室，如果吸入可能致癌。这组元素组成了具有共同化学性质的另一个帮派，因此被放进元素周期表的另一列，叫作"惰性气体"或者"贵族气体"（"贵族"，因为它们不和其他物质来往）。因为它们呈化学惰性，不能和石头里的原子结合，所以只能是气态。氡形成于地下，是放射性分解的一种副产物（主要来自钍元素Th的放射性衰变），然后慢慢地扩散到了我们地下室的表面。[12]

所以我们能够用一个表来代替警察局里的队列了，表的各列代表了不同的帮派以及其中的帮派成员。分类是所有科学的第一件事，我们必须首先按照它们的特性给它们分门别类，无论它们是鸟还是蠕虫，是昆虫还是蛋白质分子，是恒星、星系还是基本粒子。自然中的原子具有许多不同的化学性质，当我们按照其相似性，对这些原子进行分类时，我们就得到了元素周期表（见图25）。

出现在同一列的原子有相似的化学性质。比如，"卤素"这一列，都具有高反应活性、剧毒、遇水形成强酸等性质，包括氟（F）、氯（Cl）、溴（Br）、碘（I）和砹（At）；"碱土金属"这一列都是非常活泼的金属，有点类似碱金属（但也有差异，比如，不会在水中爆炸），包括铍（Be）、镁（Mg）、钙（Ca）、锶（Sr）、钡（Ba）和镭（Ra）；还有前文的"惰性气体"这一列，包括氦（He）、氖（Ne）、氩（Ar）、氪（Kr）、氙（Xe）、氡（Rn）；等等。

让我们做一个快速检查来证明碱土金属有相同的特点。注意钙，通常在牛奶中被找到，很容易被吸收进我们的骨头，是我们骨头的主要结构成分。如果我们吸收钙过少，我们就会生病，例如骨质疏松，它让我们的骨头变得脆弱。但在钙的下方1个位置，我们从元素周期表中看到危险的放射性元素锶（Sr）。锶与钙处于同一列，这意味着它和钙化学性质相似。锶，核爆炸的副产物，常见于放射性沉降物中，因此很容易被吸收到我们的骨头里。一旦被吸收，锶在骨头中持续的放射性衰变会破坏骨髓中的造血干细胞，最终导致白血病。这一列中，再往下1个位置就是钡了，我们可能会问：是否有人想了解所谓的"钡奶昔"？

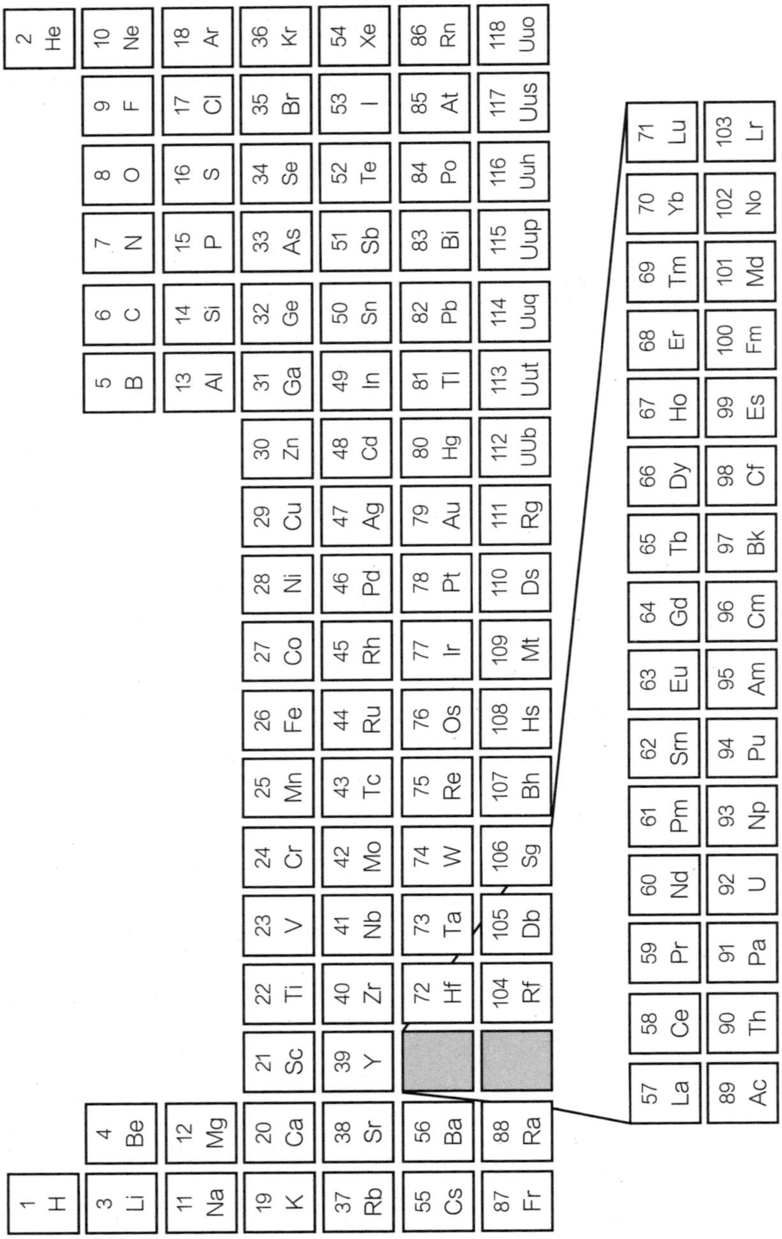

图25：元素周期表。周期性和结构能够用量子理论来解释（见图27）。注意，重原子核非常不稳定，比铀（U）更重的元素都是人工元素，通常寿命极短。

我们可以从元素周期表中获得大量的信息。所以，花点时间去思考我们生活的世界，思考世界如何被这些原子的性质所塑造，这是值得的。元素周期表中包含的化学周期性是理解化学反应的第一组织原则。我们刚看过一个例子，它是怎么在我们的新陈代谢中起着关键作用的，那些有毒的元素可以藏在跟它相似的元素之中。周期表中其他元素的性质很容易在一些不错的化学书中找到，可以肯定的是，元素周期律是可靠的。在大多数情况，如果有个分子由 Xabc 组成，那么你总是可以得到 Yabc——只要 X 和 Y 是出现在元素周期表中同一列的元素，X 和 Y 就有相似的化学性质。

所以到底是什么导致了自然中元素的化学性质能够这样显著地重复？什么内在结构使元素在间距 8 步、18 步、32 步后再现几乎相同的化学性质？尽管化学家成功总结出元素周期律，用以描述差异极大的化学元素的性质，但在 19 世纪初，没有人明白这到底是怎么一回事。回过头去看，元素周期表是探究原子结构的一个线索，一个重要的线索。

如何构建一个原子？

原子的化学性质是由其最外层电子决定的。这些电子可以随便跳来跳去，从一个原子跳到另一个，将两个或者更多的原子绑在一起，然后形成分子。这种说法其实很模糊，在量子理论到来之前，它都是"空中楼阁"。多亏卢瑟福、玻尔等人对氢原子的深入研究，以及后来的薛定谔方程，现在物理学家们可以发动全面攻击，尝试去理解化学的物理基础了。

量子理论成功地解释了化学元素周期表中反映的化学规律。在揭示这个规律的过程中，量子理论诸多更新、更深刻的层面也展现了出来。薛定谔方程可以用来描述围绕着原子核的电子的运动。薛定谔专注于他的方程在"束缚态"

的解。在束缚态中，电子被原子核吸引，两者紧紧"束缚"在一起而形成了原子。束缚态在物理上是非常重要的，束缚态的性质，正如我们在前面玻尔和海森堡相关章节中看过的，是理解量子理论的关键。

最容易理解束缚态的方式是，考虑一个非常简单的例子：一个束缚在一条长链分子上的电子。事实证明，束缚在长链分子中的电子，其波函数的形状与乐器上被拨动的弦（比如一条吉他弦）的运动形状一模一样。事实上，通过研究吉他弦的振动，我们可以很容易地计算出这个束缚电子的量子能级。

所以，去拿一把吉他（或者其他弦乐器）!

当你拨动吉他弦时，它将振动，产生一个悦耳的音符。

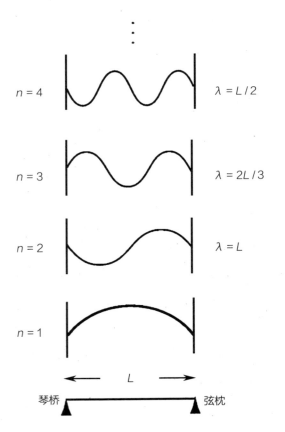

$n = 4$ $\lambda = L / 2$

$n = 3$ $\lambda = 2L / 3$

$n = 2$ $\lambda = L$

$n = 1$

L

琴桥   弦枕

图26：乐器（比如吉他弦）上的波，等价于一维"势阱"*（如一个 β-胡萝卜素分子）中电子态的波函数。最低的模式，$n = 1$，是这个电子的基态。激发模式有 $n = 2$，3，4，…，并且电子可以通过释放或者吸收一个特定能量的光子（等于两个态的能量差）来从一个模式跳到另一个模式。每一个模式可以被一个自旋向上和一个自旋向下的电子占据。

———————————————————
* 势阱，指的是粒子在某力场中运动，势能函数曲线在空间的某一有限范围内势能最小，形如陷阱。也就是说，电子的势能图像类似一个波的形状，那么当电子处于波谷，就好像处在一口井里，比较稳定，很难跑出来，所以称为势阱。

在一根弦的中点位置轻轻拨动琴弦（最好用拇指，不要用吉他拨片），这激发了琴弦振动的最低模式（因为拨片是点状的，它会同时激发出更高的模式）。这对应了束缚在长链分子中的电子运动的最低量子能态。这是系统的最低模式，或者叫系统的最低能级、系统的基态，对应着吉他弦的最低音。

吉他弦振动的第二个模式的波长恰好是最低模式的一半。只要有一点耐心，你就可以在一个真正的吉他弦上激发出第二模式。用一根手指摁住弦的中点，然后再用另一只手在大约四分之一的地方拨动弦，然后快速地放开中点的手指。摁弦的手指保证当琴弦被拨动时中点不会移动，而这就是我们在图26中看到的弦的第二振动模式的图。这种特殊的波动为零的点叫作波函数的节点。第二模式有一个有点类似竖琴的美妙音调，比最低模式高一个八度。因为它的波长更短，所以量子粒子的第二模式的动量更大，比最低模式的能量更高。[13]

下一个更高的能级是吉他弦振动的第三模式，它在弦上有一个半波长。可以通过这种方式来激发：在弦长的三分之一处用一个静止的手指摁住弦，然后拨动弦的中点，再快速地放开静止的手指。你应该听到一个非常微弱、美妙的第五音（如果这个弦是C调，这个音是C上第二个八度的G音）。对应到量子理论上仍是一个波长更短的电子波函数，于是相应地，动量更大，能量也更大。

真实的物理系统的确就是这个样子。在有机长链分子中，比如 β–胡萝卜素（胡萝卜的橙色就来源于这种分子）中，一些碳原子的外围电子变得松散，并且可以在整个分子的长度上来回移动，就好像这个电子被束缚在一条长沟里一样。这个分子有很多个原子直径那么长，但是只有一个原子直径那么宽。这使得电子波函数的形状非常像吉他弦上的模式。当电子从一个量子态跳到另一个时，这个分子将释放出具有离散能量的光子，这个能量对应两个能级的能量差。

即使在基态，电子也不是静止的。它的波长是有限的，因此它的动量和能量也是有限的。基态的运动叫作零点运动，它发生在所有的量子系统中。一个氢原子中处于最低能量态的电子也仍然在运动。虽然它不是静止的，但它不能到达一个更低能量的状态。正是这个缘故，宇宙中的原子才能保持稳定，而不至于崩溃。

原子轨道

薛定谔兼用蛮力和数学技巧，从他的方程中得到一系列解，发现了电子在最简单的原子——氢原子——里面的运动模式。这些模式和弦乐器的振动模式一样，每一个模式对应了一个波函数 Ψ，电子的概率分布 Ψ^2 呈特殊的、模糊的云雾状，即电子云。每个模式都有特定的能量，对此，玻尔"旧量子理论"的预言非常成功。

这些模式，这些描述了电子由于原子核的电磁力而围绕原子运动的不同的波函数叫作"轨道"。对任何原子而言，轨道的形状都是一样的。原子中的每个电子都在特定的轨道上移动。轨道的形状，或分布（Ψ^2），告诉了我们在任何时刻、任意给定的地点找到电子的确切概率。

氢原子轨道如图 27 中所示。[14] 最低模式（或基态轨道）被叫作"1s态"。很多人以为"s"代表"球形的"（spherial），但根据光谱命名法，它实际上代表"明锐的"（sharp）；这里的 1 代表"主量子数"。1s 态是完美的球形。当电子处于这种状态时，它在中心附近被发现的概率最大，基本上就在原子核上方。事实上，在 1s 态中，电子是可以穿过原子核的。

但一个电子也可以存在于其他轨道上。比基态能量更高的是 2s 和 2p 能级。2s 也是球形的，但它有一个径向的类波模式，有一个分开外叶和内叶的节点。在节点上发现电子的概率为零，但电子可以很容易地在内叶和外叶被发现。我们也有 2p 状态（"p"即 principal，意为"主要的"，同样遵从旧的光谱命名法）。在 2p 态中，电子可以看起来像是在围绕着核旋转（而 s 能级像是围绕着核"呼吸"）。2p 态有三个，分别为 $2p_x$、$2p_y$、$2p_z$，在三维空间（x，y，z）中呈哑铃状。

这些2p态有相同的能量（同样，2s态也有相同的能量），并且它们通常是混合的量子态。如果我简单旋转这个原子，电子就从一个2p轨道移动到了另一个。

所以氢原子，在它的基态，只有一个电子在1s轨道上围绕着核运动。这个电子能够被激发跳到更高的能态，比如稍高的2p态，或更高的3d态。当在一个更高的模式中待了很短的一段时间后，电子会跳回到基态，发射出恰好等于一个光子的能量——正如很多实验所观测到的那样（如前面章节所述），正是这些实验促进了量子理论的发展。求解电子绕氢原子核运动的薛定谔方程，就像求解一颗行星围绕太阳转动的牛顿力学方程一样，这是一个"二体问题"，没有太多复杂的东西，所以其中的数学是相当简单直接的，我们只需要考虑核（太阳）与电子（行星）之间的力。当太阳有更多的行星时（现实也的确如此，还包括木星、土星、金星、火星等），计算难度便迅速增加，于是精确解不再存在了。对有许多电子的原子而言，情况也是这样。

所以，对于那些电子数大于1的原子又该怎么办呢？我们首先忽略不同电子间的电磁力，只关注电子与原子核之间的力。氦（$Z = 2$）包含两个电子，或许这两个电子都可以在基态——1s轨道上一起运动。事实上，这确实符合氦的光谱，但这样的话，我们似乎就陷入一个疑惑：为什么氦和氢的化学性质如此不同（回忆一下，氦是惰性的，而氢却相当活泼）？既然有两倍的电子，氦理应比氢活泼两倍才对，为什么氦反而呈化学惰性呢？

周期表中的下一个元素是锂。那么锂包含三个电子，一个个地堆积在1s轨道上？锂确实表现得与氢相像，而与氦不同。然后铍又怎样呢？四个电子在1s轨道上，会表现出不同的化学性质吗？如果每个原子都那么简单，Z个电子全堆在1s轨道上绕着原子核运动，那么元素周期表的周期性又从何解释呢？

如果每个原子的Z个电子全堆在基态轨道，即1s态上，那么元素化学性质便难以解释——每种元素将会有相同的化学性质，也就不会有什么元素周期律了。此事必有蹊跷！

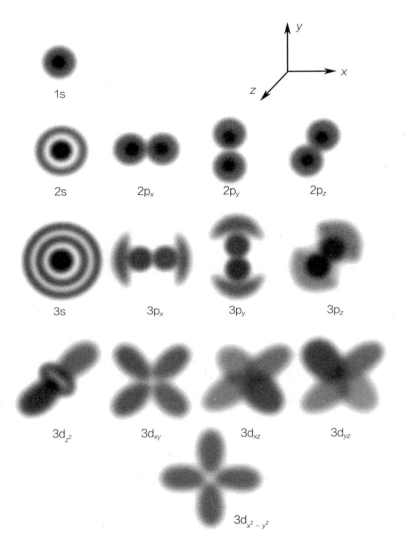

图27：最低的原子轨道。氢原子是最简单的原子，其单个电子处于1s态，而氦有两个自旋相反的电子在1s态。元素周期表的第二行（见图25）代表依序填满2s、$2p_x$、$2p_y$、$2p_z$态。每个态最多有两个电子，一个自旋向上，一个自旋向下。这就解释了为什么这里的周期是8。元素周期表的第三行需要填充3s、$3p_x$、$3p_y$和$3p_z$态，周期仍然为8。第四行要填充4s、$4p_x$、$4p_y$和$4p_z$，同时还有5个3d，于是周期为$8 + 5 × 2 = 18$。第五行要填充5s、$5p_x$、$5p_y$和$5p_z$，还有5个4d，于是周期为$8 + 5 × 2 = 18$。第六行的镧系元素（$Z = 57~71$）有4f态，第7行的锕系元素（$Z = 89~103$）有5f态，这最高轨道中包含着高度的复杂与混合。

泡利先生登场

根据最低能量原则，电子总是趋向占据最低的能量状态。从薛定谔方程中我们得知，电子在概率性的原子轨道上运动，同时每个轨道都有相应的能级。但理解原子的最后一个突破，却是由于另一个卓越且令人惊叹的发现：每个轨道只能容纳两个电子！如果不这样，我们这个世界的事物将完全不同。

伟大的天才沃尔夫冈·泡利登场了！泡利平生颇具传奇色彩，被认为是那个时代的良心，易怒的他经常会吓到他的同事们，他有时在信中署名"上帝之鞭"，关于他我们后面还有更多介绍。（见第5章注释1。）

为了防止电子过度拥挤在1s轨道中，泡利在1925年提出了"泡利不相容原理"，这个原理规定：在同一量子态上最多只能有一个电子。泡利不相容原理决定了重原子填充电子的方法——也正是这个原理阻止了我们穿墙而过！为什么？因为你体内的电子不允许和墙内的电子占据相同的状态，它们必须相隔足够的空间。

沃尔夫冈·泡利教授很矮，胖乎乎的，充满创造力和批判性，他有一种讽刺的智慧，常使得他的同事们恐惧或快乐。在他年轻时，他曾经毫不客气地给物理学家们写过一篇解释相对论的尖锐文章。在他的整个职业生涯，他留下了很多令人难以忘怀的俏皮话，并且这些俏皮话现在仍然回荡在物理学家们中间。例如："哦，你那么年轻，就已经默默无闻了！"再如："这篇文章……甚至连错误都算不上！"又如："你的第一个公式错了。不过还好，第二个公式并不是从第一个推出来的。"还有："我不讨厌你思考得很慢的事实，但我讨厌你发表得比你思考得更快。"

在乔治·伽莫夫的《震惊物理学的30年》[15]一书中，有一首匿名作者写的关于泡利的诗：

当他和同事争论时

他的整个身体都在振动

当他做论文答辩时

振动从来不停

他揭示了令人眼花缭乱的理论

被指甲咬过

泡利不相容原理是他最伟大的成就之一。泡利不相容原理仅仅是说，在一个给定的原子中没有两个电子能够处于完全相同的量子态——这是禁止的！这样一个简单的规则，就可以让我们去构造元素周期表和理解元素的化学性质。

元素周期表的建立遵循着泡利提出的两个规则：（1）电子必须全都处于不同的量子态（不相容原理）；（2）电子排布应该让系统具有尽可能低的能量。后一个规则也解释了为什么物体会由于引力而下落——因为一个在地上的物体比一个在14楼的物体具有更少的能量。但我们需要两个电子去填充1s轨道使之成为氦。这不违背泡利的不相容原理吗？这里只允许一个量子态有一个电子呀？事实上，泡利的另一个伟大贡献，也许是他最伟大的一个，是"电子自旋"的概念。（有关电子自旋的更多讨论，请参阅附录。）

电子自旋就像小陀螺一样，一直旋转并且永不停歇。每个电子有两种可能的自旋量子态：自旋向上和自旋向下。因此，两个电子在同一个轨道运动，这种情况是可能的，与泡利的名言"没有两个电子可以处在相同的量子态"并不矛盾——两个电子虽同在1s轨道，但一个电子自旋向上，另一个电子自旋向下，它们的量子态是不同的。但一旦如此，1s轨道就被电子填完了，再没有第三个电子可以进入这个轨道了。

这就解释了氦原子。氦有一个完全填充的1s轨道，包含一对电子，像地毯上的两只小虫一样紧紧抱在一起，再没有空间来填充另一个电子了。于是，氦就不再与其他原子发生化学反应——它变得惰性了！另一方面，氢的 1s 轨道中只有一个电子，它欢迎一个有相反自旋的电子加入进来（外来原子的另一个电子，过来一同填充这个轨道。这就是氢如何跟另一个原子化学地结合起来的过程，我们后面会看到 [16]）。用化学家的话来说，氢有一个"未填满壳层"，1s 轨道中只有一个单电子；而氦有一个"填满壳层"，1s 轨道中有两个自旋相反的电子。（"壳层"单纯地指"轨道"，但这是一个老词，你会经常从化学家那里听到。）因此，氢和氦的化学性质的差异就像白天和夜晚一样分明。

现在我们准备讲讲锂，它有三个小电子。我们在哪放置它们呢？两个电子放进 1s 轨道，一个自旋向上，另一个自旋向下，就像氦一样。现在，随着 1s 轨道被占据了，第三个电子只能进入下一个最低能级轨道——我们在图 27 中可以看到，共有四个轨道可供选择：2s、$2p_x$、$2p_y$ 或 $2p_z$。既然 1s 壳层现在已经被填满了，并且这个轨道已变得惰性，锂的化学性质只能依赖于这最后一个电子。2s 轨道要比 2p 轨道能量稍低一点，所以第三个电子将进入 2s 轨道。因此，锂本质上和氢具有相同的化学性质：氢在 1s 轨道上只有一个电子，锂在 2s 轨道上也只有一个活泼的电子。我们正在一点一点地破解元素周期表的密码。

我们现在可以通过继续填充 2s 和 2p 轨道来产生更重的原子。对铍来说，下一个电子将填入 2p 轨道（与 2s 上的电子有轻微的排斥）。不同的 2p 轨道都是相同能量的哑铃状波函数，电子可以进入它们的量子混合态。每个 2s 和 2p 轨道能够容纳两个电子：一个自旋向上和一个自旋向下的电子。因此，依序简单地往 2s 和 2p 轨道中填入更多电子，我们就收获了更重的原子（的电子排布）。所有例子里，总的带负电荷的电子数目与带正电荷的原子核数目相同：铍（$Z=4$）、硼（$Z=5$）、碳（$Z=6$）、氮（$Z=7$）、氧（$Z=8$）、氟（$Z=9$），以及氖（$Z=10$）。从氦开始走 8 步，就到了氖。对氖元素来说，我们看到每个 2s 和 2p

轨道都被完全填充，每个轨道都有两个电子，一个自旋向上，一个自旋向下。就像氦用两个电子（一个自旋向上，一个自旋向下）完全填充了1s轨道一样，氖有一个完全被填充的内部1s轨道的同时，也有一个完全被填充的2s、$2p_x$、$2p_y$和$2p_z$轨道。于是，我们发现了门捷列夫的周期律和神奇数字8的起源。

氢和锂的化学性质相同，因为氢原子有一个单电子在1s轨道中，而锂原子有一个单电子在它的2s轨道中。氦和氖也是一样的，因为氦有两个电子完全填充了1s轨道，而氖有一个被完全填充的内部1s轨道和一个被完全填充的2s、$2p_x$、$2p_y$和$2p_z$轨道。完全填充带来稳定和化学惰性，部分填充带来化学活性。警局指认队列中的化学性质谜团，此时几乎被完全理解了。

但是接下来到了钠，它的原子核带11个正电荷（$Z = 11$）。11个电子怎么放置呢？现在我们从3s轨道开始，放一个单电子在那……看！钠和锂、氢的化学性质一定是相似的，它们都有一个单电子在最外面的轨道上。然后是镁，有一个电子处于$3p_x$、$3p_y$、$3p_z$轨道量子混合态。我们继续，3s、3p态的填充方式和2s、2p态的完全一样，于是再一次走8步后，我们得到了被完全填充的轨道和一种惰性气体——氩。氩，就像氖和氦，所有轨道都被填满了，1s、2s、2p、3s以及3p，每个轨道都包含一个自旋向上和一个自旋向下的电子。在绘制周期表的第三行原子时，我们完全仿照了我们在第二行做的事，用同样的方法填充s和p轨道。

然而，在第四行，故事改变了。从4s和4p轨道开始（没有在图27中画出来），情况有点复杂了，接下来我们遇到了3d轨道（如图27）。这里有薛定谔方程的更高的解。这些更高的轨道被电子填充的方式，包括了很多电子和电子自身通过电磁力相互作用的细节。这些复杂的东西我们一直忽略到了现在。这就像试图用解牛顿方程的方法来研究太阳系。太阳系有很多相似的行星，并且它们的轨道互相之间都很接近。考虑所有这些效应是很复杂的，而且超出了我们现在讨论的范围，但一言以蔽之，它是奏效的。3d轨道可以和4p轨道混合，等等，我们发现它们在被填满前总共能容纳 10 个电子。因此规律由原来的"8"变成了"8 + 10"。日常物质的物理基础、化学的基础，以及所有生命是如何构建的，现在已经完全弄清楚了。门捷列夫之谜被解决了！

构建分子

现在我们准备去构建更大的东西——分子。泡利不相容原理、薛定谔方程以及最低能量原则，同样告诉了我们分子的构建。

分子是两个或更多原子的结合，它们结合形成了更复杂的束缚态。我们说，元素（原子）互相结合在一起，形成"化合物"（分子）。这些互相结合的原子的外层电子，跳一种新的舞蹈，从而形成一种新的存在——分子（而填满轨道的内层电子什么都不做）。还像上次那样，我们首先从我们能想到的最简单的物理系统开始分析。

我们知道，两个氢原子形成了一个氢分子，即 H_2。当我们迫使两个氢原子互相靠近时，单个氢原子的 1s 轨道，逐渐形成了一种新的重叠轨道，而两个原子核（质子）由于电荷斥力分开在两边。这个新的分子构型代表了薛定谔方程的一组新的解，对应于两个原子核情况下电子波函数的束缚态。这种新的基态轨道被称为 σ 键（读作"西格玛键"），它是 1s 轨道的类比。如图 28 所示，这里原子核由电子云中的两个小黑点表示（还有更高能量的 π 键，它类比于 2p 轨道，如图 27 所示）。σ 键像最初的 1s 轨道一样，只能有两个电子，电子自旋方向必须相反（一个向上，一个向下）——泡利不相容原理再一次起作用。

两个电子的运动——根据 σ 键的形状和分子中两个原子核的位置——完全由总能量的最小化来决定。这就解释了为什么氢原子会结合成最简单的分子 H_2

（在标准室温和标准压强下会以氢气的形态存在）。我们通常把有两个电子的 σ
轨道叫作一个共价键。这里原先的两个原子的1s轨道对称地合并在了一起，同
时电子本质上在两个原子之间被共享。你可以这样想象这个过程：如果两个原
子的外层电子恰好在合适的轨道上，那么这两个原子可以更紧密地靠近在一起，
这样它们就形成了分子。因此，共用电子对能够带来更多被完全填充的轨道，
从而促进了分子的形成。

同时，另一种更极端的化学键形成于碱金属（比如氢、钠，它们的外层轨

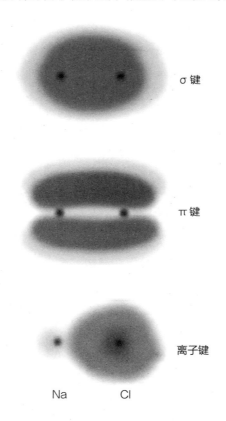

σ 键

π 键

离子键

Na   Cl

图28：最简单的分子轨道。σ 键是一个共价键，比如在 H_2 分子中，它由两个结合在一起的1s轨道
生成。π 键是2p轨道的结合。离子键发生在电子几乎完全被一个原子俘获时，比如NaCl，这里钠
的电子跳出去，填满了氯原子的外层，之后这个钠原子实际上成了一个正电荷离子，与负电荷的氯
离子结合在一起。

道有一个单电子）原子和卤素（比如氯）原子之间。卤素只需得到一个电子就可以填满外层轨道，从而变为惰性。这将导致一个非常不对称的波函数，如图28所示。这里的电子是碱金属提供的，基本上完全离开了钠原子，和氯原子中的电子们混在一起。这个被遗弃的钠原子，现在实际上成了一个"光杆儿"的正电荷，氯原子则带一个净的负电荷，所以这对原子通过电磁力松散地结合在了一起。像这样的，活泼的外层电子抛弃一个原子而投入另一个原子的怀抱，但这两个原子仍然被相反电荷绑在一起，叫作离子键。NaCl（氯化钠），常见的盐，便是由离子键结合在一起。通常形成一个离子键比形成一个共价键释放更少的能量（更少的结合能），因为钠原子和氯原子彼此之间比较疏远，这也就是为什么盐很容易溶解在水中。电池的工作便依赖这些自由移动的离子（离子就是离子键中失去或获得了电子的原子）。神经细胞传递有关意识和思想的信号，也与所谓的"离子泵"有关。它把钾泵进神经纤维的壁，同时把钠泵出。它由复杂的原子之间的电子跃迁控制，同时它们在脂肪细胞中的轨道组成了神经薄膜。生命就是离子键与共价键的微妙平衡。

考虑一个碳原子（$Z=6$），它有 2 个电子在它的 1s 壳层，4 个电子占据 2s、$2p_x$、$2p_y$ 和 $2p_z$ 壳层。这里有大量的空间，足够从邻近原子中"借来"4 个电子加入外壳层，此时所有的轨道将充满了相同数量的自旋向上和自旋向下的电子。这使得碳成了一个非常惊人的（可能是最惊人的）原子。它能与其他原子形成浪漫的、能量非常高的共价键。例如，一个碳原子可以轻易地与四个氢原子形成一个分子。碳的四个外层电子全部与氢的单电子配对成 σ 共价键，由此产生一个形状为正四面体的分子。这个简单的分子叫甲烷（CH_4），它是有机化学（关于碳的化学）的基本分子。甲烷气体中蕴藏着大量的化学能，能够通过氧化反应（燃烧）来释放。

现在从甲烷中拿掉一个氢原子，就得到一个"甲基"，即 —CH_3。甲基中的一个电子仍在渴望着形成共价键。于是，我们能把两个甲基"粘"起来，这样就得到一个有趣的"乙烷",即C_2H_6(如图29所示)。现在去掉它的一个氢原子(然后你得到了"乙基"),再把它与另一个甲基粘到一起,就形成了丙烷。重复这个过程,我们还能得到丁烷、戊烷、己烷、庚烷、辛烷,等等。这还只是"高分子"大家庭的一种构造模式,叫作"脂肪烃"(一长溜儿地结合在一起的碳原子和氢原子)。很明显,用一百多种原子,我们事实上能够形成无数种不同的分子,其中的很多都是很有用的!

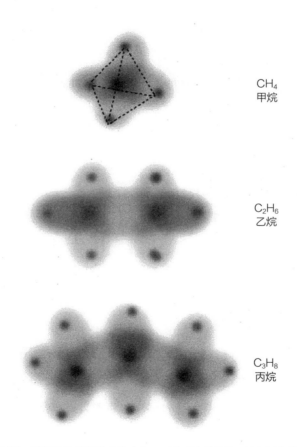

CH_4
甲烷

C_2H_6
乙烷

C_3H_8
丙烷

图29:化学中的作用。最简单的碳氢化合物家族,叫作"脂肪烃"。其中最小的三个成员是甲烷、乙烷、丙烷。随着碳原子的增加,这个序列会继续加入丁烷、戊烷、己烷、庚烷、辛烷、壬烷,等等。

我们上面提到过，有一种甲烷参与的化学反应叫作剧烈氧化，即"燃烧"：$CH_4 + 2O_2 \rightarrow CO_2 + 2H_2O$，一个甲烷分子加上两个氧分子和一个小火花的能量（光子），迅速地燃烧成了一个二氧化碳分子加上两个水分子。这个反应释放了大量的能量，它是所有碳燃料燃烧的基本方式。注意，所有的碳氢化合物在燃烧的时候都会产生二氧化碳作为它的副产品。

总结一下

我们已经看到了周期表第一列的所有元素，我们的老朋友碱金属，都只有一个电子在最外层的壳层上。氢（H）、锂（Li）、钠（Na）等在形成分子时候的化学活性，是与另一个原子共用电子（共价键），或者把最外层的电子丢到另一个原子的结构中去（离子键）。于是，当两个氢原子相遇时，它们每个贡献一个电子，就形成了一个单独的被填满的共价键（σ 键），结合成 H_2，它比两个分离的氢原子有更低的能量。另一方面，像氯（Cl）一样的卤素只需要一个电子来填满一个外壳层，当氯和钠相遇后，啊，一见钟情！氯拿走了钠那个疏离的外层电子去填充自己的壳层，然后带上了额外的负电荷，最后和钠保持着松散的结合，于是我们就得到了氯化钠（NaCl），也就是盐。

我们也着重强调过，两个氦原子不会结合。事实上，很难让氦与任何物质发生反应。为什么？因为氦已经填满壳层了，因此很冷淡，不会发生化学反应。分子的形成是一种"壳层填充"的过程，因为填满一个壳层——即使是用邻居的电子——往往意味着一个稳定的、低能量的系统。如果你借了你的邻居的电子，自然地，在这个过程中你就会跟你的邻居绑在一起。两个氢原子结合，这样它们的两个电子（分别来自它们的1s轨道）填满了 σ 共价键，最终形成氢分子。要填满氧的壳层则需要两个电子，所以它吸引了两个氢，形成了我们用于漱口、洗澡的东西。明白了吧？现在你是一个初级的化学家了。

我怀疑这里有数百万像你一样的人，一提到化学键就可以唤起一场怀旧之旅，回忆起上高中化学课那种紧张的光景，荡漾在快乐和绝望之间，那时候你从未真正明白、从未学过量子力学的任何东西。幸运的是，现在你可以不用分心地考虑这样的事了。

化学反应之所以发生，是为使系统的结合能最小化。在量子力学中，能量是量子化的，电子趋向于占据能量最低的状态。但不相容原理的优先级比最低能量原则要高，这就导致电子将排布在与其他电子在空间中不存在重叠或紧密接触的最低能量状态上。

泡利斥力

不可能有两个电子处于同一量子态，这条禁令最终导致了两个电子不能靠得过近。如果我们违背自然的意愿，试图把两个自旋方向相同的电子挤到一处，强迫它们进入相同的量子态（空间中的相同位置），这个时候，泡利不相容原理将等效地产生一种阻碍作用来对抗这种挤压。换句话说，这就像一种排斥力（与两个同号电荷之间的电磁斥力不同），企图保持电子之间互相分离的状态。这个等效力产生自泡利的不相容原理，也被称为"交换力"。它的影响已经远不限于化学领域。

泡利指出，这个交换力是量子理论概率特性的一个不可避免的结果。关于它的证明很漂亮，值得读两遍（我们在附录中给出了自旋相关的证明，但它涉及更多的数学内容）。就此而言，泡利不相容原理变成了一个原子经验的推论，这个经验是，宇宙中的所有电子是完全相同的——不是相似，是完全相同！

在宏观世界中，根本找不出完全相同的两个事物。取一组工厂生产的滚珠轴承。它们当然看起来很像，但它们是相同的吗？在显微镜下，它们一定会显示出某些细小的划痕或者缺口，如果把这些放大，那么每个滚珠轴承都将有不同的外表。对 4 个轴承进行精密称重，或许会得到 2.329 7、2.329 5、2.329 9 和 2.329 6 克这样的结果，表明有非常轻微的差异。两个克隆绵羊或者人类双胞胎看起来也一样，但在一定等级的检查下，它（或他）们将显现很大的不同，反映出它（或他）们极大的分子复杂性。然而，电子却不是这样。

　　所有的电子都有相同的内禀属性。所以这意味着什么？如果我们在一个原子中交换任意两个电子的位置，我们将得到完全相同的原子。在实验上，甚至在原则上，都没有办法检测到这一交换。这是一个交换对称性的例子。至于原子中的电子波函数，我们发现，当我们交换任意两个电子时，虽然两个电子位置交换后我们的确得到了一样的波函数叠加，但交换后波函数会乘上一个 −1。对电子来说，这意味着两个电子同一时间处在同一状态的概率为 0。比如，两个电子处在空间的同一点，具有相同的自旋，如果我们交换两个电子，我们将得到一个波函数，它等于 −1 乘以它自身，于是它只能为 0。（我们在附录中将有更详细的数学解释。）这个交换"力"是一种很强的排斥作用，但并不像电磁力或引力那样是一种真正的力，它与所谓的"场"没有关系。它只是一种统计结果，表示两个电子同时处于同一状态的概率为零。如果一种情况发生的概率很高，那么看起来就像是有一个吸引"力"在促使它发生；相反，如果概率很低，就好像有一个排斥"力"在阻止它发生。这个所谓的"交换力"只是一种错觉，但它是对这种效应的一种非常直观的描述。

　　现在，根据泡利不相容原理，两个相同的电子波函数不可能处于同一量子态，就好像存在着某种强大的排斥力一样。所以现在我们可以探讨一下，为什么我们的手不能穿过桌子、身体无法穿过墙壁了。即使物质，或者说原子轨道的 99% 都是空的空间，你身体中的电子也不能穿过"墙"原子们，因为根据泡利不相容原理，电子之间不准靠得太近。

　　这里还有许多引人入胜的化学细节，包括化学反应的细节以及复杂分子的细节。其中的一部分适合用薛定谔方程直接分析，但大多数则因为太复杂而难以计算，仍然有太多的工作有待完成。量子物理提供了化学的基础。现在，这个复杂性的极限是当代物理学的一个研究重点。我们应该怎样描述复杂系统？简单的统计模型在哪儿失效？如果只是说大的原则方面，那我们当然可以说，量子物理解释了它们全部。然而，魔鬼存在于细节之中。

第7章

世纪论战：爱因斯坦VS玻尔

我们从前一章的枯燥中活下来了……感谢沃尔夫冈·泡利，我们最终理解了种种化学性质和规律，以及为什么你的手无法穿过厨房的花岗岩台面（尽管其内部有大量空的空间）。现在我们继续前进，探索更深层的量子秘密，见证尼尔斯·玻尔与阿尔伯特·爱因斯坦的那场伟大辩论。准备好被迷住吧！让我们从一则寓言开始：

从前，有四个辩论成瘾的辩手成了徒步旅行者。他们在麻省理工学院一起训练，然后在两年之内相继退休，开始他们的徒步旅行——当然了，也会继续他们那跟职业生涯一样长的辩论。他们知道，能够解决争辩的唯一办法是投票，所以一直保持着朋友关系。然而奇怪的是，在他们所有的热门争论中，包括万物理论、量子技术、将下一个大型加速器放到哪，等等，投票结果一直是三比一。阿尔伯特总是那个格格不入的、勇敢捍卫少数派观点的人。有一次，当他们在黄石公园徒步时，阿尔伯特再次成了孤独地捍卫自己观点的人，这次他宣称数理逻辑是完备的，通过足够的努力，任何数学定理都能被证明或者证伪。

尽管经过雄辩而慷慨的阐述，他还是被否决了，跟往常一样，三比一。

但这一次他的信念是如此之强，他决定采取一个前所未有的措施：祈求强大而仁慈的女神！他抬眼望向天空，念道："求你了，主，你知道我是对的！给他们一个神迹吧。"顷刻之间，万里无云的天空突然变暗，一团紫灰色的云降落到这四个哲学家头上。

"看！"阿尔伯特说，"女神显灵了，我是对的！"

"哦，难对付的家伙。"维尔纳回答道，"我们都知道云是一种自然现象。"

阿尔伯特再次尝试："请显现一个更明确的神迹，证明我是对的！"云突然变成旋涡，绕着徒步者们高速旋转。

"又一个神迹，我是对的！她知道并且正在告诉我们！"激动的阿尔伯特大嚷。"好吧，"尼尔斯说，"我在丹麦见过这种旋涡云现象了。这是上层大气湍流。"马克斯同意地点点头："当然，这没什么大不了。"

阿尔伯特坚持祈求："一个更明确的神迹，求你了！"

突然一阵刺耳的雷声震撼了这几个徒步者，同时一个令人敬畏的女声从高处传来，尖叫着："他是对的！！！"

尼尔斯、维尔纳、马克斯被震住了，他们商议了一会儿，比画着手势，点点头。最后，尼尔斯脸上带着坚定的神情，转向阿尔伯特，说道："好吧，那么，我们同意，她投票了……所以，这一次是三比二。"

理想情况下，科学创新就是在内心的直觉和无可辩驳的证据之间不断挣扎。现在我们知道，量子科学在自然界发挥着了不起的作用。我们已经发现其用途，并用它带来了经济的繁荣。我们也意识到微观世界——量子的世界——是古怪的、陌生的、诡异的。量子力学完全不同于16世纪到20世纪初的科学，这确确实实是一次革命。

当科学家们向公众介绍他们的发现时，他们往往采用打比方的办法。在描述那些极难理解的现象时，打比方是一种更易理解的方式，能够使我们的头脑领会我们日常未曾经历的事物。我们当然没有合适的语言来描述量子的世界，因为我们的语言演化出来并非为此目的。来自外星的观察者，只能接收反映人类集体行为的数据，他们可能察觉到了大游行、世界大赛[*]、超级碗、新年前夜在时代广场的人群、行进的军队，偶尔还会有袭击政府大楼的暴徒从警方行动中惊慌逃走。经过一个世纪的数据积累，外星人能够掌握有关人类集体行为的丰富资料，但会完全忽略掉人类个体的能力和动机——理性思考的能力、对音乐或艺术的热爱、性、富于创造的洞察力、幽默感……所有的这些个体的特质都会被平均掉，在集体行为中消失不见。

所以它只在微观世界中。当我们被提醒跳蚤眼睑上的毛也包含了十万亿亿个原子时，我们就会明白，为什么宏观世界（人类经验中的世界）与量子世界的规律完全不同。显然，宏观世界模糊了单个量子物体的特征——尽管不完全，就像我们后面会看到的。所以我们有两个世界：经典世界（被牛顿和麦克斯韦完美地描述）和量子世界。当然，在最后的分析中只会有一个世界——量子世界。量子理论不仅会成功地解释所有的量子现象，还将复制经典理论的成功，把牛顿和麦克斯韦的方程作为量子力学方程的近似。让我们用下面这些最惊人的事来刷新自己的认识吧。

四件惊人的事

1. 我们的第一个挑战来自放射性现象。让我们考虑一个我们最喜欢的粒子，μ 子。μ 子是一种带电粒子，比电子大约重 200 倍，和电子有相同的电荷。它几乎没有大小，也就是说，没有半径，就像电子一样（点状物质）。它有沿着某个

---

[*]　指美国职棒大联盟每年 10 月举行的总冠军赛，是美国以及加拿大职业棒球最高等级的赛事。

轴的自旋，这一点也和电子一样。事实上，μ子在第一次被观测到时，看起来就像一个更重的电子，令人费解，这使得拉比（I. I. Rabi）发出了他那句著名的感叹："谁让它来的？！"[1]但是，与电子不同，μ子是不稳定的，它会发生放射性分解，它的生命只有2微秒。更准确地说，μ子的半衰期，或平均生存时间，是2.2微秒（2.2微秒后，μ子只剩下开始时的一半）。然而，我们不能准确预测一个给定的μ子什么时候会衰变，这件事是不确定的，是随机的，就好像某人每过一段时间就丢一对骰子，直到都丢出2点一样。我们必须放弃确定性的经典力学，而把概率作为物理的基础。

2. 同样，我们在第3章提到过部分反射的难题。在普朗克和爱因斯坦发现量子之前，光被认为是波，就像水波一样传播、反射、衍射和干涉。量子是粒子，但仍然表现出波的性质。想象维多利亚的秘密橱窗前的一个光子，它要么穿过这个橱窗，把橱窗里悉心装扮的模特照亮，要么被反射，映出一个站在街上盯着模特瞧的脸色苍白的家伙。我们必定会用波函数来描述这个现象：波函数部分穿过了这个橱窗，部分被反射了，就像波一样。然而，粒子是离散的东西，要么整个穿过，要么整个被反射。因此，波函数仅能描述光子反射或穿过的概率。所以我们从太阳射向窗户的一束光波开始吧。照射过来的阳光记作 $\Psi_{阳光}$，打在窗户上并发生透射和反射的光记作 $\Psi_{透射} + \Psi_{反射}$，量子反射回来的概率为 $\left(\Psi_{反射}\right)^2$，量子穿透玻璃的概率为 $\left(\Psi_{透射}\right)^2$。这些量都是分数，描述的只是一整个粒子穿过或被反射的概率。

3. 下一个是我们以前称为双缝干涉的实验（这可以追溯到托马斯·杨，他证伪了牛顿的光的"微粒说"，并用波动说作为代替）。但电子、μ子、夸克、W玻色子等都和光子一样，可以被波描述。托马斯·杨对光的实验结果也适用于所有的粒子。

一个电子可以从一个源发射出来，并瞄准有两个狭缝的屏幕，所以我们可以用电子代替光子来重复杨氏实验。一个电子穿过狭缝，最终被远处的探测屏

探测到。我们用电子探测器代替这个实验的光电管，每小时计入一个电子，就
是说，我们知道在同一时刻穿过狭缝的电子只有一个（所以这里没有一个电子
与另一个电子的"干涉"）。正如第 4 章中我们发现的那样，当我们一遍又一遍地
重复这个实验，把每个电子打在探测屏上的位置的数据都累加起来时，一个像
波一样特定的干涉图案就出现了。电子似乎知道两个狭缝都能穿过，但我们却
不知道它到底是从哪一个穿过去的，并且，在积累了许多电子之后，原来模糊
的图案逐渐变成了清晰的干涉图案。如果我们关闭其中一个狭缝的话，这个干
涉图案就完全不见了。甚至，如果我们有个小探测器测量了每个电子到底穿过
哪个缝，这个干涉图案同样会不见了。只有当我们对电子从哪个狭缝穿过这件
事完全无知时，干涉图像才会出现。（现在停下来想一想：如果你不觉得奇怪，
那么你应该重新读一遍。）

在放射源，每个电子有一个"量子波"（波函数），服从波动规律，同时穿
过两个狭缝并像波一样发生干涉。这导致当两个狭缝都开着时，在探测屏上的
波函数是两部分的叠加 $\Psi_1 + \Psi_2$，其中 Ψ_1 是电子从狭缝 1 穿过的波函数，Ψ_2 是电
子从狭缝 2 穿过的波函数。在探测屏某点 P 探测到电子的概率是这个波函数的平
方。高中一年级的代数知识告诉我们，这就是：

$$\Psi_1^2 + \Psi_2^2 + 2\Psi_1\Psi_2$$

这个式子描述了我们在探测屏上看到的图案。当我们把这个实验重复了很多很
多次之后，呈现在探测屏上不同点 P 上的干涉图案就正如图 17 所示。这里有电
子集中的区域（最大概率），这里也有电子很少的区域（概率为零），它们在屏
幕上交错排列。我们所看到的效应，就是上面公式中的干涉项 $2\Psi_1\Psi_2$。概率的另
外两部分 $\Psi_1^2 + \Psi_2^2$ 总是正数，所以它们是乏味和无趣的，它们给出了如果没有干
涉时我们观察到的效应。比如，如果我们只把狭缝 1 打开把这个实验做 5 万次的
话，我们会得到类似于图 18 的样子，没有干涉图案，仅是 Ψ_1^2 所描述的电子的堆
积。同样，如果我们只让狭缝 2 打开，我们仅能得到一个被 Ψ_2^2 描述的电子堆积。

但这个交错的带，这个干涉图案，来自于$2\Psi_1\Psi_2$，它未必是一个正数，而是时正时负。探测屏上一明一暗的带状条纹就是这么一回事。这触及了量子理论令人毛骨悚然的本质，电子作为一个粒子，居然可以在穿过狭缝时发生干涉！这证实了量子态的概念，也就是一个给定的离散的粒子，它既不在一个态，也不在另一个态，而是处于一个精神分裂一样的混合态$\Psi_1 + \Psi_2$。

4. 如果这还不够，那我们就继续探索量子的其他诡异性质，比如自旋。或许最奇怪的地方就是，电子有一个"分数自旋"。我们说电子的自旋是$1/2$，即它有一个大小为$\hbar/2$的"角动量"。此外，沿着任一测量方向，电子总是有一个$\hbar/2$或$-\hbar/2$的值，用科学的语言，即"自旋向上"或"自旋向下"。[2] 最怪的地方是，如果我们在空间中旋转一个电子，比如说，如果电子的波函数Ψ_e旋转360度，它就变成了$-\Psi_e$，也就是说，它变成了它自己的相反数（附录中有专门一节解释相关内容）。这在经典物理的世界中都不曾发生过。

比如说一个鼓乐队指挥棒，正在被足球赛中场表演的鼓手和啦啦队长挥舞着。这个棒原来指向某个特定的方向，啦啦队长把它旋转360度之后，看，它又回到了最开始的方向！但电子波函数却不是这样，当电子旋转了360度，它变成了自己的相反数，再也不能回到过去——等等，或许这只是数学上的把戏，并没有实际的物理意义？我们唯一能测量的只是概率，也就是波函数的平方，所以我们怎么知道是否有这个负号呢？这个负号和现实有什么关系？这是不是物理学家们在拿着公共基金自嗨？

不！泡利说，这个负号暗示了，对两个相同的电子（所有电子都是相同的），我们必须有一个交错的量子态，以便我们交换两个电子时，波函数变一个符号：$\Psi(x, y) = -\Psi(y, x)$（见附录）。回顾泡利不相容原理，即"交换力"，以及电子在原子轨道中的排布，正是它们决定了元素周期律和各种化学性质与规律（氢为什么活泼，氦为什么不活泼，等等）。物质的稳定、材料的导电性、中子星、反物质，以及14万亿美国国内生产总值的大约一半，无不归因于此。

另外，如果粒子就像光子（自旋1），那么交换后就是 $\Psi(x, y) = +\Psi(y, x)$，这给我们带来了激光、超导体、超流体。这样的例子不胜枚举。所有这些奇妙的东西都来自一个奇异的、超现实的量子世界，一个充满着完全相同的光子和电子的爱丽丝梦中世界。

它怎么能如此诡异呢？

让我们和一个老朋友 μ 子一起回到挑战1。如前所述，μ 子是比电子重200多倍的基本粒子，它会在百万分之二秒内衰变成一个电子和一些中微子（自然界的另一些基本粒子）。

μ 子的衰变本质上是由量子概率决定的。显然，牛顿的经典决定论已经被抛到大街上等垃圾车了。啊！但并不是每个人都愿意放弃这样一个美丽的东西，放弃在经典物理范畴内对物理过程进行精确预测。努力拯救经典决定论的，是一个叫作"隐变量"的概念。

假设 μ 子内部有一种隐藏的定时炸弹——装有定时闹钟和一根很小的雷管，可以让 μ 子随机爆炸。当然，这个定时炸弹将成为一个亚微观尺度的经典机械装置，它是如此小，即使利用我们当前最好的显微镜也无法看到，但它能够解释 μ 子的这个爆炸，也就是它的放射性衰变。当小时钟走到12点，轰——μ 子消失了。如果 μ 子在产生的时候（通常通过其他非 μ 子的碰撞），μ 子内部的时钟被随机地设定了（或许不得不考虑 μ 子产生过程中隐藏的动力学细节），我们将重现出 μ 子衰变过程中那显而易见的随机衰变过程。隐变量是我们给这种小装置取的名字，在各种修正量子理论（换句话说，为了消除概率的"胡说八道"）的努力中扮演过重要角色。然而，正如我们将要看到的，经过八十多年的争论，这种解释已经归于失败，大多数科学家接受了量子理论的诡异逻辑。

混合态的家谱

在一束随机的电子中，这些电子可以有任何可能的自旋方向，无论我们选择从哪个方向看，电子自旋向上或者自旋向下的概率都相等。至于方向究竟是"上"还是"下"，可以让电子穿过一个不均匀的强磁场，用这种手段实现测量，见施特恩–格拉赫实验。[3] 如果我们在磁场后面放上一个探测电子的屏幕，我们会看到两群电子打在上面，一为自旋向上的电子向上偏转而成；一为自旋向下的电子向下偏转而成。如果把施特恩–格拉赫实验中的磁场旋转45度，我们仍然会看到两群电子打在上面，但现在它们关于45度线上下对称。这个测量似乎强迫电子进入了一个特定的状态，对任意选择的磁铁的朝向，向上或向下。但只有概率能告诉我们这些电子到底发生了什么。

这些以及很多别的例子，使得量子科学家们总结出，在测量之前，原子粒子的量子性质不需要有特定的值。玻尔研究团队的帕斯卡·约当提出，测量行为不仅干扰了粒子，而且确实强迫它选择了多个可能性中的一个。他表示："我们自己制造了测量的结果。"[4] 对海森堡来说，他也认为量子领域充满了各种可能性，而不是一个实在的世界。所有这些都封装在量子波函数中，它包括了我们关于一个给定粒子的所有描述，波函数能告诉我们，在某位置发现这个粒子的概率。根据哥本哈根学派（玻尔）的正统解释，粒子真的可以存在于不同的状态和地点，即混合的量子态，每一种相应的状态都有一定概率被观测到，这些概率的和为100%。也就是说，在极端情况下，粒子在某个地方的概率为100%！

因此，测量行为会迫使一个系统在给定时刻进入一个确切的状态和位置。用数学的语言来说就是，最初的混合态波函数"坍缩"成了一个精确的状态。例如，回到我们前文的那个例子，光子在反射或穿过维多利亚的秘密的橱窗时，其混合态为：$\Psi_{透射} + \Psi_{反射}$。如果我们探测这个光子，如果我们发现发生了反射，那么我们就扰动了这个状态，让这个波函数"坍缩"到了新的状态 $\Psi_{反射}$，我们称这个状态为"纯态"。我们解决掉了模棱两可的混合态，然后通过测量行为重新构造了这个波函数。

批评人士表达了他们的意见（现在仍有很多）。他们指出，观测者似乎未经严格界定，过多地干涉了自然的过程。这种哥本哈根哲学（仅仅是勉强）允许这样一个观点：电子在被观测到之前，其存在状态都无法明确。无论如何，对信奉经典物理观念的人来说，这都与他们的固有认知大相径庭，非常难以接受。1935 年，阿尔伯特·爱因斯坦发起了反击，这是量子科学史上最引人注目的一次冲锋。我们马上就会讲到。

与此同时，请记住，我们有一套实用、有效的量子理论，它可以做出预测，并解释那些无法被理解的现象。正如海森堡所坚持的，量子力学提供了一个自洽的数学程序，从而告诉我们一切可以测量的东西。那么问题是什么呢？有些人，比如爱因斯坦，他们讨厌概率解释、不确定性原理，特别是那些从原则上也无法解释的东西。例如，电子从电子枪射到屏幕上的轨迹是明确的；电子是"精神分裂的"，以一种令人困惑的混合方式，通过两条独立的路径到达同一目的地，这样的想法是没有意义的。玻尔辩护说，如果你不可能测量它，那么你假设它有一条明确的路径就毫无意义。另一些人讨厌波粒二象性的概念。海森堡说，实际上，"它们都是粒子。薛定谔方程只是一个计算工具；不要混淆了这些波和它们所描述的粒子。从本质上说，我们正在处理的是人类思想和意识中前所未有的新事物……它们既不是粒子也不是波，而是'量子态'"[5]。大自然向我们展示了一些深刻而根本的东西，这些东西在 20 世纪以前是没有人能想到的。

霍拉旭：

啊，真是不可思议的怪事！

哈姆莱特：

那么你还是用见怪不怪的态度对待它吧。

霍拉旭，天地之间有许多事情，是你们的哲学里所没有梦想到的呢。

——威廉·莎士比亚《哈姆莱特》[6]

在量子力学经历一个又一个成功的那段时期——首先是在原子科学领域，然后从1925年至1950年是在核科学领域与固体物理领域——量子力学的解释逐渐形成两个截然不同的学派，正如那些物理学家对量子科学的全部含义的观点也截然不同。以玻尔为首的量子力学的倡导者，包括维尔纳·海森堡、沃尔夫冈·泡利、马克斯·玻恩等科学家，几乎都生活在哥本哈根——至少也在那里走过一遭。另一边是怀疑者和不信者，以爱因斯坦和薛定谔为首，还包括另一些量子力学的奠基人，比如德布罗意和普朗克。[7]

没有人质疑量子理论的成功，它是如此伟大，以至于一些物理学家甚至宣称，从本质上讲，化学和生物学也不过是物理学的分支。问题的核心是概率解释，它完全与经典物理学背道而驰，因为在人们的固有观念中，即使物体如原子般大小，不管它们是否被观测到，物体都必定是真实存在、性质明确的。

玻尔与爱因斯坦之间的论战，经常被认为是量子物理的"信仰之战"，从1925年一直延续到两人都去世之后三十余年。新一代的物理学家继续这场战争，战火至今依然没有平息。然而，从事研究的大多数物理学家坚持走他们自己的道路，以薛定谔方程为重要工具，用概率波函数来解决各种各样的问题。

利昂：我必须在这里插入我的个人经历，我就是那利用量子力学谋生的劳苦大众中的一员。一般来说，我们实验物理学家没有那么多的机会实际使用薛定谔方程来进行计算，因为我们忙于构建电子电路、设计闪烁计数器、说服委员会让我们使用某某加速器。但在1977年，我们费米实验室小组曾有一次独特的使用机会，在我们的研究过程中，我们发现了一个从未见过的东西。这个东西出现在我们的屏幕上，我们推断它是一种由一个正电荷和一个负电荷组成的原子，每个正电荷的质量是一个质子的五倍，它就是 Υ 介子（Υ 读作 "宇普西隆"）。在 20 世纪 70 年代众多优秀学者的影响下，我们断定这些不明物体就是一种新夸克及其反夸克的束缚态粒子。

在那时已经有 "上" 夸克和 "下" 夸克、"粲" 夸克和 "奇" 夸克，更重的夸克家族的传言一直飘荡在空气中，甚至在文献中。我们新发现的夸克被命名为 "底" 夸克，我们有时叫它 "美" 夸克，或者 "b夸克"。（已经确定它的伙伴是 "顶" 夸克，尽管还要再等 25 年才能发现！）要获得 "b夸克" 的性质，就不得不去研究它和它的反物质结成一个b粒子-b反粒子对在 Υ 介子中是如何表现的。要做到这一点，涉及求解薛定谔方程（尽管b粒子与b反粒子之间被认为是由一种新提出的 "胶子力" 连接在一起的，但这一说法还没有被证实）。怀疑论者没有被我们漂亮的数据说服，但最终我们的发现还是被证实了。我们在与全世界的理论物理学家竞争，这些人经常渴望一些简单而新颖的计算方法。（理论物理学家可以像梳胡子一样顺畅地解出薛定谔方程。）我们首先得到了一个合理的答案，但我们的计算很快就赶不上那些计算能力超强的理论物理学家了。然而，我们从未停止过思考——我们正在使用的用来预测 Υ 介子性质的量子力学是对的吗……当然是了！

隐变量

早在 20 世纪 30 年代，人们还远未认识夸克，爱因斯坦就对量子理论的玻尔解释非常不满。他开始了一系列的尝试，试图使这个理论更像牛顿和麦克斯韦的经典物理。在爱因斯坦眼中，这才是"好的"物理学。1935年，在两位年轻的理论物理学家鲍里斯·波多尔斯基和内森·罗森的帮助下，他展开了行动。正如前面提到的，他提出了一个思想实验，迫使充满概率的量子世界和真实、稳定的经典世界之间产生戏剧性的逻辑冲突，并一劳永逸地确定究竟哪一个是正确的。

这个思想实验，以设计者的名字首字母命名，称为"EPR 佯谬"，旨在指出量子科学是不完备的。实验的设计者希望，某天能够发现一个更完备的理论。

一个理论，怎么是"完备"，怎么是"不完备"呢？一种"更完备的理论"应该包括之前提到的"隐变量"。隐变量正像他们所说的那样，是影响事件结果的一种看不见的因素，能够（也许不能）在更深的层面上被揭示（比如导致放射性粒子衰变的小型内部定时炸弹）。事实上，隐变量在生活中很常见。我们掷一枚硬币时，结果是正面和反面的概率相同。毫无疑问，自从硬币被发明以来，在有记载的历史中这或许已经被重复过十万亿次了——很久以前布鲁图斯就曾掷硬币来决定是否杀掉恺撒。我们都同意这个随机过程的结果是不可预测的。但真的是这样吗？隐变量就在这里！

其中一个变量是投掷硬币的力。多少力把这个硬币往上抛？多少力让它沿着它的直径旋转起来？其他变量是，硬币的重量和尺寸，推着或者拉着它的微弱的气流，当它最后落下来时它撞击桌面的确切角度，这个桌面有多硬（桌面由硬石板制成还是被毛毡覆盖着）。简而言之，一大堆隐藏的变量在影响着掷硬币这个事件。

假如我们制造了一个机器，它可以每次以完全一样的方式投掷硬币。每一次尝试，我们都使用相同的硬币。此外，我们还要排除气流的干扰（比如将实验置于一个真空罩内），让硬币总是掉落在桌面的中心，而且那里的弹性也保持不变。就这样，花了几十万美元在这装置上。弄好之后，我们准备试验一下。这就开始了哦！这个硬币每次都是正面！我们掷了五百次，五百次都是正面！

我们设法控制了所有狡猾的隐变量，使它们不能继续改变——我们打败了概率！决定论现在统治了世界！牛顿决定论适用于硬币、箭头、炮弹、棒球，以及行星。掷硬币事件中表面的"随机性"，其实是由于描述它的理论"不完备"，大量隐变量没有被考虑在内；原则上，这些隐变量是可以出现在光天化日之下的，最终也是可以控制的。

那么，在我们的日常世界中，随机性还在哪里发挥作用呢？精确的表格大致预测了人类（或者马、狗）的寿命，但这个物种寿命的理论当然是不完备的，因为这里包含了许多复杂的隐变量，包括患病的遗传倾向、环境质量、营养、被小行星撞击的可能性，等等。在未来某日，除开偶然事故，我们或许能够极大地减低人类寿命的不确定性。

物理已经用隐变量理论取得了一些成功。现在让我们来看那个完美的，或者说"理想的"气体定律，它描述了一个容器中低压气体的压强、温度与体积之间的关系。升高温度，压强上升了；增加体积，压强下降——这一切由 $pV = NkT$ 这个简洁的公式所概括（"压强乘以体积等于气体分子的数量乘以一个常数 k 乘以温度"）。然而，在现实中，这里有无数的"隐变量"——气体由无数的分子组成。知道了这一点，我们运用统计学方法，把温度定义为一个分子的平均能量，压强定义为运动的分子撞到一定面积的容器壁时的平均冲力，N 定义为容器内总的分子数。这个气体定律，作为一种"气态介质"的不完备描述，可以完全准确地被"隐藏的"分子和它们的平均运动所解释。以相似的方式，在 1905 年，爱因斯坦解释了悬浮在一罐水上的微小的花粉微粒的无规则运动（所谓的"布朗运动"）。花粉颗粒随机游动的现象是一个难解的谜，直到爱因斯坦揭示了隐藏的周围水分子的独立的撞击过程。

因此，对爱因斯坦来说，他很自然地会猜想量子物理的理论是不完备的——表面的概率性事实上却是隐而不见的内在复杂性的平均结果。假设有人可以揭示这种潜藏的复杂性，那么我们就能够继续运用确定性的牛顿物理学来处理它，我们熟悉的经典物理世界将重见天日。例如，如果光子内部隐藏着决定反射或穿透的机制，那么它们打在维多利亚的秘密的橱窗上的随机性就只是表面的。如果我们了解这个机制，我们就能够有把握地预测反射。

让我们赶紧向你保证：我们没有发现这种东西！物理学家，比如爱因斯坦，在哲学上非常反感用基本的、不可预测的随机性来解释这个世界，他们希望牛顿的决定论可以重掌大权：如果我们知道所有的变量并能够控制它们，我们就能组织实验使得结果是确定的，这是经典决定论的基本前提。

与之相反，量子理论，正如玻尔和海森堡的解释，认为根本不存在隐变量，量子理论的随机性和不确定性是内在的、基本的。如果不可能测量到实验的精确结果，就不可能去预测未来会发生什么。这样的话，决定论，作为一种自然哲学，就失败了。

问题是，我们能断定是否有隐变量吗？让我们带着这个挑战开始。

EPR挑战：纠缠

爱因斯坦、波多尔斯基和罗森知道，他们必须揭示量子理论的不完备性。显然，他们首先要明确地定义什么是完备的理论。他们说，一个完备的理论必须包含物理实在的所有元素。然而，因为量子力学本质上是"模糊的"，事物可能处于"混合态"，[8] 不能确定它们是几个可能性中的哪一个，所以他们必须非常小心地去定义实在。他们选定了如下这些合理的条件：在没有经过任何干扰的系统中，如果我们能够肯定地预测（概率为1）一个物理量的值，那么这里就存在着一个与这个物理量相关的物理实在。

如果我们要推翻像量子理论这样有用的理论，我们必须仔细列出我们的假设，所以，EPR接着提出了第二个假设：定域性原理。这就是说，如果两个系统相隔一段遥远的距离，以至于在有限的时间内彼此之间根本无法传递信息（也就是说，要想彼此通信，信号传递的速度要比自然界的速度极限——光速——还快），那么，在一个系统中的任何测量都不可能给遥远的第二个系统带来任何改变。这是常识，严格的推理，对不对？

EPR 的想法是把同一个放射源中出来的两个粒子传输到遥远的两个接收器中，在一个接收器上的测量行为不会影响另一个接收器上测量的结果。如果它影响，就违反了定域性原理。

好的，这里有一个关键我们必须了解。假设我们有一个朋友就是这个“放射源”，他生活在遥远的大角星的第 4 颗行星上。他有两个台球，一个红色一个蓝色，他同意把其中一个球送给我们，同时把另一个送给我们生活在参宿七第 3 颗行星的共同好友。当我们打开包裹时发现，里面是一个红色的球，我们立即就知道远在参宿七的共同好友会收到一个蓝色的球。这违反定域性了吗？当然没有，我们没有以任何方式影响到参宿七的结果。经典态永远不会是混合态，所以我们的观测没有改变任何事情。我们的朋友，那个放射源，他知道谁将获得哪种颜色，同时我们知道包裹里面必定有一个确定颜色的台球，它由那个遥远的寄给我们的朋友控制。

但是量子理论要怪异得多。它允许纠缠态，也就是说，放射源也不知道自己发送的是什么，因此我们只知道，我们收到红球的概率与收到蓝球的概率相加等于 1。发送者自己也无法控制？是的。根据波尔和海森堡的说法，究竟发送的是什么，这要由充满整个宇宙的波函数决定，在测量之前是不知道的。波函数一旦被测量，就会坍缩成两种可能性中的一种。所以，打开包裹时，我们最终看到的是一个蓝球，那么参宿七上发现红色小球的概率为 100% 了。如果我们还没有打开包装，那么在那个遥远星球上将有 50% 的概率观测到一个红色或蓝色小球。作为闯入的观测者，我们似乎让无限远的地方发生了瞬时的改变！

EPR 随后提出了一个思想实验来证明这违反了定域性原理。在这个实验中，一个静止在仪器中间的放射性粒子衰变为两个质量相等的粒子，它们以相等的速度飞出，一个向东，一个向西。源粒子的自旋为0，当它衰变时，系统的总角动量必须为0。EPR假设它衰变成两个自旋为1/2的粒子，这些粒子背对背飞出去，一个向东，一个向西，粒子的自旋要么向上（向上指与运动方向即与z方向垂直），要么向下（向下指顺着z方向）。这种平衡保证了角动量守恒，我们知道，出于其他深层次的原因，角动量在物理学的所有领域都是守恒的（在量子理论中也是如此）。

然而，量子态是一种纠缠态，有50%的概率自旋向上向东飞出、自旋向下向西飞出，同样有50%的概率自旋向下向东飞出、自旋向上向西飞出。这种特殊的态被称为纠缠态，包含两部分的波函数：

$$\Psi_{东}^{上}\Psi_{西}^{下} - \Psi_{东}^{下}\Psi_{西}^{上}$$

如果我们在西边的芝加哥接收到一个自旋向上的粒子，那么另一个向东到达北京的粒子一定是自旋向下的；反之亦然。但放射源并不知道它所发射粒子的自旋情况，只是发送给我们一个混合量子态。根据哥本哈根解释，如果我们现在测量一个粒子的自旋，比如说在芝加哥，粒子自旋向上或向下的概率都是50%。如果我们碰巧测量出自旋向上，那么波函数在整个宇宙中坍缩，我们现在有：

$$\Psi_{东}^{下}\Psi_{西}^{上}$$

（在此有没有负号无关紧要。）如果相反，我们在芝加哥测量到自旋向下，那么波函数在整个宇宙中又一次发生坍缩：

$$\Psi_{东}^{上}\Psi_{西}^{下}$$

就这样，通过测量芝加哥的自旋，我们已经在北京引起了波函数的变化！事实上，即使放射源远在大角星，我们重复相同的实验，然后探测在地球上的电子，也会瞬时地改变参宿七上的波函数。这显然违背了EPR要求的定域性原理。

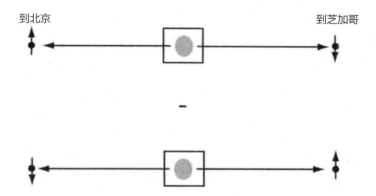

图30：爱因斯坦–波多尔斯基–罗森探讨了放射性粒子衰变形成的一对电子的纠缠态：

（自旋向上，到北京；自旋向下，到芝加哥）–（自旋向下，到北京；自旋向上，到芝加哥）

（是负号还是正号，这里无关紧要）。在芝加哥测量一个自旋向上的电子，在整个宇宙中，这个态立即坍缩成这个形式：

（自旋向下，到北京；自旋向上，到芝加哥）

爱因斯坦认为这暗示着信号在空间中瞬时传输，因此是量子理论的一个缺陷。

　　就这样，我们已经得到第二个粒子的一个属性，甚至都没有到它身边去测量！量子理论不是否认我们可以在不直接测量的情况下了解一个粒子吗？因此，EPR 得出结论，量子理论是不完备的。（回想一下，玻尔和他的同事们已经接受了量子科学不允许粒子有任何确实的物理属性，除非它被测量，而这种不经观测便不存在实在的性质，正是困扰爱因斯坦的部分原因。）

　　让我们更仔细地考察我们所说的：一个静止的、角动量为 0 的放射性物质，会衰变为两个粒子 A 和 B。根据角动量守恒定律，粒子 A 和 B 在相反的方向飞行，其自旋和动量也一定相反。但是量子理论并没有规定 A 的自旋，事实上，自旋在测量之前是不确定的。对粒子 A 的自旋的精确测量，决定了 A 有一个确定的自旋态，然后根据角动量守恒，B 的自旋方向必定与之完全相反。测量 A 能够确定粒子 B 在许多光年之外的自旋，但是在距离 B 数光年之外，没有任何方式可以立即影响到 B。

　　爱因斯坦运用了归谬法。他宣布，B 可以从 A 的测量中获得某些性质的唯一办法是，我们以某种方式给B发送一条消息（比如："我们正在测量A，它是自旋向上的。你最好让B自旋向下。"）。既然A和B相距遥远（在思想实验中，它们可能相距百万秒差距），这个消息的传输速度将不得不超过光的速度。爱因斯坦立即排除了这种"鬼魅般的超距作用"，他说："凭着物理学家的本能，我对此感到恼火。"[9]简而言之，EPR得出结论，B的性质不会因我们对A的测量而改变（对定域性原理坚信不疑），因此B在测量之前必须具有确定的性质。按照量子理论，粒子的性质（比如动量或电荷）在被测量之前是模糊的，可是我们却通过测量A明确了B的性质，爱因斯坦因此得出结论：量子力学是不完备的，肯定有一些更深层次的隐变量。

EPR继续进攻。现在，假设我们精确测量的是A的位置而不是自旋。A在我们测量之前没有确定的位置，因为它是由波函数描述的。根据动量守恒律，既然这两个粒子以相同速度、相反方向互相分开，在任何时刻它们与放射源的距离都是相同的。假设通过测量确定了A的位置，我们就将立即知道B的确切位置。重复我们的论点，既然测量A不能影响到B（定域性原理），B必须在我们测量A的位置之前就有这个确切的位置属性。因此，B同时拥有确切的位置和确切的动量。你无疑立即会意识到，这违背了海森堡不确定性原理，一个粒子不能同时具有精确的位置和动量。你知道这是啥意思吗？要么像EPR总结的那样，不确定性的量子力学是不完备的；要么B能被A的测量所影响，存在着非定域的干扰——这对EPR来说是不可能的。

回想一下海森堡的不确定性原理，如果你试图测量一个粒子的位置，你会不可避免地干扰它的动量：位置测量得越精确，对动量的干扰就越大；反之亦然。这是对不确定性关系的一个非常令人满意的解释。海森堡告诉我们，我们不可能同时知道任意精度的位置和动量。正如我们已经注意到的，哥本哈根学派的观点是：如果这些性质不能被知道，那么相信这些性质就是毫无用处的。

爱因斯坦会针对其中的本质进行争辩："好吧，我同意我们永远不可能同时知道粒子精确的动量和位置，但相信它同时具有这些明确的性质有什么错呢？"EPR现在已经挑战量子物理学了，其手段是，消除干扰因素，证明可以在不接触B的情况下就知道B的动量！

EPR论文对玻尔而言无异于一个晴天霹雳。据说，当这位大师停下来思考并和他的同事们讨论这个问题时，哥本哈根的交通都为此中断了。

而当他想到答案后，这个问题变得"平平无奇"了。

玻尔对EPR说了什么

EPR的重点是，我们的两个分散的粒子，A和B是在同一行为中诞生的，是相互纠缠的，它们的性质是关联的。A和B的动量、位置、自旋等是不确定的，但不管怎样，两者是纠缠的。如果我们测量A的确切速度（动量），我们就知道了相应B的速度（动量）——两者恰好相反；同样，如果我们在某时刻测量了A的位置，我们也知道了B相应的位置。如果我们测量A的自旋，我们就知道了B的自旋。当我们测量时，我们改变了波函数，A与B不再具备所有的可能性。然而，因为纠缠，当我们在地球的实验室里知晓A时，我们用不着摸，用不着看，用不着任何可能会干扰到它的方式，就能在许多光年之外知晓远在参宿七的B。尽管隔着百万秒差距之遥，我们却瞬时地把B由大量的可能性坍缩为一个确定的状态。

从任何实际的角度讲，这都没有违背海森堡的不确定性关系，因为一旦我们测量了A的动量，我们就极大地扰动了它的位置坐标。这一论证的核心是，即使我们不能进行测量，B仍必须具有确定的动量和位置值。所以玻尔的最终决定是什么？他怎么回复的呢？

经过数周的冥思苦想，大师玻尔终于得出结论："没有问题！"玻尔坚持认为，能够预测 B 的速度（通过对 A 的测量）并不意味着 B 有那个速度。在你测量 B 之前，假设它有任何速度都是没有意义的。同样，在你确定 B 的位置之前，B 也没有位置可言。随后玻尔、泡利及其他量子物理学家也相继加入，他们说：唉，可怜的爱因斯坦！他还没有摆脱他的经典观念，他仍在觉得任何物质必须有经典的属性！在现实中，在你测量或者干扰它之前，你无法知道 B 有确定的属性。既然你不能知道这些属性，那么这些属性最好不要存在。既然我们不能测量有多少个天使可以站在针尖上跳舞，那么同样，最好没有天使在跳舞。实际上没有任何东西违背定域性原理——如果你忘了周年纪念日，你也不能用它来传送一张即时的周年纪念卡到参宿七上。

在与爱因斯坦的争论中，玻尔比较了两大革命性理论——量子理论和爱因斯坦的相对论。相对论为时间和空间赋予了新奇的属性——在相对论中，时间是主观的。然而，绝大多数物理学家认为，量子理论的世界观远比相对论更为革命。

玻尔重申：一旦微观世界的两个粒子纠缠在一起，哪怕它们相距数光年，它们也会保持这种纠缠状态。当你测量 A，你就在影响 A 和 B 的态。B 的自旋，即使相距遥远，在你测量 A 的自旋时也立即被确定了。EPR 的这些观点在三十年后由约翰·贝尔以一种深刻的洞察进一步验证了。现在，关键词是“非定域”，也即爱因斯坦的名言“鬼魅般的超距作用”。

在经典牛顿物理中，A（“上”）B（“下”）和 A（“下”）B（“上”）是完全独立和分开的状态。这个状态由发送包裹的那位朋友设置。原则上对任何一位看过外包装数据的人来说都是可知的。这个选择是分立和完全独立的，打开包裹只是简单地揭开了它本来的样子。从量子理论的角度来看，描述 A 和 B 的波函数是纠缠的，当一端被测量时，这个波函数在整个空间上瞬时坍缩，仍然没有可观测信号能够比光传播得更快——这就是自然的运作方式。

这种专横的坚持可能让那些刚毕业的学生无语，但它真的对拯救我们的哲学灵魂有帮助吗？当然，玻尔的反驳没有让爱因斯坦和他的团队满意。实际上，对手们一直在谈论的只是过去。爱因斯坦相信经典的实在，认为电子和光子等物理实体存在着明确的属性。而玻尔则放弃了"客观实在"这个经典概念，在他看来，爱因斯坦关于不完备性的证明毫无意义，爱因斯坦心中的"合理性"根本是错误的。爱因斯坦曾问我们的一位同事："你真的相信月亮只有在你看着它的时候它才存在于那个位置吗？"如果同样的问题是关于一个电子，回答起来就不那么容易了。能想到的最好的答案是量子态和它们的概率。"自旋向下还是向上？"对一个热钨丝中射出来的亚微观的电子，两种结果的概率都是50%，并且如果没有人测量，说一个给定电子的自旋指向哪个方向就毫无意义。所以不要问这种问题，月亮比电子大太多了。

深层理论？

从历史上看，每当物理学中有两个不一致的理论时，就会寻求一个决定性的实验。但对于玻尔与爱因斯坦的争论，事情就不是那么简单了。爱因斯坦曾经指出，量子力学的成功完全不依赖于那些基本的概念，因此，人们应该寻找一种深层理论——"更加合理、不那么诡异"的理论——这理论能够产生薛定谔方程以及所有的成功的量子结果。爱因斯坦的团队相信，其他的物理实在都与粒子有关，隐藏在概率之下，量子力学并不能说明一切。

玻尔认为并不存在什么深层理论，量子力学是完备的，如果它是诡异的，那么好，那就是自然运行的方式。玻尔身旁那群激进的革命者都非常赞同这样的观点，即粒子是由概率波函数所描述的，这就是关于其物理性质的完整描述所必需的全部内容。一旦一个粒子被测量，某些可能性就会以相应的概率确定下来。EPR 佯谬并没有对玻尔等人造成动摇（至少公开是如此）。自旋、位置或动量的关联，由A-B粒子对的共同的放射源造成，允许我们通过测量粒子A来认识粒子B的性质，然后我们关于B的（二手）知识给了它一些爱因斯坦相信并坚持的实在性。然而，对玻尔来说，在没有测量时，追溯粒子的自旋、动量或位置这些特性，是"经典"的思维。预测一个测量将产生某种确定的结果，并不意味着这个电子真的存在着这个属性。玻尔真心觉得，若未被直接测量，电子便不应被赋予这些属性。

利昂：如果你想知道我怎么看，那么我将告诉你：像我这样的实验物理学家关心的是，这两种观点有什么数据上的差别。

爱因斯坦的观点：我们虽然不能测量它，但它仍然有自旋或动量。

玻尔的观点：如果我们不能测量它，那么说它具有自旋或动量这些属性是没有意义的。

对我来说，这些无用（嗯哼~）的区别只是纯粹的文字游戏。未被测量的B电子，是否像爱因斯坦坚持的那样，存在独立的实在？还是像玻尔认为的那样，"经过测量才被迫选定一个特殊的值"？在我们粒子物理领域，我们总是通过碰撞来推断出粒子的属性。在一个典型的实验中，我们加速一个质子，然后让它与第二个粒子对撞，产生出五十多个新粒子，向四面八方散去。带电粒子的路径将被我们的探测器记录，而中性粒子，比如中子，将在稍后被探测到。中微子可以穿透厚一亿英里的铅板而不留痕迹，会从我们的探测器中毫发无损地逃掉。我们测量所有四散离开的带电粒子的动量，然后从进入加速器的初始粒子的动量中减去这个和。如果存在显著的剩余，我们就得出这样的结论：有中性粒子带走了一部分动量。通过这种方式，我们也在很大程度上增进了对中微子的了解。在这里，我们充分利用了动量的推导，因此更倾向于爱因斯坦的观点。

20世纪两位伟大的理论物理学家之间可能还有更深层次的分歧，但悲剧的是，这个问题显然使爱因斯坦在晚年偏离了物理学的主流，陷入科学上的孤立状态。麻烦在于，玻尔和他的哥本哈根学派是量子力学的最终裁决者，玻尔的观点被那些实用主义的物理学家和化学家所接受。反观爱因斯坦，他是一个质疑者，他不断地提出我们大多数人没有足够的时间和智慧去考虑的问题。爱因斯坦的问题使我们中的一些人不舒服。怀疑量子力学似乎会威胁到我们的领域的至高追求，如果不是理智的话。

当然，这里仍然有些问题与我们的直觉相悖。测量仪器本身的问题就是其中之一。它们不也是由原子和其他微观成分组成的吗？物体要多大，才算进入了经典物理所统治的那个世界？一百个原子？一百万个原子？量子法则是怎么在宏观水平瓦解的？谁或什么干掉了薛定谔那只该死的猫？谁或什么是那个观察者，让波函数在整个宇宙坍缩？

曾经，经典物理学被认为是支配这个世界——现实世界，从棒球、卫星、行星、桥梁、摩天大楼到整个太阳系、广阔的宇宙——的法则，而现在，人们却认为，所有这一切都建立在一个不承认客观实在的量子理论上。当然，理论物理学家们仍寄希望于一些新理论能恢复物理学的实在性，如文献中随处可见的多重宇宙、隐变量、非定域实在论，等等。

约翰·贝尔

欧洲核子研究中心有一位沉默寡言的理论物理学家，他来自爱尔兰，名叫约翰·贝尔。

利昂：欧洲核子研究中心位于瑞士日内瓦，自1958年以来，我一直

在这里进行实验。这里设施极好，食物很棒，附近的滑雪场比伊利诺伊州巴达维亚的所有滑雪场都好。就在这儿，我遇到了这位年轻的物理学家约翰·贝尔。贝尔有着火焰般的红头发和明亮的蓝眼睛，我们彼此分享着有趣的故事，我知道他当时在研究量子物理的基础理论，尽管他的工作是去设计粒子加速器。这种对抽象理论的兴趣与周围熙熙攘攘的环境有着鲜明的反差，要知道，这里是非常典型的欧洲实验室。但贝尔并不是一个沉浸在自己世界的人。他观察敏锐，是一个概率论与统计方面的专家，能够进行高度技术性、实验性和理论性的计算。

欧洲核子研究中心成立于20世纪50年代初，它的成立在一定程度上是由于我在哥伦比亚大学的导师拉比的建议。拉比是第二次世界大战后物理学和科学政策的推动者，正是他向艾森豪威尔总统提议，总统应该配置一位科学顾问。拉比认为，要想在粒子物理学领域与美国竞争，需要欧洲各国家通力合作。当时的竞争非常激烈，欧洲核子研究中心致力于做前沿研究，美国科学家来到这里只算是客人。这恰恰说明了这个领域的竞争性合作。

然后，在1964年，约翰·贝尔发现了一种实验方法，解决了量子物理中是否存在隐变量的问题。尤其是，运用定域隐变量，量子理论会成为一个完备的、经典的、确定性的理论吗？他发现，像EPR思想实验那样，两粒子背对背发射，存在某种可直接观测的统计相关性，这种相关性原则上是能够被测量的，因而能够用来检验爱因斯坦的观点，即粒子必须有真实内禀（经典）属性。有很多方法可以用于检验，它们统称为"贝尔定理"。

贝尔定理揭开谜底

贝尔定理将检验能否通过隐变量来恢复决定论，从而支持爱因斯坦对经典实在的信念。贝尔设计了一系列"不等式"：X 必须大于等于 Y，这在经典系统中是"显然"正确的，只有在鬼魅般的超距作用——纠缠态——出现时才会被违背。在 20 世纪 60 年代，当贝尔提出"贝尔不等式"时，想用真正的实验来进行验证是极其困难的，所以只能借助这种思想实验。但到了 20 世纪 70 年代后期，技术的进步使得仅需几组实验人员便能够完成这个实验。

答案很简短，但很明确：那种声称粒子具有确定的、经典的属性的理论，是错误的。相反，贝尔不等式并不成立——这完全符合量子理论的预测。量子科学非常正确，完全颠覆了经典推理。粒子确实是由概率波函数描述的，它们可以在很远的距离内相互关联，可以在整个空间瞬时地坍缩，但并不违背速度的极限——光速。贝尔定理是一个重大突破，它形象地说明了量子理论的深刻性和反直觉性，加深了我们对量子理论的理解，使我们对量子实在更加惊奇。

这里有必要描述一下贝尔定理，需要你努一努力，跟上我们。（但如果你不想，你也可以跳过这节，只需要知道结论就好。）接下来的内容与自旋有关，所以它确实需要对量子理论的一些数学内容有所了解。虽然也不是很难，但需要一定的耐心。放心，在这里我们用文字表述几乎就足够了。加油，开始吧！

爱因斯坦从 ERP 佯谬中得出结论，量子力学是不完备的。虽然他没有提出任何新的东西，但他坚信，一个基于经典实在（具有明确属性）的完整理论最终会出现。无论这个新理论是什么，它都将满足两个基本原则：（1）实在性，粒子存在并有明确的物理属性；（2）定域性，如果两个系统彼此相隔一个合适的时间和距离，对第一个系统的测量不会对第二个系统带来真实的变化。EPR 需要第二个原则，因为只有满足定域性时，测量 X 才能告诉我们 Y 的属性。如果测量 X 导致 Y 的属性发生改变，那么 EPR 的论证就不成立。当然，与"鬼魅般的超距作用"相比，定域性更受直觉青睐。但新理论不得不涉及量子力学，因为量子力学是可行的。

隐变量理论认为，是粒子的某些未知属性，才导致了实验中的概率性结果。比如，每个放射性粒子有个隐藏的闹钟来决定具体何时将发生衰变。因此它从本质上讲仍是确定性的。然而，这些粒子的总体效果只允许人们去计算观测到的粒子的平均寿命，只能得到特定粒子衰变的概率。

为了检验EPR的论证，约翰·贝尔——受到理论物理学家大卫·玻姆（David Bohm）和爱因斯坦的后续论证的影响——设计了一个实验装置。这个装置可以判断下列两种说法何者为真：（1）经典法则和观念同样适用于量子世界；（2）真正的量子力学具有内在的不确定性，否认不同测量间动量、位置等属性的存在。

贝尔提出的方案与EPR有相似之处。电子从一个放射源射出并朝着相反的方向飞去，打在探测器1和探测器2上，如图30所示。在离开放射源之前，两个电子处于纠缠态，此时它们的自旋加起来必定等于零（这是一个简化的假设；任何总自旋的值都可以，但两粒子总的净自旋为一个确定的值即是我们所说的相关纠缠），但单个粒子的自旋是没有预定的特殊值的。另一种表述的方式是，一个电子可以是自旋向上，这里"上"意味着自旋的方向垂直于运动的方向（以便简化），然后另一个电子将必须沿着同一个方向自旋向下。

我们的探测器是特殊的，上面有一个拨盘，我们可以沿着三个相互垂直的方向中的一个测量电子的自旋，要么是"上"，要么是"下"（见图31）。测量自旋的方向分别为"A位置"$\theta = 0$（垂直），"B位置"$\theta = 10°$，"C位置"$\theta = 20°$，其中，θ是自旋方向与垂直线的夹角。这些探测器的初始设定可以为：探测器1在A位置，探测器2在B位置，等等。然后我们开始试验，比方说，一百万次放射性衰变。我们统计在探测器1中自旋"上"的电子数量和探测器2中自旋"下"的电子数量。接下来我们改变设定，重复试验，把探测器2放到B位置、C位置，等等。我们尝试所有的设定组合来重复试验，然后统计每个设定中百万次衰变的事件数量。最后我们比较每次设定的结果。是不是很简单？

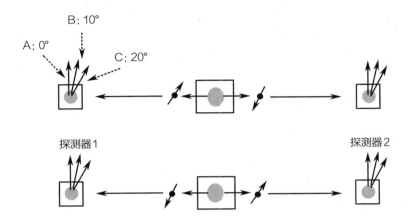

图31：贝尔实验。沿着三个角度0°、10°或20°观测电子是自旋向上还是自旋向下。常识性的（经典的）逻辑暗示，当我们以不同的设定重复实验后，在探测器1中自旋向上、在探测器2中相对10°自旋向上的电子数量，加上在探测器1中相对10°自旋向上、在探测器2中相对20°自旋向上的电子数量，一定会超过在探测器1中自旋向上、在探测器2中相对20°自旋向上的电子数量。当我们真的做这个实验时，却违背了这个结果。然而，我们得到的结果与量子理论是一致的。贝尔展示了量子理论是如何违背经典"常识性"逻辑的。这个效应完全来自纠缠。

约翰·贝尔已经成功推导出一个"常识性"的预测，即如果自然遵循任何一种服从定域性原理的隐变量理论时，将会发生什么。例如，在探测器1和2之间没有信号来回传递，在探测器1上探测到的粒子的一切都是由探测器1上的粒子决定的，而不是某个遥远的物体。

他对这些经典理论的最初假设是如此稳便，以至于几乎所有不了解量子物理悖论的人都肯定会押上一大笔钱，赌它们永远正确。然而，量子理论的预测生动且明显地违背了这些常识性的假设。

利昂：据说我们的教育制度不鼓励学生进行理性论证。但我有信心，读者能够完成本章的挑战，就像很多年前我的妈妈报名参加一个社区大学夜间的普通物理课程一样。她从来没有完成过高中学业，现在年纪大了却做得出乎意料地好，事实上她已经通过两次考试了。一天，当她被叫起来后，老师问："我在《纽约时报》上读到一些关于诺贝尔物理学奖得主利昂·莱德曼的事。你和他有关系吗？"

"他是我的儿子！"妈妈骄傲地说。

"噢，难怪你在物理上这么出色！"

"不，"妈妈回答，"应该是难怪他这么出色！"

贝尔实验的解释

让我们看看贝尔1965年的思想实验，约翰·贝尔期待未来有一天能够实现（实际实验完成于20世纪70年代末）。[10] 但首先，让我们去当地热带水族馆一游。

我们先看看热带水族馆中的几大类鱼。很快我们注意到，这些鱼要么为红色，要么为蓝色，只能是两种颜色中的一种。从逻辑的角度，这是一种"二元逻辑"，鱼要么是"蓝的"，要么是"非蓝的"，而"非蓝的"就是"红的"，"非红的"就是"蓝的"（类比于自旋向上和自旋向下）。不久我们进一步注意到，每条鱼除了有蓝色或红色，还有大或小。再之后，还可以分为有斑点或无斑点。所以每条鱼实际上有三组二元属性：红或蓝、大或小、有斑点或无斑点。"大鱼的反面"是"小鱼"，"斑点鱼"的反面是"没有斑点的鱼"。

现在有一个看似简单但又非常神奇的定理。以下的陈述适用于具有任意数量这种鱼的任意水族馆：[11]

红色的小鱼的数量，加上有斑点的大鱼的数量，总是大于等于红色有斑点的鱼的数量。

倒回去反复读几遍。有点微妙，但确实很简单。你可以讲给你的同学或朋友，或者把它作为一个小把戏。（用夏洛克·福尔摩斯式的方法很容易就能推出来。）

现在让我们引入一个符号"N（X，非Y）"，它的意思是"在一组对象中，具有属性X并且不具有属性Y的对象的个数"。用这种方法，可以对文字陈述进行简化。

$$N（A，非B）+N（B，非C）\geqslant N（A，非C）$$

即"具有属性A而不具有属性B的对象个数，加上具有属性B而不具有属性C的对象个数，总是大于等于具有属性A而不具有属性C的对象个数"。

在约翰·贝尔之后，我们现在用一种物理上合理的方式将这一逻辑表述应用到我们的量子力学实验中。我们再次考虑某些粒子的放射性衰变（放射源），它产生两个全同粒子，动量和自旋相反，如图31所示。这两个粒子是背对背运动的，总自旋为零，形成了一个纠缠态。根据角动量守恒，如果探测器1中检测到的粒子自旋向上，那么探测器2中的粒子必定自旋向下，反之亦然。

如果离开的状态实际上不是纠缠态，就像经典物理一样，它们将会有"探测器1，向上；探测器2，向下"或"探测器2，向上；探测器1，向下"的形式。角动量守恒要求这个状态的总的自旋角动量为零。这样的要求在量子态中是纠缠的，它会有如下形式：

（探测器1，向上；探测器2，向下）—（探测器2，向上；探测器1，向下）

（这里的负号实际上与这对粒子的净自旋角动量有关，这里我们取了0；这个负号不是必需的，但它是能做的最简单的假设。）

现在，回顾我们的探测器做了什么。它们能够沿着相对于垂直方向的三个可能角度测量自旋："位置A"，角度 $\theta=0$（垂直）；"位置B"，角度 $\theta=10°$；"位置C"，角度 $\theta=20°$。所以对每个探测器进行三种设定后，我们能得到的所有逻辑可能性如下：

"A"=自旋向上，沿着 $\theta=0$ 方向；

"非A"＝自旋向下，沿着 $\theta = 0$ 方向；

"B"＝自旋向上，沿着 $\theta = 10°$ 方向；

"非B"＝自旋向下，沿着 $\theta = 10°$ 方向；

"C"＝自旋向上，沿着 $\theta = 20°$ 方向；

"非C"＝自旋向下，沿着 $\theta = 20°$ 方向。

注意，我们将"B"定义为B位置上的自旋向上，"非B"为B位置上的自旋向下。

假如我们把探测器1设定到位置A，再把探测器2设定到位置A，最后我们开始实验。在采集了很多事件之后将得到一个数据流。

探测器1（A）：　1　　1－1　　1－1－1－1　1　1－1－1－1　1－1…

探测器2（A）：－1　－1　1　－1　1　1　1－1－1　1　1　1－1　1…

每个＋1是探测器中的一次自旋向上的测量，每个－1是一次自旋向下的测量。注意当每个探测器都设置到A位置时，这里存在着非常明显的相关性：如果探测器1测量到自旋向上，即1，那么探测器2一定测量到自旋向下，即－1。又看到了我们的"老朋友"，角动量守恒。如果我们同时把两个探测器设定到B位置或C位置的话，结果也一样。这个结果对纠缠和未纠缠的情况都是对的。

然而，假设我们把探测器1设定到A位置的同时把探测器2设定到B位置，重复这个实验，这时我们可能会得到下面这个稍微不一样的数据流：

探测器1（A）：　1－1　1　1－1　1－1－1　1　1－1　1　1－1

探测器2（B）：－1　1－1　1　1　1　1－1－1　1　1－1－1

注意，相关性并不像之前那样完美了。有时候我们在探测器1得到自旋向上，同时在探测器2也得到自旋向上。之所以会这样，是因为：沿着垂直方向自旋向上的纯态，不是沿着另一倾斜了10°的方向的自旋向上的纯态。稍微转动到B位置的探测器2，我们在测量自旋时干扰了粒子的量子态。然而，按照定域性原理，干扰应该只能影响在探测器中的粒子，没有办法与另一个探测器中的粒子发生关联。

我们把这个放射性衰变实验重复一百万次，然后统计预设在 A 位置（$\theta=0$）的探测器 1 中自旋向上的粒子数，同时也统计预设在 B 位置（$\theta=10°$）的探测器 2 中的自旋向上的粒子数。注意，根据角动量守恒定律，探测器 2 中自旋向上的粒子数应该与探测器 1 中自旋向下的粒子数相同。所以我们实际测量的东西，以探测器 1 为例，是 N（A，非 B）。例如我们发现，在一百万次衰变中有：

N（A，非 B）＝ N（1，自旋向上 $\theta=0$；2，自旋向上 $\theta=10°$）＝ 101 次事件

然后，我们再一次把这个实验重复一百万次，测量角度 $\theta=10°$ 的探测器 1 中自旋向上的粒子数，同时测量角度 $\theta=20°$ 的探测器 2 中自旋向上的粒子数，有：

N（B；非 C）＝ N（1，自旋向上 $\theta=10°$；2，自旋向上 $\theta=20°$）＝ 84 次事件

接着，我们再一次把这个实验重复一百万次，统计探测器 1（$\theta=0$）中自旋向上的粒子数，同时统计探测器 2（$\theta=20°$）中自旋向上的粒子数，有：

N（A；非 C）＝ N（1，自旋向上 $\theta=0$；2，自旋向上 $\theta=20°$）＝ 372 次事件

我们简单的逻辑假设（"贝尔不等式"）

$$N（A，非 B）＋N（B，非 C）\geqslant N（A，非 C）$$

对应于

N（1，自旋向上 $\theta=0$；2，自旋向上 $\theta=10°$）＋ N（1，自旋向上 $\theta=10°$；2，自旋向上 $\theta=20°$）$\geqslant$ N（1，自旋向上 $\theta=0$；2，自旋向上 $\theta=20°$）

但这个实验告诉了我们什么呢？量子力学符合这个简单的逻辑假设吗？

通过实验数据，我们得到：$101＋84＝185 \geqslant 372$。这显然违背了贝尔不等式。考虑了统计误差之后，这个信号事件次数为

$$187 \pm 25$$

这意味着，在统计学意义上，实验结果明显违背贝尔不等式。按统计学的说法，这是一个很好的测量结果，如果我们重复更多次放射性衰变的话，还能做得更

好。这意味着，我们可以自信地说，量子理论违背了贝尔不等式。

我们得到什么结论？量子物理并不遵循水族馆那套简单的经典逻辑。纠缠正是造成违背不等式的原因。然而，尽管违背了贝尔不等式，量子理论却正确地预测了观察到的结果。

贝尔定理发表于1964年，几乎在EPR论文发表的三十年后。这段时间以来，EPR佯谬已经被最聪明的人不知疲倦地讨论了无数次，然而没有人曾想到以这种方式来研究。这正好是爱因斯坦乐于去设计的那种对量子力学的挑战。实际上，贝尔不但重新审视了爱因斯坦先前的研究，还探讨了玻恩和大卫·玻姆（量子理论的替代理论的作者之一）的后续工作。

在最初的这篇论文之后，许多不同版本的贝尔定理在这十余年间被发表。然后，在1979年左右那段活跃时期，实验出现了。实验证实了量子理论的有效性和纠缠的存在。考虑到量子理论的大获成功，这并不令人惊讶。然而，经典逻辑如今似乎被撼动了。这个结果向许多物理学家（以及哲学家！）表明，确实存在非定域效应：在探测器1上的测量似乎引起了探测器2上的瞬时变化。这与经典物理的预言大相径庭，却与量子理论颇为相符。贝尔证明了经典隐变量理论在原则上无法解释量子行为。

贝尔定理的进一步论证排除了任何（定域）隐变量——爱因斯坦等人曾寄希望于此，希望用隐变量来解释量子理论的概率性质，保住那个经典的决定论体系。后续的实验证明了1和2之间幽灵般的通信只有在事物真的被测量时才能发生，而不是在测量装置被设置好的时候。

这种非定域的、瞬时的通信并没有违背狭义相对论（信息的传递速度不能超过光速）。分析表明，1和2之间这个幽灵般的通信没有传递给2上的观测者任何可用的信息。因此贝尔不等式实验进一步证明，量子科学与相对论能够和平共处。

玻尔应该会高兴吧。毕竟，他的想法是，两个曾经有过相互作用的系统，会永远联结成"一个纠缠的系统"。玻尔认为，把 A 和 B 当作分立的存在是错误的，纵使两者相距光年之遥。贝尔似乎已经证明了玻尔是正确的。

非定域性和隐变量

简言之，贝尔别有慧心，他第一个通过实验区分了量子理论的预言和经典决定论的另一种诠释（如前所述，后面的许多种诠释都涉及了隐变量，并且只有在对这些隐变量求平均时看起来才像概率性的）。

贝尔真正的突破是在爱因斯坦最关心的一个问题上，即 EPR 论文所诘难的"鬼魅般的超距作用"。如果 A 和 B 是相关联的，那么对 A 的任何测量都会影响到 B 的轨迹，这一事实以一种让爱因斯坦（以及我们当中的大多数）最不安的方式"解释了"EPR 实验。贝尔怀疑，并事后证明，事实上所有的隐变量理论——无论它被构造得怎样符合量子理论——必定是非定域的。他构想了一个现实可行的实验，将真正的量子理论和服从定域性并能模拟量子科学结果的隐变量理论进行区分。对物体 a 的测量，确实能够对物体 b 的测量产生某种瞬时的影响，即便二者相距遥远。基于此，贝尔定理解决了 EPR 佯谬，将令人震惊的解释与寻常的经典解释区分开来。在后者中，我们只是对 b 状态的认识有所变化。这直接关系到波函数的意义，贝尔定理的后续实验证明，波函数坍缩是一个真实发生的物理过程，系统的状态由此才得以确定。

假设我们把一个电子放在一个盒子里，然后在盒子里滑动一面隔层，把盒子分成两半。我们把两个部分分开，但不知道电子位于哪一部分。现在我们把其中一个运送到月球上的一个空间站，把另一个留在新泽西。在月球上找到电子的概率为 50%，在新泽西找到电子的概率也是 50%。接下来，我们打开新泽西的盒子，发现电子在这里。于是，波函数立即坍缩为 100% 的概率，也就是说，在新泽西找到电子是确定无疑的。在不接触月球上的盒子的情况下，我们就已知那里没有电子。这种超距作用，或者说非定域性作用，正是贝尔寻求实验证明的——但不是用月球空间站。问题在于，波函数是否为一个真实的物理量？如果它是（爱因斯坦所深信的），那么非定域性就是必不可少的。

约翰·贝尔于1990年去世。他是一个谦逊低调的人，生前经常穿着充满破洞的毛衣，即使他的名气早已远远传播到了物理世界之外。[12] 令人困惑的非定域性学说使他（和他的定理）在"新纪元运动"（New Age）的一些时髦人群中闻名，他们得出结论说，这证明了一切都是相互关联的，在某种程度上正应了那句流行语：愿原力与你同在（May the force be with you）。贝尔否认了这种说法，他只确信他的定理意味着我们还没有真正理解正在发生的事情。他曾受邀在艾奥瓦州的玛赫西国际大学度过了一个愉快的周末，在那里他非常恭敬地告诉邀请者，他的计算不一定与上帝有关。

那么，世界到底是怎样的

这一章我们专门讨论了量子物理学中最神秘的一个方面。假如微观世界是一颗新行星，服从新的自然法则，这就足以令人震惊，因为它将削弱我们对所有科学技术的理解和控制，正是由于这些技术，我们（至少是我们中的一部分人）才变得富有和强大。但更令人不安的是，到了棒球和行星的领域，微观世界中独特的自然法则又必须屈服于呆板的牛顿定律。

所有我们知道的力，万有引力、电磁力、强力和弱力，都是定域的力。当施力物体远离时，力就会变弱；它们的传播速度受到光速的极大限制。然后，贝尔先生出现了，迫使我们考虑一种新的、非定域的影响，这种影响会瞬间传播，不会随着距离的增加而减弱。他首先假设这种影响不存在，然后通过一系列的逻辑推导发现他的假设与实验结果相矛盾。

这迫使我们接受这些诡异的非定域性超距作用了吗？是的，我们接受了，带着一种哲学的困惑。越是深刻地认识到世界与我们日常经验的差异，越是不可避免地使我们的思维产生了微妙变化。在过去 80 年中，量子物理学和当年的牛顿物理学、麦克斯韦物理学一样，在实际应用中创造了巨大的成功。当然，现在我们已经触及一个更深的层次，因为量子科学是我们所有科学的基础（经典物理学被视为一种近似），并成功地描述了原子、原子核和亚核粒子（夸克和轻子）的行为，以及分子、固体的结构、宇宙的诞生（量子宇宙学）、生物大分子——当前生物技术的热门，也许还包括人类的意识。它给了我们这一切，但哲学和概念问题困扰着我们，内心的不安和巨大的期望交织在一起。

利昂：绝美产生于恐怖与奇诡之中。过去如此，将来也是如此。（我说的。）艺术之美来源于想象，科学之美来源于对自然的洞察。你不必是一个量子物理学家，也可以对远离城市灯光的冬季夜空惊叹不已，对从艾奥瓦州一侧看到的峥嵘崔嵬的提顿山脉（本书写作于此）感到讶异。虽然今年的天气出奇地炎热干燥，但野生的楼斗菜、飞燕草、雪绒花和鲁冰花争奇斗艳，各种浆果也从未如此丰富甘美。我们所有人都能感受到大自然的这种面貌，但很少有人能够瞥见世界上无形的秩序，在那里，量子科学统治着我们，神秘莫测，召唤我们进行最后的征服，或者（可能）走向无尽的隐秘领域。

幸运的是，我们物理学家生来是坚韧的，很少有人在领略约翰·贝尔的那一片奇景之后真的需要服用镇定剂。

第 8 章

现代量子物理学

在前几章中，我们追溯了 20 世纪量子物理学天才们的奋斗历程。在这段旅程中，我们回顾了基本概念的发展，这对于那些熟悉经典物理学的人来说，是颠覆性的和反直觉的。有的物理学家对量子理论的某些基础性问题尚存疑问，例如哥本哈根解释的有效性和局限性（有些物理学家至今仍在挑战和检验它们）。然而，大多数科学家意识到，他们现在拥有一个强大的新工具来理解原子和亚原子世界。他们接受并运用新的物理学，即使这并不符合他们的哲学趣味，他们创造了新的物理学分支学科，这些学科一直延续至今。

这些从根本上改变了我们的生活方式和我们对宇宙的理解，尤其是我们自身的能力界限。下次你或你的家人躺在医院的核磁共振扫描仪（我们希望这永远不会发生）里时，伴随着"嗡嗡"声，你的身体器官的详细图像便出现在了控制室的显示屏上，你被量子理论的各种应用所包围，超导、核自旋、半导体、量子电动力学、量子材料、量子化学，等等。事实上，当进行核磁共振扫描时，你就在亲身参与一个 EPR 实验。如果医生要求进行 PET 扫描（正电子发射断层扫描），那么你或你的家人就会被注入一定剂量的反物质！

在哥本哈根学派的基础之上，量子物理后来的进一步发展包括，利用既定的量子理论法则去解决诸多具体而实际的新问题，或过去难以处理的老问题。科学家现在专注于：是什么决定了材料的性质？材料是如何发生相变的，比如，从固相到液相、气相或者是别的相（如加热或冷却时的磁性相变）？是什么决定了材料的电性质，即为什么一些材料是电的良导体而另一些是绝缘体？这些问题在很大程度上属于凝聚态物理领域，其中大多数都可以用薛定谔方程来解答——尽管在此过程中已经发展出了更新、更复杂的数学方法。这种新的数学和概念工具的发展，正是晶体管和激光等复杂新器物的来源，并由此产生了我们今天的数字信息技术世界。

由量子电子学和凝聚态物理学产生或推动的数万亿美元经济，在很大程度上并不依赖于爱因斯坦的狭义相对论，而只需简单的"非相对论"，这意味着它们涉及的速度远低于光速。薛定谔方程是非相对论性的，在电子和原子的运动速度远小于光速的情况下，能够提供一种精确的近似。对于原子中具有化学活性的外层电子、化学键中的电子以及在材料中运动的电子，假设它们的速度远小于光速，也能够得到一个很好的近似。[1]

然而，仍然存在许多具有挑战性的问题。例如，是什么把原子核固定在一起？什么是自然的基本构成单元，或者说，什么是基本粒子？我们如何将狭义相对论纳入量子理论的范畴？在这里，我们将超越材料中的低速系统，进入高速领域。为了探讨核物理的相关问题，如核裂变和核聚变中质量如何转化成能量，我们确实需要一种速度接近光速情况下的量子物理学。这就把我们带进了爱因斯坦狭义相对论的核心领域。一旦我们理解其原理，我们就可以接着研究更复杂、更高深的广义相对论。其中最基本的问题，直到第二次世界大战后才得到解决，这个问题是，相对论性电子与光子的相互作用究竟是怎么回事。

量子物理与相对论的联姻

爱因斯坦狭义相对论是物理学中相对运动的正确表述，包括接近光速的相对运动。它是关于物理定律对称性的基本陈述，对理解所有粒子的运动有着深远的影响。[2] 爱因斯坦推导出了能量和动量之间的基本关系，这种关系与牛顿经典理论所描述的完全不同。正是这种思想上的创新，将量子力学的行为重塑进了相对论形式。[3]

那么问题来了：狭义相对论与量子理论结合在一起时会发生什么？答案是：一些更令人难以置信的东西。

$E = mc^2$

我们都看到过这个著名的方程：$E = mc^2$。它经常出现在T恤、电视剧片头（如《迷离时空》，*Twilight Zone*）、企业商标、商业产品以及无数《纽约客》（*New Yorker*）的卡通上。在我们今天的文化中，$E = mc^2$ 已经成了一个象征着"聪明"的符号。然而，我们在电视上很少能听到关于它的意思的正确解释。通常他们说什么"这意味着质量等价于能量"，错！质量和能量事实上是两种完全不同的东西。比如说，光子就没有质量，但却可以有能量。

事实上，$E = mc^2$ 的意义是相当严格的，从字面讲："一个质量 m 的静止粒子也包括了一份 $E = mc^2$ 的能量。"所以一个重粒子原则上可以自发地转变（或"衰变"）成更轻的粒子，同时产生能量。[4] 这就是为什么核裂变，即不稳定的重原子核自发地分裂为更轻的原子核（比如铀235）裂变，能够产生大量能量。同样，轻核（比如氘）可以通过核聚变的过程结合形成氦，并释放出大量的能量。这之所以能够发生，是因为氦核的质量要比两个氘核的质量之和更小。因此，当两个氘核碰在一起形成氦的时候，会有能量被释放。在爱因斯坦的狭义相对论之前，这些能量转换过程不为人们所理解；而事实上，太阳的光芒、地球上的生命以及所有的诗歌和美丽——不论任何存在，全都归因于此。

但如果一个物体正在运动，那这个著名的 $E = mc^2$ 的公式就应该被修改。爱因斯坦也知道这个，所以事实上他已经给了我们完整的公式。[5] 下面这个是爱因斯坦真正说的，对一个静止的粒子（一个具有零动量的粒子）我们的公式不是 $E = mc^2$，而是

$$E^2 = m^2c^4$$

这可能看起来没啥区别，但其实却有很大的不同，我们马上就会看到。为了得到粒子的能量，我们必须同时对公式两边进行开方，然后我们将得到一个解：$E = mc^2$。但是，我们可以得到更多！

记住一个简单的数学事实：每个数都有两个平方根。比如说，数字4有两个平方根，2和−2，后一个是−2，因为我们知道 $2 \times 2 = 4$，我们也知道（−2）×（−2）= 4（两个负数乘到一起就成了正数）。正数的第二个平方根是个负数。所以我们必须保留并理解两个解：$E = mc^2$ 和 $E = -mc^2$。

那么，这里有个难题：我们怎么知道从爱因斯坦公式中推出来的能量就应该是个正数呢？是哪一个平方根呢？自然怎么知道选哪一个呢？

最初人们并不是特别担心这一点。这看起来像一个愚蠢或者毫无意义的问题。鸡尾酒会上的老油条们调侃道："当然了，所有事物必须有零或者正的能量！一个粒子有负能量是多么荒谬的一件事！我们去考虑这个是不是太无聊了？"他们太忙于搬弄薛定谔方程，而这仅仅适用于缓慢移动的电子、原子、分子和块材。这个问题从来没有在非相对论性薛定谔方程中出现过，在那里运动粒子的动能总是正数。常识告诉我们，总能量，尤其是一个带质量的静止粒子，应该是 mc^2，永远为正。因此，在狭义相对论诞生后的初期，物理学家们干脆拒绝讨论这个负的平方根，说它是"假"的，"它没有描述任何物理粒子"。

但是，假设存在这样的负能量粒子，其平方根为负呢？这些粒子会有负的静能量 $-mc^2$。如果它们在运动，它们的负能量就成为一个很大的负物理量。也就是说，它们将失去能量，并且，随着动量的增加，能量将越来越负。[6]

它们通过撞击别的粒子或者发射光子连续地失去能量，并且速度在这个过程中不断增加（趋近于光速！），能量变得越来越负，永无止境。最终，这个粒子将具有无限大的负能量，落入负能量的无尽深渊之中。这种古怪粒子将充满宇宙，它们在越陷越深的过程中不断地辐射出能量。[7]

平方根的世纪

很值得一提的是，在20世纪，整个物理学的推动力本质上是一个"取平方根"的问题。反过来看，量子物理是一个构造"概率的平方根理论"的问题——波函数的平方是某时刻在某位置发现粒子的概率。

当我们取某个数字的平方根时，奇怪的事情发生了。例如，我们也许能够得到虚数或复数。事实上，量子理论中很多古怪的事情，都与一个声名狼藉的负数平方根 $i=\sqrt{-1}$ 有关。平方根是量子理论的基础，量子理论生来注定无法摆脱与i的瓜葛。但我们也遇到了其他古怪的事情，比如说"纠缠"和"混合态"。也有一些"例外"——阐明一种基于概率平方根的理论所导致的结果——允许我们在计算整体的平方之前，先加上（或减去）各部分的平方根，这样之后可以互相抵消，从而产生了干涉的现象，就像我们在杨氏实验中所看到的。大自然的这些古怪性质，简直就像早期文明看到 $i=\sqrt{-1}$ 一样违背直觉。回想一下，希腊人最初甚至对无理数都感到困惑，据说毕达哥拉斯学派曾溺死一个学生，因为他证明 $\sqrt{2}$ 是一个无理数，不能写作两个整数之比。尽管希腊人到欧几里得那时最终接受了无理数，但他们从未认识到虚数，至少就我们所知是如此。

20世纪另一个令人震惊的物理成果——电子自旋的概念，用旋量来描述（见附录中的自旋部分）——同样与平方根有关。旋量是矢量的平方根。矢量就像空间中的箭头，既有方向也有长度，例如物体的速度就是一个矢量。有方向的事物的平方根，这是一个奇怪的概念，有着奇怪的含义。当我们将一个旋量旋转360°时，它会变成自己的负数。如此一来，交换两个全同的自旋为1/2的电子的位置，电子的波函数符号必定发生改变：$\Psi(x, y) = -\Psi(x, y)$。泡利不相容原理由下述事实得出：两个全同的自旋为1/2的粒子（自旋为1/2意味着它们的自旋角动量由一个自旋子描述）不能处于相同的状态，否则波函数必须为零。回想一下，我们可以让两个电子处于相同的运动状态（如一个原子轨道），一个电子自旋向上，而另一个电子自旋向下，就像在氦原子中一样。如果再来一个电子的话，它就只能进入另一个轨道了，因为我们永远不能把两个自旋向上的电子放到同一个轨道上。因此，自旋为1/2的粒子之间存在一种等效的排斥力，因为它们拒绝被挤进同一量子态（包含空间和时间的同一位置）。泡利不相容原理在很大程度上决定了元素周期表，而且它源于这样一个令人震惊的事实：电子是由矢量的平方根（又名旋量）描述的。

现在，伴随着爱因斯坦新的能量动量关系，我们遇到了20世纪的另一个平方根。物理学家起初以为，在研究粒子（比如光子或介子）的能量时，简单地忽略负能量状态是没有问题的。介子是一种没有自旋的粒子，光子的自旋为1，对一个介子或光子来说能量总是正的。下一步是构造一种自旋1/2的理论，从而实现与爱因斯坦狭义相对论的结合。那么我们必须与负能量态面对面了。此时，我们遇见了20世纪物理学中最受尊敬的人物之一。

保罗·狄拉克

保罗·狄拉克是量子理论的杰出人物之一。首先，狄拉克写了一本关于量子物理学的书，叫作《量子力学原理》，这本书成了这门学科的标准参考书。[8]这是哥本哈根学派思想完美的权威著述，给出了薛定谔波函数方程与海森堡矩阵公式之间的相互关系。（我们愿将这本书推荐给任何想要深入研究的人，尽管它需要良好的物理学本科基础。）

狄拉克的原创性贡献对20世纪量子物理学的发展居功至伟。他特别考虑了"磁荷"的理论可能性。麦克斯韦的电动力学理论中没有磁单极子（磁场的点源），磁场只有移动的电荷产生。但狄拉克发现，在量子理论中，磁单极子的磁荷与电子的电荷并不是独立的，而是呈负相关。狄拉克关于单极子的理论研究将量子物理学与数学中拓扑学的新生领域结合在一起。狄拉克的磁单极子对数学本身产生了重大影响，并在许多方面超前地运用了后来弦论中的思考方式和对象。然而，或许狄拉克带来的最深刻的基础物理学突破是，他把电子（由旋量描述）与爱因斯坦的狭义相对论结合起来了。

1926年，年轻的保罗·狄拉克在寻找描述自旋1/2电子的新方程，其不仅可以超越薛定谔方程，而且能够与爱因斯坦狭义相对论相结合。要做到这一点，他需要旋量（矢量的平方根），还需要电子具有质量。但为了让这个方程与相对论协调一致，他发现，一个普通的非相对论性电子要有双份的旋量部分（也就是说，每个电子有两个旋量）。

基本上，旋量就是一对复数，其中一个表示自旋向上的可能性，另一个表示自旋向下的可能性。和通常一样，这些数的平方就是自旋向上或向下的概率。从电子的这种描述出发去结合相对论，狄拉克发现他需要四个复数。正如你已经猜到的那样，这个新方程的名字叫作"狄拉克方程"。

问题是，狄拉克方程的确是在最一般的情况下取的平方根。我们从两个初始的旋量分量出发，一个代表自旋向上的电子，一个代表自旋向下的电子，可以证明它们都有正的能量，也就是说，我们得到了 $E^2 = m^2 c^4$ 的正平方根，或作 $E = +mc^2$。但现在根据相对论的要求，两个新的旋量分量取了负的平方根，得到了负的能量 $E = -mc^2$。狄拉克对此无可奈何，这是相对论的对称性要求强加给他的，本质上反映了运动的相对性。这给狄拉克造成了巨大的困难。

事实上，负能量的问题早就深埋在狭义相对论之中，本来就没有办法忽略，只是当狄拉克试图构造电子的量子理论时，问题变得更加突出而已。绝不可以通过简单的忽略来避开负的平方根，相对论性量子力学显然允许电子既有正能量又有负能量。我们可以说负能量电子只是电子的另一种量子态，但这同样会带来一场灾难。这意味着，一般的原子（即使简单如氢原子）、所有的普通物质，都不可能保持稳定。因为具有正能量 mc^2 的电子，可以通过发射能量加起来等于 $2mc^2$ 的光子来变成一个能量为 $-mc^2$ 的负能量电子，然后开始陷入无限大的负能量深渊（粒子动量不断增加，粒子负能量的绝对值越来越大）。[9] 显然，如果负能量态真的存在的话，整个宇宙都不能稳定了。现在这个新的必需的负能量电子态成了最让人头疼的问题。

然而不久，狄拉克就想到了一个解决负能量问题的好主意。如前所述，泡利不相容原理说没有两个电子能够在同一时间处于同一量子态中。也就是说，一旦一个电子有确定的态和自旋，正如在一个原子轨道中那样，这个态就被填满了，再没有电子能够进入（当然，我们要记住一个态中可以有两个电子，一个自旋向上，一个自旋向下）。狄拉克的想法是，真空本身就已被电子填满，它们完全占据了负能量态。全宇宙的所有负能量态都被填满了，每个态都有一个自旋向上和一个自旋向下的电子。于是正能量电子，比如原子中的电子，就不能通过发射光子掉到这些状态了，因为这为泡利不相容原理所禁止。实际上，按照这种构想，真空将成为一个巨大的惰性原子，就像氩原子或氦原子，在任何动量下，其所有可能的负能量态都已经被填满了。

狄拉克关于真空的看法，即所有负能量态都已经被电子占据，似乎给负能量灾难的争论永远地画上了句号。这真是匪夷所思，真空中充满了占据负能量态的电子，但不管怎么说，它让世界稳定下来了，避免落入负能量的深渊。

我们把这种真空图像叫作"狄拉克海"。狄拉克海非但不空，反而是一个被完全填满的"海洋"，比喻无限填满的负能量态（见图 32）。在这个想法最开始

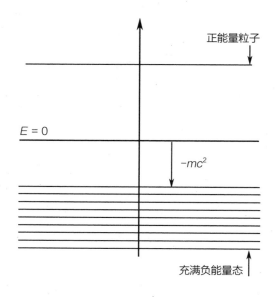

图32：狄拉克海。当相对论与量子理论结合时，所有根据预测被允许的负能量态都被填满了。真空就像一个巨大的惰性原子，比如氖。这意味着正能量电子是稳定的，不会跌落到负能量态。

的时候，狄拉克认为故事就到此为止了，然而……

在狄拉克海中钓鱼

　　狄拉克很快意识到，这个故事还没有结束。他发现，"激发"真空在理论上是可能的。这意味着物理学家能够通过一次碰撞，把一个负能量电子从真空中"拉"出来，就像一个渔夫把鱼从深海中拉进他的船里一样。一般来说，当一个高能伽马射线与真空中的负能量电子碰撞时，什么都不会发生。一个单独的伽马射线撞击一个负能量的电子时，并不能把它从真空中拉出来，因为这样一个过程不能保证公认的物理量守恒，比如动量、能量、角动量。然而，如果还有其他粒子也参与了这次碰撞（比如一个邻近的重原子核，反冲轻微并且能够保证这次碰撞的参与者的总的动量、能量和角动量守恒——我们称之为一个三体碰撞），于是电子就能从狄拉克海中弹射出来进入一个正能量态。然后，伽马射线就能成功地将电子逐出负能量态，并进入正能量态，从而被物理学家的仪器记录下来。

然而，狄拉克意识到这样的碰撞会在真空中留下一个"空穴"。这个空穴代表一个负能量电子的缺失。这实际上意味着这个空穴将有正的能量。同时，这个空穴也代表着一个负电荷的缺失，因此这个空穴相当于一个正电荷的粒子（见图33）。

狄拉克预言了一种无比新奇、无比诡异的存在：反物质。一个

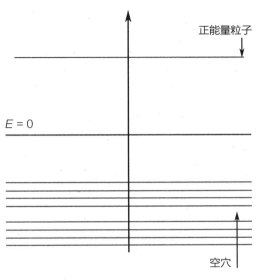

图33：狄拉克海意味着，一个负能量电子可以通过一个光子和一个邻近原子的碰撞从真空中被赶出来。这个留在真空中的空穴代表一个负能量、带负电的粒子的缺失，因此表现为一个正能量、带正电的粒子，它具有跟电子一样的质量。由此，狄拉克预言了正电子，以及电子－正电子对产生的现象。几年后这个正电子由卡尔·安德森在实验中发现。

反粒子就是这个真空中的"空穴"，代表一个负能量粒子的缺失，因此它具有正能量。自然界中的所有粒子都有相应的反粒子。我们把电子的反粒子叫作"正电子"。正电子带有正电荷和正能量，除此以外与电子没有什么不同——尽管它只是一个填满负能量态真空中的一个空穴。根据狭义相对论，这个真空中的空穴在静止时，必须具有一个刚好等于 $E = +mc^2$ 的能量，这里的 m 就是电子的质量。正电子被狄拉克所预言，而且只要量子理论和狭义相对论都成立，它就必然存在。

事实上，狄拉克因为正电子备受困扰。那个时代的理论物理学家们崇尚极简主义，解释问题时避免引入任何无必要的事物。狄拉克起初不喜欢他的正电

子，希望把它强行解释为已知的质子。唉！可是质子比电子要重两千倍，而相对论的对称性要求正电子——消失的负能量电子留在真空中的空穴——必须具有跟电子一样的质量！

正电子随后在1933年卡尔·安德森（Carl Anderson）的一个实验中被发现，由"宇宙射线"（来自太空的高能粒子）产生。宇宙射线在重原子的参与下撞击真空中的负能量电子，产生了一个正电子和一个电子。[10] 制造出来的电子和正电子在云室中被观察到。云室就是一种早期的粒子探测器，它包含着某种气体，比如说氮气、氩气，甚至是带着过饱和水蒸气、酒精蒸气的空气也行。当一个带电粒子穿过云室时，它会留下一条由微小的蒸气粒子形成的轨迹，其尺寸足以被拍摄下来。通常情况下，初始的宇宙射线粒子在穿过一个薄层材料时，会同时撞出一个带负电的电子以及带正电的空穴（正电子）。当一个强磁场作用于云室时，带电粒子的轨迹将会是一条曲线，据此便能够得知云室中的粒子究竟是带正电还是带负电。安德森观察到，电子和正电子在云室中的轨迹是两条不同的曲线，方向正好相反，与数年前狄拉克的预言一致。这个正电子的质量可以被测量，而且的确与电子的质量相同，符合爱因斯坦的狭义相对论。

此类事件证明了反物质的存在，在正电子（反电子）的存在被证实之后不久，质子的反物质也被找到了。今天，所有已知的粒子如夸克、带电轻子、中微子等，都被证实有一个反物质双胞胎兄弟。

反物质的发现是人类历史上最惊人的理论和实验成果之一。当反物质与物质撞在一起后，它们将发生"湮灭"，就像正能量的电子跳回到真空中的空穴那样，通常来说，同时还会发射出伽马射线来保证能量和动量守恒。湮灭能够产生大量的能量（在静止时，电子与正电子湮灭将释放的 $E = 2mc^2$ 能量，直接把两个粒子的静止质能转化为伽马射线）。在物质与反物质的湮灭过程中，粒子仅仅是简单地跳回到狄拉克海中的空穴中，能量被转换为其他低质量的粒子。

在温度极高的宇宙极早期，粒子和反粒子的含量是完全相等的。如果这种完美的对称性一直存在，物质和反物质就会全部湮灭成光子，我们也就不复存在了。出于至今仍属未知的原因，宇宙中没有反物质，而我们好端端地存在着。也就是说，今天有物质，但没有反物质。在早期的宇宙中，物质和反物质的含量由于某种方式产生了微小的不对称。随着宇宙的冷却，大部分物质与反物质湮灭，留下了少量的剩余物质，在今天构成了宇宙中所有的可见物质（包括我们）。物质和反物质之间这种不对称的确切机制至今仍不为人知，它必定存在于尚未被发现的新物理学中。[11]

正电子及其他反粒子，能够从粒子加速器中人工制造出来。反物质是一种有用的商品，并且已经"回本"了。正电子能够从原子核的放射性衰变中自然产生出来，已经投入应用，如医学成像中的正电子发射断层扫描仪（PET）。据估计，由这种纯基础研究的副产品所带来的收入，已经比今天资助粒子物理学的所有花销还要大得多。目前尚不清楚，合成反物质技术未来能否应用到星际飞船的曲率引擎上，但最终很有可能会找到更多的实际用途。在一部故事荒谬且有科学错误的电影中，反物质被用来实现一个阴谋，有人从欧洲核子中心把它偷出，去炸掉梵蒂冈。虽然我们不知道反物质最终"好的"和"现实的"应用是什么，但我们确定有一天政府会在这上面收税。

自然界中，每种粒子都有反粒子，如质子和反质子、中子和反中子、顶夸克和反顶夸克。当我们用费米实验室的万亿电子伏特加速器和欧洲核子研究中心的大型强子对撞机制造顶夸克时，它们是成对出现的——顶夸克和反顶夸克。我们的确是在钓鱼，把负能量的顶夸克从真空的深处拉了出来。这就留下了一个顶夸克空穴（反顶夸克），于是我们看到一对夸克和反夸克出现在我们的探测器中。

粒子物理学家是狄拉克海上的渔夫。他们现在在狄拉克海的深处寻找一种全新的鱼。为此他们已经造了一根巨大的"鱼竿"——瑞士日内瓦的大型强子对撞机。他们会钓到什么呢？

尽管晓月西沉后你隐匿

在那灰白的落潮深处，

来日里的人们也将知悉

我是怎样把渔网抛出，

而你又是怎样无数次地

跃过那些细细的银索，

他们会认为你薄情寡义，

并且狠狠地把你斥责。

——威廉·巴特勒·叶芝《鱼》（1898 年）[12]

狄拉克海的能量问题

新想法通常来自老问题。狄拉克用他的海来解决负能量深渊的问题，最终带来了反物质。但现在，狄拉克海自身开始上升为物理学的一个中心问题。它既要与引力相结合，又要与量子理论相结合。所以我们暂时停下来思考一下。

引力是一种普遍的力，它由任何有质量、能量和动量的物体产生。这三种属性当然存在于每一个充满狄拉克海的（负能量）电子中。事实上，在狄拉克海中，我们显然有无穷多的负能量：如果我们把海洋中每个粒子的负能量加起来，很快就会得到一个极大的负总和。如果我们加到能量值为 $-\Lambda$（Λ 读作"拉姆达"）的任意能级，接着我们会发现，每单位体积的总能量（或真空能量密度）$\rho = -\Lambda^4 / \hbar^3 c^3$（单位体积狄拉克海中的真空能量）。这是一个非常大的（负）数。例如，如果我们选择一个与质子质量相当的能量尺度，以 Λ 为值，其能量密度要比普通的水大一百万万亿倍。这样的能量密度在今天宇宙的任何地方都没有发现。

这是求和运算中的一次"失控"。这就像把所有的负整数加起来一样。

例如：

$$-1-2-3-4-5-6-7-8-9-10-11=-66$$

这些负整数在加到−11时停了下来（类比于−Λ），我们得到的结果是−66。这里我们简单模拟了真空能量密度的计算，计算了狄拉克海中的11个填满的负能量量子态。[13]

所以，为了说明我们做了什么，我们"加到第11个负数，其结果为−66"。如果我们继续，比如加到第100个负数，结果是−5 050；如果我们加到1 000个负数，结果为−500 500。加得越多，能量的值就越"负"。数学家称这个过程为"级数求和"，因为这个求和增长得越来越大，他们说这个级数是"发散的"。

当我们在量子理论中计算某些东西，比如电子和光子的某些性质，我们却得到了发散的结果。虽然几乎所有我们计算的东西都得到了有意义的答案——也就是符合实验的答案——但一小部分则是数学的无稽之谈。正如我们刚刚看到的，当我们计算量子理论中的真空能量密度时，我们得到一个发散级数。如果我们不在某个截点停下来，真空能量密度的结果就会是负无穷，而这显然是无稽之谈。如果真空真有这样的能量密度，我们的宇宙将坍缩成一个无限小的点，一切都粉碎成虚无，包括你、我以及你现在读的这本书。得到这种荒谬答案意味着，某些基础性的东西错了，至少是在我们的理论中被漏掉了。

无论如何，我们的理论还是很好的——它至少正确并戏剧性地预言了反物质的存在！整个"量子电动力学"——量子化的电子与量子化的光子相互作用的理论——给出了几乎所有涉及电子和光子的精确预测。比如说，因为电子带电荷，又有自旋，所以它是一个小磁体。我们计算电子周围磁场的精度能够达到一万亿分之一。这一理论与实验惊人地吻合。这些恼人的无穷大只发生在少数地方，除此之外我们的理论是具有预测性的，且极为成功，所以我们要保留它。我们要问的是，这些无穷大在告诉我们什么？怎样进行修正？

就狄拉克海中负无限的真空能量密度而言，我们至今仍有一个难题。真空能量密度通过引力影响整个宇宙。宇宙的膨胀和大小是由它内部的物质通过能量、质量和动量来控制的。宇宙内部的物质包括真空。从对宇宙膨胀速率的观察可以推断出，也许确实存在一个微小的真空能量密度，但它显然是正的而不是负的，我们称之为"宇宙学常数"。在我们的公式中，它用符号 Λ 表示，对应于一个非常小的截断能，约为 0.01 电子伏特。

但是我们如何计算 Λ 呢？我们的量子理论没有告诉我们 Λ 是什么，更没有告诉我们如何去求。因此，如果我们选择 Λ 对应电子的质量（仅仅是猜测），当然，在这个尺度下量子电动力学是有效的，我们可以预测 Λ 约为 100 万电子伏特。这意味着真空的能量密度是负的，比观测到的要大 10^{32} 倍。理论与实际观测之间差异非常大。

事实上，这个问题与宇宙常数的精确值无关。我们只需要知道宇宙常数比我们"计算"的要小得多。通常物理学家认为，量子电动力学（或类似的标准模型，它包含量子电动力学和所有其他力和粒子、夸克、胶子、中微子及其他类似光子的物体，等等）应该在量子引力的尺度下有效，这个尺度被称为"普朗克尺度"。这是一个质量尺度，通过将牛顿引力常数、普朗克常数、光速结合起来而得到。一般认为这是量子引力开始起作用的能量尺度，在这个尺度上，空间和时间将成为一种量子泡沫，或是由弦组成的量子意大利面。普朗克尺度对应于 $\Lambda \approx 10^{19}$ 吉电子伏特。利用普朗克常数作为截断能，我们预测的宇宙学常数将比我们观测到的大 10^{120} 倍。这通常被称为物理学中最大的谬误！观测到的宇宙学常数和预测的真空能量密度之间的巨大不匹配意味着，在电子和光子的量子理论与引力结合时，某些东西与这种理论非常不一致。会是什么呢？

其中一个是我们在计算真空能量时忽略的光子的影响。光子是一个玻色子，也就是说，它有整数自旋且不受泡利不相容原理的约束（见关于自旋的附录）。因此我们可以认为玻色子没有留在狄拉克海中，但事实是玻色子也有反粒子。但玻色子（整数自旋）和费米子（半整数自旋）的主要差异是更微妙的：

玻色子没有负能量态，玻色子的能量总是正的。[14] 此外，根据量子理论，真空中的玻色子也有发散的真空能量密度，只是其结果都为正。这是因为，本质上量子理论禁止玻色子保持完全不动，它必须总是"颤动"（或者用更现代的说法，"啁啾"）。因此，即便在基态（也就是真空），一个玻色子也有非零的正能量。

所有光子有正的真空能量，电子有负的真空能量。当我们计算电子和光子的真空能量时，我们必须把狄拉克海中电子的负能量与光子的正能量加到一起。结果是我们仍然得到一个净的负值，而且仍是无穷大。所以我们仍然有一个大问题。或许在海中放更多类光子的鱼，我们可以抵消掉电子的负能量？

超对称

但当我们加入了 μ 子、中微子、τ 轻子、夸克、胶子、W 及 Z 玻色子甚至希格斯玻色子之后，真空能量的计算结果只是变得更糟了。这都是自然中的所有已知的粒子。它们中的每一个都贡献了自己的真空能量，费米子是负的，玻色子是正的——结果是不受控制的无穷大。这里缺少的不是更好的计算方法，而是一个新的物理原理，来告诉我们应该怎样计算宇宙的真空能量密度——直到今天，我们还没有这样一个原理。

然而，有一种非凡的对称性，人们可以用它来创造一个"玩具"量子理论，它的确允许我们计算宇宙学常数，并且的确给出了一个合理的数学结果：零！在这种理论中，我们可以直接把费米子和玻色子联系起来，反之亦然。我们通过引入一个虚拟维度来做到这点，这个虚拟维度在现代之前只有刘易斯·卡罗尔*想象得到。这个新维度本身表现得像一个费米子——类似泡利不相容原理，

---

* 　刘易斯·卡罗尔（Lewis Carroll，1832—1898），原名查尔斯·路特维奇·道奇森（Charles Lutwidge Dodgson），英国数学家、作家，《爱丽丝梦游奇境》的作者。

任何超过单独的一步的行为都会被这个维度"不相容"。

一旦我们进入这个维度一步，我们就走完了。（就像把一个电子填入一个状态后，我们不能再填入第二个电子到同一个状态一样。）但当一个玻色子走了这一步，它会变成一个费米子；当一个费米子走了这一步，它会变成玻色子。因此，对量子电动力学来说，如果这样一个古怪的维度可以存在，如果我们像爱丽丝穿过镜子一样在这个维度走了一步，电子就会变成一种玻色子，叫作超电子，光子走了这样的一步会变成一个费米子，叫作光微子。

这一奇异的空间新维度代表了一种我们通过数学发现的新的物理对称性，叫作超对称。[15] 在超对称中，每个费米子都与一个玻色子伙伴相联系，反之亦然。理论中的粒子含量增加了一倍。一个粒子与其超对称伙伴的关系，就类似于一个粒子与其反粒子的关系。你可能已经猜到了，其重大影响是，当我们计算真空能量密度时，我们现在得到的玻色子的正真空能量刚好抵消了费米子的负狄拉克海能量。瞧！宇宙学常数这回等于零了。

那么，超对称能解决真实世界的真空能量问题吗？或许吧，但现在还不是很清楚。问题有两个：第一，我们没有观测到电子的超对称伙伴（一种玻色子）。[16] 另外，有证据表明，自然界具有一个小的正宇宙学常数，而严格的超对称不会产生一个非零值。然而，任何对称性（比如一个完美的黏土球的对称性）都能被"破缺"（用你的拳头压扁黏土球）。物理学家对对称性有着根深蒂固的热爱：严格的数学对称性总是成为我们最珍爱的理论的要素。因此，大多数物理学家都希望自然界确实存在超对称，但一些动力学机制（就像作用于黏土球的拳头）"破缺"了这个超对称，我们只有用新的粒子加速器，比如 LHC，使其能量变得非常高之后才能看到它。超对称的破缺意味着电子和光子的超对称伙伴，即超电子和光微子，是非常重的粒子，在达到足够高的能量 Λ_{SUSY}（SUSY 是超对称的标准缩写）来制造它们之前，我们将无法看到它们。

唉！超对称破缺让真空能量问题又回来了。现在我们发现，真空能量由超

对称破缺的尺度 $\Lambda^4_{\text{SUSY}}/\hbar^3 c^3$ 决定。如果这个尺度接近费米实验室的 Tevatron 或欧洲核子中心的 LHC 的能量尺度——十万亿电子伏特，那么我们仍然有一个大了 10^{56} 倍的真空能量，或宇宙学常数。相对于 10^{120}，这个进步已经不小了，但仍算是一个问题。所以，SUSY 不能帮助我们解决真空能量危机，至少它的最直接应用不能。那么，什么能呢？

全息理论

难道我们的计数方式存在问题？或许狄拉克海中的鱼没有那么多，是我们重复计数了？归根结底，我们的计数允许极小的鱼，也就是波长极短的负能量电子。当我们把这未知的截断能取大时，可以得到非常微小的亚亚核的能量尺度。或许那里真的没有这样微小的态？

在过去的十几年里出现了一个全新的观念，认为科学家们重复计数了狄拉克海的鱼，因为这些鱼不是在一个三维的空间之海——相反，世界是一张全息图。所谓全息图，就是把空间中的一切映射到一个更低维空间的投影。就比如把三维空间中的一切映射到一个二维纸面上。其规则是，无论在三维空间中发生什么，都能够完整地反映在纸面二维世界。所以三维空间并不是像我们计数的那样充满着鱼。简而言之，所有这些负能量态只是幻觉。在全息理论中，空间中只有非常稀少的鱼。事实上，这些鱼它们本身是二维对象。其结果就是，我们得到的真空能量显著减少了，这也许可以解释观测到的微小的宇宙学常数。我们说"也许可以解释"是因为这是一项正在进行中的工作。现在还没有确切的全息理论。

这个新的全息想法来自弦理论的一些发现，据此可以建立起明确的全息链接（最详细和最原始的版本叫作 Maldecena，或 Ads/CFT 对偶）。[17] 所以我们将在下一章回到这个新的全息理论，不管它是不切实际的还是意义深远的，但一般认为它更可能只是一种幻想。

费曼路径求和

一些颗粒同时也是自己的反粒子，我们称之为"自共轭粒子"。例如，光子是自共轭的。π^+介子的反粒子是π^-介子，但π^0介子是自共轭*的，它是自己的反粒子，等等。我们不是说介子总是有正能量吗？如果它们不是狄拉克海中的空穴，又为什么会有反粒子？

反物质是适用于玻色子和费米子的普遍现象。狄拉克海非常生动、形象，它对我们理解费米子很有帮助。理查德·费曼首先发现了另一种，或许是更普适的一种理解它的方式。费曼的方式帮助我们解决了许多围绕在量子物理周围的令人不安的难题，比如EPR佯谬等。当费曼从普林斯顿大学毕业时，他在自己的博士论文中，基于狄拉克的一些观点，用一种全新且惊人有用的方式重述了量子理论。为了欣赏费曼的这次革新，让我们首先回顾一下牛顿的粒子概念以及薛定谔的波函数。

牛顿说，粒子可以由其位置x和时间t所描述，即轨迹函数$x(t)$。粒子的实际轨迹可通过解牛顿运动方程来确定。但薛定谔等人以一种完全不同的方式阐释了量子物理：粒子没有确定的路径，而是由波函数$\Psi(x, t)$描述了粒子的"量子振幅"。这个振幅的平方就是在位置x、时间t发现这个粒子的概率。

然后费曼来了。费曼说，薛定谔方程根本上是对的，但让我们问这样一个更基本的问题：粒子是怎样从某个初始状态（位置为x_0、时间为t_0）变成一个波

---

* 共轭在数学、物理、化学、地理等学科中都有出现。本意：两头牛背上的架子称为轭，轭使两头牛同步行走。共轭即为按一定的规律相配的一对。

函数的呢？费曼的答案是，波函数就是粒子在时间 t 到达 x 的所有可能路径之和。所以我们到底做什么的求和？每个路径包含一个叫作"相位"的数学因子。这个"相位"是关于从位置 x_0、时间 t_0 开始，到位置 x、时间 t 结束的任意给定路径的函数。费曼告诉了我们计算这些相位的规则。通常来说有无穷多个可能的路径，我们必须把每一个的相因子都加起来。不过，我们有成熟的数学手段来处理它。虽然看似艰巨，但实际上在很多时候这种方法能够得到一些非常可控的结果，并且在量子物理中的事物到底是怎么随时间空间变化的这个问题上，它给了我们一个更清晰的图像。[18]

事实上，费曼路径求和直接来自杨氏实验。在著名的双缝干涉实验中，只有两个路径需要加起来：

（1）一个电子从源释放并穿过缝1后到达接收屏的点 x（这样我们得到一个"相位" F_1；费曼告诉了我们怎么去计算这个相因子）；

（2）一个电子从源释放并穿过缝2后到达接收屏的点 x（这样我们得到"相位" F_2）。

于是费曼告诉我们，在接收屏的任一点发现这个电子的振幅正好是 F_1+F_2。这就是薛定谔波函数。概率只是这个量的平方，即 $(F_1+F_2)^2$。如果我们画出相应的概率分布，我们就会看到熟悉的干涉图案（见图17），与杨氏实验完全一致。它之所以成立是因为，对一个随时间和空间运动的粒子，大自然探索了其所有可能的路径，然后把所有这样的路径的振幅加了起来。在进行平方以得到概率的时候，这些振幅互相干涉。

费曼路径求和立即告诉我们，如果我们盖住一个缝，比如说缝2，那么现在电子就只有一条路可以走了，于是振幅就是 F_1。在这种情况下干涉图案完全消失了（见图18）。

费曼路径求和，又叫"路径积分"，也澄清了（至少在某些人心中）EPR实验和贝尔定理。对于EPR实验，当一个放射性粒子衰变成一对自旋向上和向下的粒子，有两种穿过时空的"路径"需要被考虑：一种路径（叫作"A"）是把自旋向上的粒子送到遥远的探测器1，把自旋向下的粒子送到遥远的探测器2；另一种路径（叫作"B"）是把自旋向下的粒子送到遥远的探测器1，把自旋向上的粒子送到遥远的探测器2。每种路径有一个确定的"量子相位"或"量子振幅"。为了得到总振幅，我们把两种路径的振幅加起来（$A + B$）；而这的确就导致了探测时的"纠缠态"。但现在费曼给出了这样一种解释：当我们在探测器1上做一次测量时，我们就知道系统选择的是两种路径的哪一种来穿过时空了。那就是说，如果我们在探测器1中测到自旋向上，那么粒子就取了第一种路径"A"；如果我们在探测器1中测到自旋向下，那么这个粒子就选取了路径"B"。这样看起来就没有令人不安的波函数在空间上的瞬时变化了，因为特别的路径已经包含了在探测器1观测到一个特定结果时探测器2将会发生什么的信息。如此一来，这就变成了经典问题，跟把红、蓝小球寄给地球和参宿七上的朋友一样普通了。

确实，量子物理很棒，让我们起了一身鸡皮疙瘩，因为大自然神秘地探索了所有可能的路径，然后只给出一个带着干涉的总和。但是对路径的时空描述似乎已经消除了让EPR感到困扰的那种诡异观点，人们不用再担心物体的速度会超过光速。所以，从路径求和的观点，我们应该怎么理解反物质呢？

费曼将正能量粒子解释为沿着时间向前的路径运动，另一方面，将负能量粒子解释为沿着时间向后的路径运动。

电子和正电子的产生如图34所示。这里我们看到一个光子在时空中的点（a）产生电子–正电子对。但从路径积分的观点来看，我们看到正能量电子在时间上向前移动，而反粒子已经从未来到达点A！然后在遥远的未来，在时空的某一点B上，电子与正电子碰撞并湮灭成光子。但是从路径积分的观点来看，在时间上向前移动的正能量电子已经掉头，变成了一个在时间上向后移动的负能量粒子（正电子）！

　　费曼被这个困扰到了，据说他曾在深夜打电话给他在普林斯顿大学的论文导师、备受人们尊敬的约翰·惠勒（John Wheeler），宣布在整个宇宙中只有一个电子！费曼认为，这个孤独的电子沿着时间向前传播，然后到了某个地方释放出一个光子并掉头，作为一个负能量粒子（一个反粒子）沿着时间的反向回到过去。而对一个宇宙尽头的外星人来说，这看起来就像一个电子和一个正电子的湮灭事件。然后这个负能量的粒子传播回宇宙的源头，在那里它撞上了一个光子（而对一个在那里的外星人来说这就像一个电子–正电子对的产生事件），然后再一次掉头作为一个正能量的电子回到未来，反反复复。

　　把反物质看作沿着时间回溯的物质，这种看似疯狂的想法有一个更深层次的原因。事实证明，正是粒子在时间中向前移动的量子路径和向后移动的负能量路径之间的平衡，使物理信号成为"因果关系"。也就是说，这可以防止信号

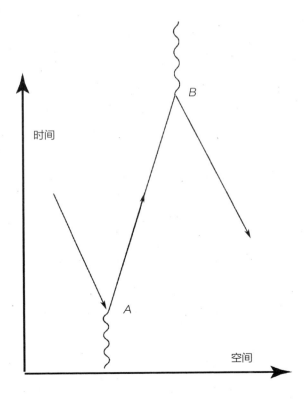

图 34：费曼理论中反物质的产生和湮灭。一个光子在事件 A 与一个来自未来的负能量电子（正能量正电子）撞在一起，然后这个正电子掉头，变成一个电子飞向未来。这对我们来说就像光子产生了一个电子–正电子对一样。在遥远的未来，这个电子发射一个光子然后掉头，变成一个负能量电子（正能量正电子）回到过去。我们观察这一事件就好像一个电子（物质）与一个正电子（反物质）的湮灭一样。

的传播速度超过光速。空间和时间的整体结构——因果关系和相对论——因此交织在量子物理学反物质的存在中。这一切无疑同时包括玻色子和费米子。如果发现粒子与它们的反粒子具有不同的特征，如质量、自旋或电荷（大小），那么路径积分预言信号在原则上可以传播得比光速更快。我们没有看到这种粒子–反粒子差异的证据。

所以，显然我们想知道，这些从未来飞向我们的粒子能够让我们看到并预测未来吗？物理学家说不行，因为反物质的存在，必须严格遵从因果律。信号不能传播得比光速更快，因为这样的信号的所有路径之和为零。这一结果是由反物质的存在带来的，粒子和反粒子之间有着恰好相反的性质。

凝聚态物理

在材料领域，量子理论有着广泛且极具价值的应用。事实上，它在很大程度上让我们第一次了解了物质的状态是什么，它们是如何运作的，同时还有物质的相变以及物质微妙的磁性与电导特性。量子物理不光在解释元素周期表上成果丰硕，在解释日常物质的结构以及促进技术创新上也是如此。它开辟了"量子电子学"这一新领域，让我们的日常生活发生了革命性的变化，而这在一个世纪前是根本无法想象的。让我们专注于这个庞大主题下的一个主要分支，它主要与材料中的电流流动相关。

导带

当原子形成固体后，它们紧密地一个挨着一个地挤在一起。不同原子的最高占据轨道的电子波函数开始混合在一起（而更深层的占据轨道大体上不会在形成固体材料时受到影响）。最高占据轨道的电子开始从一个原子跳到另一个原子。事实上，最高占据轨道失去了它们的单独性，并且不再定域在一个给定原子周围，电子开始在整个材料中游荡。原子的最高占据态混合成了一组供电子运动的扩展态，叫作价带。

　　假设我们有一种晶体材料。晶体可以有许多不同的形式，每种晶体由它的晶格所定义。晶格种类及其特性已经被物理学家分得比较清楚了。[19] 在这些晶体中，刚开始游荡的电子在价带上有着波长非常长的波函数。这些游荡的电子根据泡利不相容原理填充这些态。波长很长的态就像电子在自由空间运动一样，没有来自晶格的干扰。这种态的能量最低，于是最先被填充。接着，这些游荡的电子占据了越来越多的态，直到它们的量子波长与原子之间的距离相当为止。

　　然而，电子被原子晶格的电磁相互作用所散射。晶格就像一个有很多很多缝的杨氏干涉——这些缝是晶格的散射中心，每个原子对应一条缝。因此，电子的运动涉及大量的量子干涉。[20] 这些干涉发生在电子的量子波长与原子间距接近时。电子波长接近这些特定波长（或动量）的态，会发生破坏性的干涉，因此被阻挡。

　　这种干涉导致了固体中电子能级的能带结构的形成。在最低带（充满了最低能量的巡游电子的"价带"）与下一个最高能带之间形成了一个能隙，又叫带隙。材料的导电性取决于能带结构。这使得材料在导电性上有三种截然不同的方式。

　　1. 绝缘体：如果材料的价带被电子完全填满，同时在未填满的更高能量的导带之间有一个大的能隙，那么我们将得到一个电绝缘体。这种材料不导电（像玻璃或塑料）。通常这发生在那些几乎完全填充的原子壳层上，比如卤素和离子型分子或者惰性气体。在这种情况下，因为在价带中没有空间给电子去"游荡"，所以电流无法流动。也就是说，电子要移动，必须跳过巨大的能隙到达导带才行，而这需要很大一份能量。[21]

2. **导体**：如果价带是部分填充的，则电子能够轻易地移动到新的运动状态，这就形成了电的良导体，即电子能够轻易地游荡并传导电流。这通常发生在有很多电子可以离开它们的原子轨道到处去游荡的情况。因此，那些具有未填满的最高轨道的原子通常会贡献出电子来形成化学键，如碱金属和更重的金属元素，它们都是电的良导体。另外，正是这些松散的导带电子对光的散射导致了金属的光泽。随着导带一点点被填满，材料慢慢变成不良导体，一点点趋近绝缘体。

3. **半导体**：如果价带几乎完全填充，或是导带只有相对很少的电子，那么这种材料不能导通太多的电流。然而，如果能隙不是太大，例如3电子伏特或更小，我们可以更容易地把电子提高到导带去。当这种能带结构出现时，我们就得到了半导体。半导体导通电流的边际能力，是它们引人注目的地方：我们可以用不同的方式轻松调节它们的导电性，使之成为一种"电子开关"。

半导体材料通常是晶体，比如硅。半导体的导电性，即传导电流的能力，可以通过添加别的元素，也就是"掺杂杂质"而急剧改变。导带中有很少的电子的半导体叫作"N型半导体"。它们可以通过加入能给价带提供更多电子的原子来调控，因为这样可以让导带的电子变多。有着接近全满的导带的半导体叫作"P型半导体"，它们可以通过掺杂一些能把电子从价带中抓出来的原子来调控。

在P型材料中，我们有一个虚拟的电子缺失，免得填满价带变成完全绝缘体。这个电子的缺失就像我们之前在狄拉克海中遇到的"空穴"（也就是正电子）一样。所以半导体中的空穴也表现得像一个能够传导电流的带正电的粒子。因此，P型材料就是在实验室创造的一个"小狄拉克海"。然而，空穴实际上包括了很多电子的运动，所以它们表现得比一个单独的电子重得多，相比电子是更低效的电流载体。

二极管和晶体管

我们用半导体可以做的最简单装置就是二极管。二极管在一个方向导电良好，但在另一个方向却像绝缘体一样。一般来说，当我们把一个P型半导体与一个N型半导体接触在一起形成一个"P—N结"时，我们就得到了一个二极管。电子可以很容易地从N型半导体的导带穿过连接处跳到P型半导体的价带。这就像狄拉克海中的粒子–反粒子湮灭，但注意，电流只朝一个方向流动。

如果我们尝试去逆转电流的方向，我们发现这是很困难的，因为当我们试图把导带电子从连接处吸出时，P型材料中没有多余的电子来代替它们。于是在二极管中，除非你施加非常大的电压（加大电流通过半导体很容易把它烧坏），否则基本上电流只能单向流动。二极管在很多电子器件的电路设计中发挥了重要作用。

到了1947年，约翰·巴丁（John Bardeen）和沃尔特·布拉顿（Walter Brattain）在威廉·肖克利（William Shockley）的领导下在贝尔实验室制造出了第一个晶体管，称为"点接触型晶体管"。这是二极管的一种推广，是一个半导体材料的三重连接。它允许人们通过变化输入端和一个叫作"基极"的中间材料的电压，来控制流过这个装置的电流。变换前两个材料的电压影响了导带，从而控制第一个和第三个材料之间电流的通过。晶体管可能是人类有史以来最重要的器件，巴丁、布拉顿和肖克利因此获得了1956年的诺贝尔奖。[22]

有利可图的应用

它有什么好处呢？薛定谔的强大方程给出了波函数的计算规则，它起初纯粹是理性的结晶，很少有人能想到用它来运转昂贵的机器甚至推动国民经济的发展。但当它应用于金属、绝缘体和（最有利可图的）半导体时，这个方程让物理学家能够发明开关和控制元件，并最终变成了芯片上那数百万的晶体管。正是它们造就了功能强大的计算机，并使得操控大型设备（如粒子加速器、汽车组装厂、视频游戏、能在恶劣天气降落的飞机）成为可能。

量子革命的另一个成果是无处不在的激光，被广泛应用于超市收银、眼科手术、金属切削和测量，同时也作为一种了解原子和分子结构的工具。激光是一种特殊的"手电筒"，它能发出波长完全相同的光子。

正是薛定谔、海森堡、泡利等物理学家的卓越理论，为我们带来这些技术奇迹。我们可以用好几页篇幅来罗列技术奇迹，但这里只提几个。第一个是扫描隧道显微镜（STM），它的放大率比最好的电子显微镜（顺便说一下，电子显微镜本身也是一个量子发明，基于量子理论描述的电子的波动性质）还要大几千倍。

隧穿效应是典型的量子理论。想象在一张桌子上有一个光滑的小碗，碗内有一个抛光的小钢球在上下滚动。按照牛顿的经典理论，在没有摩擦力的情况下，球将会永远被困在碗里，不断从一边滚到相同高度的另一边。这种现象的量子版本是，一个电子被困在一个带排斥电压的网格墙中，电子必须携带更多的能量才能从中逃出去。就这样，电子会靠近网格，然后被排斥，然后与对面的墙相撞，再被排斥，来回滚动……无休无止？不！在诡异的量子世界里，早晚有一天，这个电子会出现在格子的外面。

你能想象这有多令人不安吗？从经典的观点来看，你会说它从一个神奇的隧道穿出这个墙了，就像金属小球从碗中逃脱，蹦到咖啡桌上一样。薛定谔方程以概率波来解释这个问题，电子在与墙壁的每次碰撞中，都会有一个小的概率穿过这墙壁。它从哪里获得的能量？这不是一个好问题，因为这个方程并没有描述粒子穿过这个不可能之墙的轨迹，而只是描述了粒子在里面和外面的概率。这有些令人不安。在牛顿主义者看来，这可能就像打穿一个隧道。事实上，到20世纪40年代，它大大地普及开来，用来解释一些迄今为止无法解释的核物理现象。部分核确实通过隧穿效应越过了把它们绑在一起的屏障，分裂成了较小的原子核。这就叫裂变，它是核反应堆的基础。

另一个应用了这种奇怪效应的实用设备是一种叫作"约瑟夫森结"的电子开关，以其聪明、古怪的发明者布莱恩·约瑟夫森（Brian Josephson）命名。约瑟夫森结在接近绝对零度的温度下工作，在那种条件下，量子超导展现出奇特的性质。有人称之为超快、超冷、超导量子隧穿数码电子仪！听起来有点像库尔特·冯内古特*的小说，但无论如何，它确实存在，并且能够以好几万亿分之一秒的速度开关电子电流。在高速计算机爆发的年代，开关速度是这场游戏的关键。为什么？计算涉及比特，一个比特要么是0，要么是1。算法将一系列的0和1转换成能够进行加、减、乘、除、积分、微分的数字。所以从开（1）换到关（0）是最基本的一个动作。约瑟夫森结开关做得最好。

量子隧穿也带来了其他的科学突破。量子隧穿应用于显微镜中，让人类得以"看到"单个原子，例如，DNA双螺旋结构中保存的生物遗传信息。扫描隧道显微镜发明于1980年，它不靠显微镜灯中的光（正如许多光学显微镜）来观察物体，也不靠一束电子的概率波（正如电子显微镜）来观察物体，它的主要原理是一个超锐利的探针，这个探针沿着被观察物体的轮廓，小心翼翼地校准盘旋在表面大约一百万分之一英寸之上。这个间隙足够小，以至于电流（来自被扫描物体）可以通过这个间隙的量子隧道，被一个敏感的晶体探测到。一个单个原子的隆起导致的间隙的显著变化会被探针记录下来，并通过软件转换成原子的轮廓。它类似于留声机的唱针（还记得这东西吗？），唱针在唱片的沟槽上移动，在沟槽的结构中读取莫扎特的美妙音乐。

扫描隧道显微镜还可以用于收集单个原子，并将它们沉积在另一个位置，这样一来，我们可以根据特定功能来构建分子，就像组装模型飞机一样。这种

---

* 库尔特·冯内古特（Kurt Vonnegut）：美国小说家，以幽默、讽刺风格见长，代表作有《五号屠宰场》《猫的摇篮》。

新的人造分子，可以是一种耐久的新材料，也可以是一种消灭病毒的药物。它
们的发明者格尔德·本宁（Gerd Benning）和海因里希·罗勒（Heinrich Rohrer）
在IBM瑞士实验室工作，获得了1986年的诺贝尔奖，他们的梦想造就了一个价
值数十亿美元的产业。

　　即将出现的还有另外两种技术：纳米技术和量子计算。两者都是革命性的。
纳米技术指的是非常小的技术，利用这种技术，机械工程中的电机、传感器、
操作仪等都能够缩小到原子和分子尺度去。想想吧，分子大小的小人国工厂。
把任何工厂的尺寸压缩一百万倍，你就能把作业速度增加一百万倍。这意味着
服务业和制造业的量子相关系统可以使用最初级的原材料，也就是原子，以紧
凑高效的小机械，来代替我们那些对环境不友好的工厂。

　　就其本身而言，量子计算（使用量子力学的逻辑系统）能够创造出"一个
非常强大的信息处理系统，它是如此强大，传统的数字计算机与之相比，就像
核能出现之前的火一样"。[23]

第9章

广义相对论与量子力学的结合：
弦理论

爱因斯坦提出了狭义相对论。在这一过程中，他指出了空间和时间的正确对称性。在狭义相对论诞生之前，时空的对称性被认为是平移对称性（在时间和空间中重现一个物理系统）和旋转对称性（在任何方向上重现一个物理系统）。从著名数学家艾米·诺特（Emmy Noether）的工作中，我们知道了这些对称性都与基本的物理原理直接相关：一个系统在时间上的平移对称性——物理定律不随时间改变——导致了能量守恒。一个孤立的物理系统的总能量永不改变；同样，"进入"一个相互作用的粒子们的总能量等于从这个相互作用中"出来"的粒子们的总能量。（空间的平移对称性导致了动量守恒；空间的旋转对称性导致了角动量守恒。）在物理学定律中，时空的旋转和平移对称性至今仍被认为是有效的。[1] 爱因斯坦提出狭义相对论的同时，也正确揭示了运动的对称性。

在爱因斯坦的理论出现之前，在经典物理中也存在着一种"相对性"，叫作"伽利略相对性"。这里的"相对性"，无论两者中的哪个，指的都是：对处于任意运动状态的所有观察者来说，物理学定律都是一样的。[2] 一艘光速飞行的飞船，我们在上面所做的任何实验，如用水煮一个鸡蛋（我们假设具有相同的环境条件，包括温度、压强、施加的热量等，都和地球上的厨房一样），都将用掉和地球上相同的时间。所有适用于"静止系统"的物理定律，也都将适用于"运动系统"。

然而，伽利略相对性也坚持了一个错误的原则：时间是绝对的。也就是说，一个通用的钟可以用来描述整个宇宙中所有观测者看到的所有物理现象，对时间的感知和测量不会随着两个系统之间的相对运动而改变。遵循这一原则，伽利略相对性有一个重要预言（看起来像是一种"常识"）：如果你以速度 v 追逐一束速度为 c 的光，那么你看到光的速度会变为 $c-v$，比静止时要慢。理论上，你可以成为一名追光者，甚至能够赶上并超过光信号。

迈克尔逊（Albert A. Michelson）和莫雷（E. W. Morley）进行了一个非常复杂的实验（至少在那个年代，也就是1887年，可以称得上复杂），试图找到光速因地球围绕太阳公转而产生的变化。这实验取得了一个令人惊讶和疑惑的结果：光速是常数——它从不改变。无论你多快，你永远不能超过一个光信号。高速公路巡警无法赶上以光速行驶的超速者，甚至无法与之接近，因为公路巡警的速度永远不能超过光速。这一发现为20世纪物理学的另一场伟大革命奠定了基础，那就是相对论革命，阿尔伯特·爱因斯坦是这场革命的关键人物。

从哲学角度看，爱因斯坦带来了激动人心的一种转变，即放弃绝对时间的观念，用一种新的原理来代替它。这个原理就是"光速不变原理"——对所有观察者来说，光速是一个常数。伽利略相对性的确切原理——时间的绝对性——影响了世界整整三百年，现在被丢弃了。建立在"光速不变原理"之上的狭义相对论，得到了关于物体运动的更崭新、深刻的结论，例如，运动的物体在运动方向上的长度会发生收缩，而时间则会变慢。你的双胞胎兄弟以接近光速的速度旅行到半人马座 α 星，当他回来时，你会发现自己已经老了8岁，而他只老了两个星期！

狭义相对论作为一种对称原理通常被称为"洛伦兹不变性"，以纪念荷兰物理学家亨得里克·A.洛伦兹。起初，洛伦兹在讨论这个想法的时候认为，物理对象在运动时被充满宇宙的以太拖拽，导致其长度在运动方向上收缩，同时时间变慢。从力学的观点来看，洛伦兹得出了相对运动的观察者所观察到的空间和时间的本质关系，但爱因斯坦才是那个真正厘清理论的所有逻辑并得出最深刻结果的人。光速对所有观察者而言都是相同的，根据这样一条原理，爱因斯坦从麦克斯韦电动力学方程中总结出了洛伦兹对称。所以在狭义相对论中，伽利略对称中的"绝对时间"现在被"绝对光速"所取代。此外，相对论还引出了"因果律"，根据这个原理，任何信号的传播速度都不能超过光速。

因此，狭义相对论完全符合电动力学定律。然而，爱因斯坦立刻意识到，还需要一个新的引力理论来代替牛顿理论。

广义相对论

牛顿的最伟大的发现之一是万有引力定律。[3] 根据牛顿的说法，一个质量为 M 的物体对另一个质量为 m 的物体的引力是

$$F = \frac{G_N mM}{R^2}$$

这里的 R 是两个物体之间的距离。这是物理学中平方反比律的一个例子，也就是说，某种物理量的分布或强度，与距离的平方成反比，例如，两个电荷之间的电作用力也符合平方反比定律。万有引力定律涉及一个基本常数 G_N，这被称为"牛顿引力常量"（下标中的 N 即指牛顿）。G_N 量度了两个物体之间引力的强度。引力是自然界中已知的最弱的力。试着体会一下：你提起 1 加仑牛奶时，手臂用的力大约是 8 磅，这基本上就是两艘相距 10 英里的满载油轮之间引力的大小。

牛顿的引力理论和狭义相对论并不能相洽。[4] 首先，按照牛顿理论，两个物体之间的引力是瞬时传播的。牛顿的理论只能描述缓慢运动的粒子和系统（非

相对论性粒子），将其嵌入狭义相对论的框架下并非易事。终归来讲，这需要关于时空结构的一种惊人而深刻的新见解。随着这一见解的出现，现代理论物理学的核心不断被揭示出来。

正如我们之前说的，要建立一种引力理论，使之不仅符合狭义相对论，而且在经典低速条件下又能够近似为牛顿定律，实在不是一件容易的事。其中一种最简单的方法是，假设存在一种"引力子"，但这样的话，两个物体间便会产生排斥力（也就是"反引力"）。这与实际情况直接抵触，任意两物体间的重力总是吸引力，反引力从来没有被观察到过。另一种简单猜想是"基本标量场"，它只会产生吸引的力，但这些力在细节上却依赖于物质的组成成分。然而，牛顿理论认为力只与质量有关。事实上，万有引力方程中的那个"质量"和著名的运动方程 $F = ma$ 中的"质量"是完全一样的。这就是所谓的"等效原理"，正是这一重要原理，将爱因斯坦引向了正确的方向，最终提出了新的引力理论。

从1905年提出狭义相对论算起，爱因斯坦花了大约12年，才创立了完备的、非量子的引力理论（伟大的数学家大卫·希尔伯特也做出了卓越的贡献），这个理论被称为广义相对论，是一个重要的智慧结晶。广义相对论最终取代了狭义相对论。

广义相对论的核心是，引力被解释为时间和空间的弯曲，或称扭曲、曲率。在这个弯曲的空间中，粒子只是沿着最接近于直线的路径简单地"自由落体"。这些路径是两点之间最短的路径，是弯曲空间内的"测地线"。比如，地球上的经线就是球体表面这个弯曲空间的测地线。飞机沿着这个球体的测地线航行，因为那是两个机场之间的最短距离。（纬线除赤道外都不是测地线，这也就是为什么从纽约到巴黎的国际航班不沿着纬线飞。）要想找到球面上两点之间的测地线，只要在两点之间拉上一根弦或者尼龙绳就行了。在短距离上（比如芝加哥到得梅因），这根尼龙线会得到一个近似的直线；但在长距离上（比如芝加哥到东京或者丹麦），它看起来就是一根贴着球体表面的弯曲的测地线。

因此，广义相对论将万有引力解释为时空几何的曲率（或弯曲、扭曲）。空间曲率是由物质的存在（或者说，由它的质量和能量）产生的。爱因斯坦不得不自学一种描述空间曲率的晦涩数学，在这样做之后，他终于得出了新的引力方程。我们可以将爱因斯坦关于时空曲率与物质之间关系的广义相对论方程概括如下：

$$曲率 = G_N \times (质量 + 能量)$$

我们又一次在公式中看到了牛顿引力常量 G_N。然而，这是一个深刻得多的概念公式，牛顿根本不可能猜到。

在广义相对论中，一旦空间的曲率（方程的左边）由物质（方程的右边）确定，物体的运动就只是简单地沿着这个弯曲时空的测地线"自由落体"了。一架航天飞机在绕地球运行的轨道上只是在经历自由落体——在那里，时空由于地球的存在而扭曲，造成了圆周轨道运动。根据爱因斯坦的理论，自由落体和在没有弯曲的空间中没有区别，都产生失重。根据爱因斯坦方程，太阳周围空间的曲率来自太阳自身的质量，并在太阳附近的时空中产生弯曲的测地线。行星在弯曲空间的测地线上运动，本质上是在弯曲空间中自由下落。曲率使得测地线成了行星的椭圆轨道，并在经过微小的相对论修正后，被正确计算和测量出来。行星在轨道上运动，看起来是受到太阳的吸引，但其实只是在由太阳造成的弯曲时空中做着自由落体运动。

注意，使物体沿着测地线自由落体的时空曲率，纯粹是一个几何概念，不涉及任何"惯性质量" m，也就是牛顿公式 $F = ma$ 中的那个 m。

因此，在行星轨道的公式中，运动粒子的质量必须被完全抵消掉。什么叫"等效原理"？所有物体在引力中以相同的方式运动，与它们的质量无关。（回忆一下伽利略的比萨斜塔实验，一个重物体和一个轻物体以同样的速率从比萨斜塔上掉向大地。）另一个意外的、出乎牛顿理论意料的结果是，光（由无质量的光子组成）必须沿着测地线运动。光因此会受到引力的影响。那么，一束光在到达地球上的望远镜之前，在经过太阳附近时，会由于太阳的引力而发生偏转。

这是广义相对论的一个关键性预言。

总的来说，牛顿的万有引力定律只是爱因斯坦的广义相对论在低速条件下的一种近似（这里的"低速"是相对光速来说的）。广义相对论正确解释了行星运动中某些剩余异常，比如水星近日点（水星轨道距离太阳最近的点）每100年大约进动1°～1.5°，牛顿理论对这种现象根本无法解释。同时，广义相对论也正确地预言了光线的弯曲、引力透镜效应以及光在经过或离开大质量天体时所发生的蓝移或红移。爱因斯坦的广义相对论把宇宙作为一个整体，正确预言了它的膨胀。爱因斯坦理论最关键的一个预言，即光沿着测地线运动并被太阳弯曲，在1919年5月的一次日食观测中得到证实。[5] 在这次观测后，广义相对论被确立为一个科学事实，而爱因斯坦则名闻全世界，成了科学界的超级明星。

广义相对论预言了这样一种"怪物"：它的质量如此巨大，以至于所有的物质，哪怕是光都不能从它的表面逃掉。它是什么呢？我们马上就会知道。

黑洞

让我们问一个简单的问题：如果一个粒子试图逃离一个天体的表面，而这个天体的引力非常强，以至于逃离它需要消耗掉粒子所有的静能$E = mc^2$，那么此时会发生什么呢？实际上，这个大质量天体将禁止这种逃逸行为的发生，毕竟逃逸的粒子什么都不会剩下，它所有的质量都会消耗在逃逸过程中。即使是光，一个光子，也不能逃脱出来，因为在逃逸时，这个光子有限的能量已经消耗殆尽。

这样的大质量天体叫作黑洞。就连行星也可以变成黑洞，只要我们能够把它所有的质量都挤进一个足够小的球体内。这个球体的半径R叫作史瓦西半径。任意给定质量M的天体，当它的半径小于R时，根据公式$R = 2G_N M / c^2$，这个天体就会变成一个黑洞。没有东西可以从黑洞的史瓦西半径内逃脱。[6] 幸运的是，地球离黑洞还远着呢！如果地球是这个大质量天体，我们计算一下就会发现，要想把地球变成一个黑洞，我们需要把它压缩到一个非常小的半径内，大约是一英寸的四分之一！对太阳来说，它的史瓦西半径大约是两英里，所以如果我们把太阳整个压缩到一个小镇子的大小，它就会变成一个黑洞！这时候，太阳物质的密度将会大大超过原子核的密度。然而，当下天文学家们普遍认为，大多数星系的中心都有巨大的黑洞，其质量是太阳质量的数十亿倍。

史瓦西半径不一定是黑洞的表面，更确切地说，它是距黑洞中心一定距离的"视界"——光线无法逃逸的区域。从这里往外发射一束强光，它将消耗掉它所有的能量，没有光可以从视界中逃出去。当物体掉进一个黑洞时，它们会进入视界。

可矛盾的是，一个在黑洞外面的静止观察者，必须持续背对黑洞加速来避免掉进去，永远也不会看到物体真的进入视界。从他的角度来说，进入的过程会花掉无穷多的时间。外部观察者将亲眼看到，时间在视界上冻结了，没有什么东西能从中逃脱！在视界上的物体发出的任何光，都会向远红外方向"红移"（失去能量），最终变为零能量。对外部观察者来说，这个物体将变得越来越暗，逐渐消逝，直到进入视界。在现实中，星系中心的超大质量黑洞的周围，有大量物质掉入其中，包括大量的气体云以及整个恒星系统。这些东西在它们抵达视界之前不断地撞击并加速，产生了大量的高能辐射。这么说来，我们从未真正看到过黑洞的视界——那个被黑暗所遮蔽的无尽深渊。

> 在向外扩张的旋体上旋转呀旋转，
>
> 猎鹰再也听不见主人的呼唤。
>
> 一切分离，中心四散，
>
> 只有混乱在世界上处处弥漫。

血色裹挟的潮流奔腾汹涌，

洁净的仪式淹没不见。

善者信心尽失，

恶人狂热悖乱。

——威廉·巴特勒·叶芝《第二次圣临》[7]

另一方面，如果你正在掉进一个理想化的黑洞，也就是没有大量碎屑围绕的黑洞，那么你将什么都注意不到（好吧，会有非常强大的"潮汐力"来把你撕成碎片，但我们假设你是一个点状粒子，潮汐力小得可忽略不计）。你会在很短的时间内进入视界并继续在视界内朝致密的内部"奇点"（它是黑洞中物质经过挤压、最后唯一剩下的东西）做自由落体。科学家并不知道奇点上的物理定律是什么，但很有可能是像弦论这样的东西（稍后我们再详细讨论）。

正在掉落的物体能够进入视界，而静止的观察者在任何有限时间内都看不到任何东西进入视界，这一事实正是"视界"一词的最好注脚。时间和空间被一个视界分明地切成了两个截然不同的区域，即黑洞的外部和内部，这两部分之间完全无法沟通。前往黑洞的旅行，只有单程票在售。

量子引力？

到了20世纪50年代，物理学家开始认真地考虑把量子力学与引力结合起来，不过他们立即就遇到了问题。最令人头痛的就是无穷大，在上一章狄拉克海的真空能量密度那个例子中，我们已经领教过它，结果它现在又变本加厉地回来了。量子引力理论莫名其妙——物理学家试图计算的所有东西都被无穷大所困扰。现在一切都是无法计算的，理论是无用的。

量子效应与引力结合的第一个问题最初是由马克斯·普朗克自己提出来的。从牛顿的基本引力常量 G_N，结合光速和普朗克常数，可以用数学方法构造出一个"长度尺度"，称为"普朗克长度"，记作 L_p，

$$L_p = \sqrt{\frac{\hbar G_N}{c^3}} = 1.616\,3 \times 10^{-35} \text{米}$$

注意出现在这个公式中的三个著名"基本常数" $\hbar$、c 和 G_N。普朗克长度，大约 10^{-35} 米，即使是与原子轨道的尺寸 10^{-10} 米、原子核的尺寸 10^{-15} 米，甚至粒子加速器探测的最短距离 10^{-18} 米相比，也是极其微小的。这个极端微小的普朗克长度，让我们知道引力再也不能被当成非量子（经典）现象的近似了。在这个尺度上，作为经典实在的时间和空间也必须剧烈地波动。时间和空间将变得"模糊"，或像一些人提出的那样，将变成一种"时空泡沫"———一种翻滚着的量子混沌。量子引力理论必须详细地告诉我们，在普朗克长度这样小的尺度下到底发生着什么？

众所周知，有些波可以在爱因斯坦的广义相对论的经典版本中传播，比如麦克斯韦描述下的光波———一种电磁波。在广义相对论中有种所谓的"引力波"。就像在麦克斯韦的经典光波之后发现了它对应的量子———光子一样，没有人怀疑引力波也由量子构成，那种量子被我们称为"引力子"。就像光子，引力子也是玻色子。广义相对论中的引力子的自旋是 2（光子的自旋是 1，电子是一种费米子，自旋是 $1/2$）。

直到今天，我们从来没有在任何实验中探测到一个引力子。事实上，我们直到近年才直接探测到引力辐射，而此前只是间接地知道它的存在，因为有些天体系统（脉冲双星）随着轨道蜕变而慢了下来，而这变慢的速率与能量以引力辐射的形式被带走的预期速率相符合。问题是，正如我们已经指出的，引力是非常微弱的力，因而只能通过非常复杂的实验装置去探测那些由大型天体系统发出的引力辐射。最后探测到的"经典辐射"，实际上是一个包括数万亿个引

力子的波。尽管如此，我们离探测到单个引力量子——引力子，还很远。[8]

但其实量子引力理论的真正问题是引力子的自相互作用。比如，一个引力子自身是如何发射和吸收引力子的呢？我们遇到了一大堆混乱的数学问题，这需要在非常小的普朗克尺度下，对理论做出明确的定义。

弦理论

自然界所有粒子到底是什么？关于这一点，当下有一种新的理论，名为"弦理论"。在很大程度上，弦理论的出现应该归结为对统一的量子引力理论的需要。

我们在整本书都在谈论"粒子"，但我们并没有给出一个粒子的真正定义。物理学家总是做简化近似，对他们来说，在最简单的形式下，粒子就是空间中某处一个有质量的点。所以描述一个粒子，我们只需要知道它在任意给定时间的位置就已足够，即 $x(t)$。

如果我们像牛顿那样求解关于行星围绕恒星运动的方程，我们可以把恒星和行星都当作点状粒子来处理。但实际上，粒子本身也很复杂。比如说，一个原子只有在低倍显微镜下才能被近似地看作"点状"。如果提高放大倍数，我们最后会看到，电子像云一样"笼罩"在原子核周围做高速运动。在这个尺度下，原子核就像一个带质量的点状粒子。但如果我们继续提高放大倍数呢？再放大10万倍，我们将看到原子核中的质子和中子。质子本身在原子核尺度上表现为粒子，但在更小的尺度上看，质子中还包括着夸克。

对我们来说，夸克和轻子（电子是轻子的一种）才算是真正的基本粒子。除了微小的质量，它们还具有其他属性，如自旋、电荷和夸克色荷。不过，夸克和轻子没有可辨识的大小。这些粒子是迄今为止所有实验所确定的真正的点状物质。然而，假设我们可以将显微镜的放大倍数（或是粒子加速器的能量）继续提高几万亿倍，夸克或轻子还会是一个点状粒子吗？或者我们会在其内部看到一些模糊的或是云状的东西，类似"超原子"中的"超核"和"超电子"，在夸克和轻子的内部运动着？

弦理论的基本观点是，自然界的基本单元不是粒子，或者说，不是点状物质，点状粒子的概念从一开始就错了。如果我们问这样一个纯粹的数学问题："如果最基本的物质不是点状粒子，那又该是什么呢？"答案是：弦。

粒子是分布在空间某处的点状物质，它的位置是关于时间的函数 $x(t)$，由此我们便能够得知它在时空中的路径或轨迹。我们可用时空图来进行表示，如图 35 左部所示。这个粒子的路径叫作"世界线"，图中左部显示了这个点状粒子随时间的运动路径。如果我们在任意时间拍一张快照，那我们看到的就是这个无维度的点在空间中的位置。

现在考虑一根弦。和点不同，弦是一维的，一根弦会在时空中扫出一条"带"，如图 35 右部所示。给一根弦拍摄一系列快照（固定时间间隔为 t），我们会看到这根弦表现为一种空间中微小的拓展对象。在特定时间 t，这根弦存在一维的尺度，也就是长度。

在特定时间，弦上一点的位置可以通过 $x(y)$ 来定义，这里的 y 是弦上的"内部坐标"，如图 36 所示。在 $y=0$ 时我们有弦的一个端点，在 $y=L$ 时我们有弦的另一个端点，这叫作"开弦"。另外，弦也可以是一个闭合的圈，$y=0$ 和 $y=L$ 是同一个点，即 $x(0)=x(L)$，这叫作一个"闭弦"。弦可以视作一个关于时间 t 和坐标 y 的函数，即 $x(t, y)$。如果我们画出开弦在时空中的运动，我们将看到它扫出的带；而闭弦，则是一种管子。开弦的带以及闭弦的管子，都叫作弦的"世界面"。

牛顿方程能够确定粒子的运动，而相对论时空方程能够确定世界线，这是在量子时代之前的说法。力的作用使得粒子偏离出测地线。然而，现在我们把

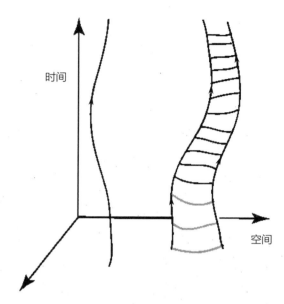

图35："粒子"有一条世界线，从过去不间断地连接着将来。在任何时刻，这个粒子只是空间中的一点。弦有一个世界面，同样从过去不间断地连接着将来。在任何时刻，弦都是一维的。

对象的形式拓展成了弦，那么新的原理又是什么呢？

对弦来说，支配它们运动的原则是，世界面或带在一定时间内扫过的面积最小。带的面积有点像一个肥皂泡与另一个肥皂泡沿曲线相连时的那种形状。在量子时代之前的（经典的）弦论中，我们发现弦总是会失去所有的能量并最终坍缩成一个点。回想一下，在量子理论真正诞生之前，玻尔等人在面对氢原子时，也遇到过同样的问题，即氢原子将所有的能量都辐射出去而坍缩成无活性物质。但是，正如量子理论拯救了氢原子，它同样拯救了弦论。量子弦振动着穿过空间，而它们振动的方式取决于它们在加速器中是以什么面目出现的。所有的这些粒子，包括夸克、轻子、光子以及其他"规范"粒子，甚至引力子都可以被简单地看成是某些弦的一种特殊振动。

当一条弦的世界面在时空上移动时，它看起来就像时空中的一条丝带。我们也可以"装饰"一下它，在这块丝带上画上一幅地图或"内部弦坐标"。现在

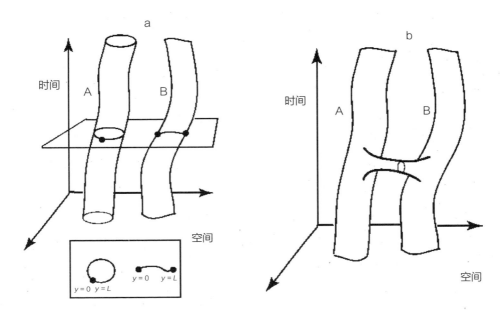

图36a和b：弦既可以是"开的"，也可以是"闭的"。所有的弦理论都包括闭弦，但开弦理论是可以选择的（根据对边缘的定义），在任意时刻，开弦都是一条线，而闭弦则是一个圈。在图36b中我们看到，弦的相互作用只是两个邻近的弦的世界面相连的变形，就像是用橡胶做的一样。所有的弦论都认为，两个邻近闭弦的相接地方存在相互作用。它们带来了弦论中的引力。

一种新的对称性在弦论中出现了：选取哪个内部坐标系，对结果没有影响。这是显然的，人们引入这些坐标系只是把它们作为一种计算丝带面积的工具而已。但我们要非常小心，这种对称性对弦的量子理论也适用，同时我们对坐标系的选取也不会改变我们所说的这条弦的意义。这种对称性叫作"外尔不变性"，以纪念20世纪早期伟大的理论物理学家赫尔曼·外尔（外尔最初是在其他领域发现的这种对称性）。这意味着在弦丝带上既没有里程标志也没有高速公路地图……什么都没有！换句话说，我们在时空的世界面上选择的任何映射都和其他的映射一样好，因为在弦丝带上没有任何映射是特殊的，这就是外尔对称性。

　　那么，外尔对称性又会给弦的量子理论带来哪些影响？一个值得注意的问题是，时空的维度会被限定为某些特殊的值。在最简单的弦论中，也就是所谓的玻色弦，没有费米子，我们得到时空维度 $D=26$。25个空间维度加上1个时间维度，即我们生活在一个空间维度为25维的宇宙中。换句话说，玻色弦只有存在于25个空间维度加上1个时间维度时才能保持一致性。然而，我们观察到的世界并不是这样。

理论物理学家后来将旋量（自旋1/2的粒子）引入弦的世界面上（回忆一下，旋量是矢量的平方根，这里是坐标系的平方根）。第一个费米弦论在20世纪70年代由皮埃尔·拉蒙（Pierre Ramond）提出，同时约翰·施瓦茨（John Schwarz）和安德烈·内沃（André Neveu）也独立地提出。此外，拉蒙还发现弦论现在包含一种新的对称性，一种我们在第8章提到过的，理论物理学家们最喜欢的对称性：超对称。

超弦理论

把费米子纳入弦论中，然后重新测试外尔对称性，这时人们看到一个进步——时空的维度降低到了10维，即9维空间和1维时间。本质上讲，弦上真空能量的抵消对维持外尔对称性而言是必不可少的，因而这需要超对称性。如果我们相信弦论，那现在超对称已被预测存在于大自然中了。不过这依然与我们看到的宇宙（3维空间和1维时间）相差甚远。

所有这些都是在20世纪70年代完成的，一个几乎没人关注弦论的年代。从实验和理论两方面讲，那都是一个令人兴奋的年代，只是弦论和超对称理论在那时看来都没有那么吸引人。当时人们当然并没有把注意力集中在量子引力的问题上。

20世纪70年代中期，年轻而才华横溢的法国理论家乔尔·谢克（Joel Sherk）访问了加州理工学院，与约翰·施瓦茨一同从事研究。他们注意到弦理论的一个有趣的性质：所有的弦理论，不管开弦还是闭弦，不管有还是没有费米子，它们都包含一种常见的振动模式（就像我们第6章提到的吉他弦；振动模式就是你拨一把小提琴或吉他，让它在某个频率振动时得到的东西）。在这种情况下，谢克和施瓦茨观察到这种特殊的模式表现得就像一个自旋为2的无质量粒子。回想一下把引力量子化后的引力子，也是一个自旋为2的无质量粒子。这种振动模式，对所有的弦来说都是一样的，就像引力子一样。因此，谢克和施瓦茨想知道，弦理论是否可能为寻找一种合理的量子引力理论这一悬而未决的问题提供一个解决方案呢？然而，问题仍然存在，你如何从10维时空降到我们实际观测到的4维时空呢？

在1974年，谢克和施瓦茨提出，由弦论预言的6个额外维度（我们看到的是4维时空，然而费米子超弦要求10个）卷曲成了小球（或者叫作"紧致化"），这些小球太小了，以至于用我们微弱的低能粒子加速器还观测不到它们——在低能下看到的是延展到整个宇宙的剩余的4维时空。这让我们更有信心将弦的振动变成其他已观测到的粒子，并能原则上解释标准模型中已经知道的所有粒子。这个想法为自然界中已观测到的力的存在提供了合理解释，它们全都产生于同一个弦状的源头，引力当然也是如此。

但弦论还仍然只是一个另辟蹊径的神秘假设，相关研究主要在加州理工学院，世界其他地方研究较少。然而，不涉及弦论内容的超对称理论，却在主流理论物理学家中活跃起来，并迅速成为一个潜在的可以囊括所有力（除开引力）的伟大理论。但很快，理论物理学家们开始更认真地考虑，是否这一切都能被嵌入一个伟大的弦论中去呢？记住，在那个时候没有证据表明弦和超对称在自然界存在——不过也没有反例。这其中最引人注目的事情是，引力成了弦论的核心，而我们还没有其他成功的量子引力理论。

然而，为了让弦论能够包含自然界所有低能理论中（除开引力）的所有力，另一个隐藏的数学灾难出现了，它叫作"引力反常"，意味着爱因斯坦广义相对论的完全崩溃。也就是说，如果有一个引力异常，爱因斯坦所谓"物质产生曲率"的基本方程就不对了——在物质的一边，也就是方程的右边，会包含非引力的弦振动，而这会导致失控。简单地说，引力异常意味着曲率（爱因斯坦广义相对论基本方程的左边，曲率决定行星轨道）不可能对应于物质（方程的右边，太阳的质量）。这对新生的弦论可能是一次致命打击。不过，弦论仍然存活在理论物理的外围。

然而到了1984年，约翰·施瓦茨和迈克尔·格林（Michael Green）又一次直面引力异常的问题。这两位猛士在加州理工学院的办公室里进行了一场冗长浩大的计算，在帕萨迪纳上空一场猛烈的雷雨中，计算接近完成。计算表明，只有在非常特殊的情况下，才没有引力异常。弦理论只能在这些特殊情况下起作用。施瓦茨和格林发表了他们对引力异常的计算结果。弦论可以被紧致化到4维时空，并且现在弦论唯一地预言了另外一种对称性，这种对称性可以用一种特殊的形式描述除了引力以外的自然界中的所有其他力（这种"对称性"叫作$E_8 \times E_8$）。"标准模型"可以很好地嵌入这个框架。

格林和施瓦茨的计算，彻底释放了学术界的研究热情。一夜之间，弦理论学者拥有了一种崇高的地位，在这种背景下，关于弦的科学论文比比皆是。对旧问题的新答案开始出现，拓扑学开始扮演关键角色，关于"为什么量子理论会存在"的深刻想法开始浮出水面。这是一个很大的话题，我们不能在本书的范围内深入探讨；但是，关于它的作品很多，我们衷心推荐布莱恩·格林（Brian Greene）的书《宇宙的琴弦》。[9]

那时候弦论开始"飞黄腾达"，很多理论物理学家完全接受了这个新的"万物理论"。一些物理学家宣称，这是所有科学革命中最伟大的一个，通过创造弦论得到的物理知识比之前一个世纪的都要多。（比玻尔解决氢原子轨道、比薛定谔提出他的方程还要多！）那么，如今的观点是怎样的呢？

今日弦论

弦论对我们理解引力的量子科学以及相关的物理理论产生了深远的影响。没有比弦论更接近于把所有力完美结合起来的大统一理论。弦论也提出了关于量子理论基础的基本问题。

弦论至少成就了两件事：对我们来说它验证了引力的量子理论，同时它预言了粒子加速器将最终证明超对称的存在。事实上，超对称有可能未来几年在欧洲核子中心的 LHC 上被实验证实。

遗憾的是，到目前为止，还没有任何实验证据表明这些东西出现过。当然，超对称（SUSY）被 LHC 发现并不是必需的；如果 SUSY 在更高的能量尺度出现，那弦论也是正确的。人们可能不得不等待更大能量的加速器；当然，它也可能超出实验的范围。

同时，弦论的微妙艺术已经从 1984 年狂热的还原论中脱离出来了。很快理论物理学家们就意识到，有很多办法可以把时空维度从 10 维降到 4 维。然后他们意识到弦的"模式"包含了其他对象，叫作膜，它可以被看作和弦自身一样基本的东西（膜不只是 1 维的，它还可以是丰满的多维对象；例如，普通空间本身可以被认为是一个 3 维膜）。这进一步丰富了这个主题，并为进一步的理论前景打开了思想的大门。

1996 年，其中一个惊人的洞察出现了。当时普林斯顿的胡安·马尔达西那（Juan Maldacena）发现一种特殊的从 5 维到 4 维的紧致化。这个 5 维时间叫作"反德西特空间"，简称"AdS"。这是一个时间和空间都高度扭曲的世界。4 维世界是一片通过这个空间的一个 4 维表面，叫作膜。马尔达西那通过比较膜上的非弦量子物理和 5 维 AdS 空间上的弦物理，思考怎么把它们联系起来。他发现在膜上的一个特殊理论（叫作"$N = 4$ 超杨米尔斯"的量子场论）与 5 维 AdS 上的弦论的行为是一样的。换句话说，在 5 维世界的观察者看到纠缠的振动和相互作用的弦，而膜上的观察者看到一个许多粒子组成的世界——这两个世界的物理原理是一样的！

这个著名结果叫作"马尔达西那猜想"，它是全息效应的一个确切理论例子，更高维的理论由比它低一维的边界所描述。注意，这是我们在前面的章节提到过的想法，就是解决狄拉克海的真空能量问题那里，即宇宙的整个物理体积可以全息投影到一个低一维的边界上去。这个想法强烈地暗示我们，在计算真空能量时正在忽视某些东西——或相反，我们在描述我们的时空时有一些东西是多余的。

全息理论是一个还在进行中的研究，但看起来充满希望，并且它可能最终重塑我们的看法：量子物理对于自然而言，究竟意味着什么？

弦论革命和20世纪早期量子物理的发展，两者之间有一个非常明显的不同，即在弦论中几乎完全没有实验。这不是弦论或研究弦论的物理学家的错——单纯是事情就该是这样的。弦及其内部结构，它们的尺度比粒子加速器能够探测到的自然界的最小尺度还要小得多。原则上，我们能想到去验证它们的最好办法，就是在我们的粒子加速器中发现超对称，但时至今日，目标依然没有达成。无论如何，这留下了一个值得思考的问题：如果没有实验强迫他们如此做，引导他们如此思考，海森堡、玻尔、普朗克、薛定谔、爱因斯坦、狄拉克、泡利等人还能够创造量子理论吗？对我们来说，这似乎有些难以置信，特别是在回顾20世纪早期大师们的历史之后。在他们生活的时代，无数的新实验联系着他们的科学发现，而现在任何人都能够通过纯粹的思考来提取有关这个世界的一切。最接近于实现这点的人看起来是爱因斯坦，他生活在一个新实验层出不穷的世界。然而，即便是伟大的爱因斯坦也犯过错误，他最终拒绝了量子理论。

有人可能会反思，怎么能有人猜到电子有自旋1/2并由旋量（矢量的平方根）描述，而量子理论与概率的平方根有关呢？很显然，20世纪早期的开拓者们需要原子的实验测量、黑体问题以及光电效应来指导他们的想法。如果没有泡利不相容原理在实验上的成功，给了我们对元素周期表的确切理解，狄拉克还会被形势逼迫着提出预言反物质的狄拉克方程和"狄拉克海"吗？无论如何，人们可能会说（且确实说了），现在我们已经具备大部分材料，从而去彻底地理解自然。现在的物理世界已经和 20 世纪早期那会儿非常不同了。在量子革命的时代，绝大多数事情都还没有被理解，但理论与实验的结合为我们提供了新的分辨方法。今天，所有实验结果都与我们的"标准模型"符合，但我们也知道，我们的标准模型还不完善。一些人认为，只需要看看接下来数学会把我们带到哪里就好了。或许吧，但归根结底，问题不在于物理学家们的数学计算是否正确，而在于人类有限的想象力可能遗漏了什么。

绘景

我们以一个可能会终结弦论的东西（如果不是它自己终结的话）来结束本章。这一观点在很大程度上是由斯坦福大学的伦纳德·萨斯坎德（Leonard Susskind）主张的，[10] 它有可能成为我们对自然做得最深刻、最发人深省的阐释之一。

假设你想去精确地预测弦论中的低能实验（这里的低能包括我们最好的加速器，比如 LHC）的物理法则是什么，这可能吗？这个问题是要确定弦论的真空态。对任何量子理论，首要问题就是"基态是什么"，或等效的"真空是什么"。这里的真空类似于元素周期表中的氢原子，它是理解所有其他原子的起点。

弦的各种不同的振动模式，被称为"模场"，在真空中浓缩成一种量子汤。模场的值决定了"物理法则"，也就是说，这种东西的值就好像任意特定空间中的电子质量或者牛顿引力常量一样。模场的值可以在我们穿过广大的空间时缓慢地变化，所以物理法则也可以在模场取不同值的不同地方等效地不同。

物理学家们，比如罗格斯大学（Rutgers University）的迈克尔·道格拉斯（Michael Douglas），估计了由空间中的不同模场的值导致的弦论可以得到的真空态的数目，答案大约是10^{450}。这是无比巨大的数目！有人可能觉得，大自然只是掷一枚硬币，然后从这些真空态中选择一个，这就是我们所处的宇宙了。

但现在考虑一下，为了我们的存在所必须发生的巧合。首先，我们生活在一个非常大的宇宙中，宇宙学常数（真空能量密度）非常小。这是一件好事，因为宇宙太小的话，密度可能太大（太热了！），可能存在的时间不够长，无法发生进化；而宇宙太大的话，物质便无法聚集成块并最终形成太阳系（太冷了！），等等。这似乎完全是个意外，因为还没有人能就此提出像样的理论；也就是说，没有人知道如何计算宇宙常数。其他的巧合与自然界的力有关，这种力允许恒星内部合成碳，这是生命所必需的。为什么仅仅在一个宇宙里这些巧合如此精确地发生，让我们可以活得很健康，可以享受虾和海滩？

萨斯坎德等人发展出了一个有趣的想法，他们认为，我们看到的宇宙只是一个巨大的超宇宙中的极小的、微不足道的一部分。在这个超宇宙中所有的真空态，同样在另外某处发生着。我们不能看到其他的宇宙，仅仅是因为那些地方超出了我们宇宙的视界。我们能看到的最远的距离，或者说我们的视界，取决于大爆炸以来光所跑过的最远距离，即130亿光年。这个比喻就像，我们被我们的视界所局限，生活在堪萨斯一块农田的某一角，而整个地球表面是超宇宙，有许多的高山与海洋、冰川和雨林。（事实上，这个比喻较之实际差距已经缩小了几百个数量级。）

这个宏大的超宇宙叫作"绘景"。我们存在，所以我们必须生活在绘景的一个宜居的部分中，因此这些不可思议的巧合随机地发生了。如果不是这些地方，又怎样呢？在某种意义上讲，那就不是我们生活的地方，或任何生命生活的地方。所以或许在绘景中遥远而未知的"山峰"或最深的"海洋"里没有生命，这一绘景于是为"人择原理"提供了依据。这实质上是一个同义反复，我们看到的东西必须相对理想，从而让我们能够存在——因为我们现在是存在的。这有点过分乐观了。事实上，人们很难去思考绘景，而写下它就更难了。我们建议您看看萨斯坎德的书《宇宙绘景：弦论和智能设计的幻想》。[11]

不管我们是否接受绘景，它还是有一些真实和令人深省的方面。宇宙确实有一个有限、可观测的大小。考虑到宇宙的年龄和光的速度，宇宙的确有一个视界，我们永远也不会看到在它之外的东西——在任何方向130亿光年外的东西。在一个狭小的世界中进行观测，即使运用再好的统计手段，也无法真正了解更大尺度的宇宙。鉴于我们在宇宙中的位置，我们可能永远也不能看到足够多的部分，来把它整个描绘出来。

> 从一粒细沙中窥见世界，
> 在一朵野花里寻觅天堂。
> 掌中握无限，
> 刹那成永恒。
>
> ——威廉·布莱克《天真的预言》

第10章

千禧年的量子物理

　　我们通过这本书已经看到了，若抛开量子物理那难以捉摸的实在性，我们可以说，它确实奏效。事实上它极其奏效！量子物理在许多不同的领域都取得了意义深远的成功，使我们能够理解和利用分子、原子、原子核、亚核粒子的性质，掌握微观世界的相互作用和奇妙定律。在20世纪早期，量子物理仅仅是创始者们深刻的头脑思辨，而如今，它已经卓然成为一种强大的实用工具，使我们得以制造出那些使生活翻天覆地变化的惊人装置。

　　从量子魔法之中已经诞生了做梦都想不到的强大技术装置，不管是激光还是扫描隧道显微镜。然而一些创造了量子科学、写下了教科书、设计了神奇发明的智力巨人却仍然彻夜难眠。他们担心的是，正如爱因斯坦在他的论文中指出的那样，尽管量子科学光芒四射，但很有可能这个故事并没有讲完。概率怎么能真的成为自然界基本原理的一部分呢？很可能有一些遗漏。事实上，引力就曾多年遗漏在量子科学之外。将爱因斯坦广义相对论和量子力学统一在一起的梦想，一直激励着无畏的物理学家们去探索物理学的根本。在漫漫的求索之路中，只有抽象的数学提供了些许亮光，并由此创造出了弦论。但在量子理论的逻辑结构中，还有没有一些更深层次的遗漏？这会不会就像我们玩一个难度很大的拼图游戏，怎么也拼不上，然后突然有一个关键的部分从盒子里掉了出来？

　　每个人都将希望寄托在尽快发现一个更强大的超弦理论上，它在一种自然的极限下包含了量子理论，就像相对论吞下了牛顿经典力学一样，后者只有在宏观低速条件下才能适用。这就意味着当代的量子理论并不是终点，在很远很远的地方，在自然的核心有一个终极理论，更好地、更概括地描述了这个宇宙。这个终极理论不仅能解决高能物理、分子生物学和复杂性理论的前沿问题，还能使我们发现研究人员从未发现的新现象。毕竟，我们是一个好奇的物种，我们怎么能忍住对这个量子世界的探索欲呢？这简直像发现一颗新的行星一样令人兴奋和惊讶。同时也是一件严肃的事情，假如我们GDP中的60%都取决于这个神秘的量子科学的话。基于所有这些原因，研究基本结构、理解自然，是很重要的。

　　"量子现象挑战了我们对实在的固有认知，强迫我们去重新审视存在的概念到底是什么，"E.J.斯夸尔斯（E. J. Squires）在它的书《量子世界的秘密》的前言中写道，"这些事情很重要，因为我们对'是什么'的信念必然会影响到我们怎么看待我们自己所处的地方，并且会影响'我们是什么'的信念。反过来，'我们是什么'的信念最终会影响我们实际上是什么，以及我们如何自处。"[1]已故理论物理学家海因茨·帕格尔斯是《宇宙密码：作为自然界语言的量子物理》一书的作者，他把这种状况描述为一个有着各种各样店铺的大商场，每个店铺都在叫卖着各种各样的"实在"。[2]

　　当我们在前面的章节见识了贝尔定理以及它的实验结果后，我们心中关于实在的概念受到了挑战。回忆一下，我们是怎么被强迫着去思考非定域效应的可能性：某些影响在被分开到任意远的两个探测器之间瞬时传播？这里人们得到了一个经典印象，在远处一个探测器上的测量正在影响另一个探测器上的测量。探测器之间的唯一联系是一对处于量子纠缠态的粒子（光子、电子或中微子等），这对粒子从同一个源产生后到达两个探测器1和2。如果探测器1发现到达它的粒子是A，那么探测器2一定会测量到到达它的粒子是B，反之亦然。在量子波函数的观点下，对探测器2的这个测量动作在全空间瞬时导致了量子态的"坍缩"。这对爱因斯坦来说是可憎的，他坚信定域性以及没有信号可以传播得比光速更快的事实。实验排除了作用在探测器1和2上的其他任何影响；换句话说，我们可以消除探测器1通过某种方式与探测器2交流的可能性。但纠缠的存在确是一个事实，它被实验证实了——量子理论再一次被证明在原理上是正确的。真正糟糕的是我们面对这个新的、看起来矛盾的事实时自己的反应。正如一位理论物理学家所说，我们真想感受一下量子力学和相对论之间的"和平共处"（打破宇宙速度的极限是鲁莽的）。

核心问题在于，爱因斯坦–波多尔斯基–罗森问题是否仅仅是一个假象，只是表达的方式让它看起来有些反直觉？费曼自己被贝尔定理吸引并试图去找到一种量子理论的更好描述，以期让这种实在更易接受，实际上，他自己的路径求和已经很接近了。正如我们看到过的，他拓展了狄拉克的一些想法并发明了另一种思考量子物理的方式，叫作"路径积分"或"历史求和"。在这种图像中，当一个放射性粒子衰变成一对粒子，一个自旋向上、一个自旋向下，这里有两条穿过时空的"路径"需要考虑。一条路径（称为"A"）把自旋向上的粒子送到探测器1，把自旋向下的粒子送到探测器2；另一种路径（叫作"B"）把自旋向下的粒子送到探测器1，把自旋向上的粒子送到探测器2。每条路径都有一个自然的"量子振幅"，我们对这些振幅进行求和。当我们测量探测器1时，我们正在探索这个系统选的是两条路径中的哪一条，也就是说，如果我们在探测器1探测到自旋向上，这个宇宙就选了第一条路径"A"。我们可以计算的只是任一给定路径的概率（振幅的平方）。

在这种"时空"图像下，很自然会得出信息在数光年之遥瞬时传播的想法。这更接近于经典物理的这样一种情况：我们的朋友给了我们和我们的同事（他在参宿七）两个带颜色的台球（一个是红色，一个是蓝色）中的一个，然后我们发现我们收到了一个蓝色的球，此时，我们立即知道我们的同事会收到红色小球。但是在整个宇宙中什么都没有改变；我们只是知道了所有可能性中哪一个的确发生了。或许这减轻了 EPR 实验的哲学焦虑，但这并不意味着这个量子路径求和所蕴含的实在不令人惊讶。我们可以深入地研究为什么路径积分如此有效，实际上，它本就是为了防止信号传播得比光速更快——这一点与反物质的存在和性质以及量子场论（正如我们在第 8 章看到的）密切相关。到这里我们看到，整个宇宙由无限个随时间演化的可能路径组成的一个集合操纵着。整个宇宙随着时间移动的方式就像一大堆可能性的波前。只是偶尔我们才在时空中的某个事件上通过实验测量出具体是哪一条路径。这些波就重新组合，然后继续向未来前进。

这些讨论让一整代的物理学家焦虑地大声抱怨：量子物理到底是什么？！到今天，所有的直觉和经验，与量子力学的现实之间的矛盾，已经不再那么尖锐。

> 如果某人没有被贝尔定理困扰过，那他一定没有动过脑子。
>
> ——大卫·慕尔明（David Mermin）[3]

但是，最终我们需要接受它：

> 所以量子力学的哲学和它的使用并不相干，于是人们开始怀疑，也许所有的深刻问题实际上都不过是庸人自扰……
>
> ——斯蒂芬·温伯格（Steven Weinberg）[4]

温伯格的评论并不是不屑一顾；相反，它是很深刻的。关于其深刻的哲学意义，以及量子理论将要告诉我们的一切问题的解释，目前都还不清楚。无论我们是否能从哲学层面理解，量子理论至少从科学层面讲好用得很。贝尔定理用一些量子理论中的基本事物捉弄了我们——混合态或纠缠态。然而，这些事情在整个物理世界的现象中发生着，隐含在苯分子、K介子或者宇宙真空态的结构中。这是一个更大的整体的一部分。

不管怎样，一些物理学家卷起了他们的袖子，在20世纪末他们已经设法开展了各种精密的实验来验证量子科学的基础。这些实验为我们提供完整答案了吗？完全没有，但让我们的直觉在一个大量反直觉的领域里变得更敏锐了。同时，那些站在旁边困惑地注视着它的发展的物理学家惊讶地发现，这些古怪的想法居然能应用于实际！（呼，真是庆幸！）从量子不确定性和量子纠缠中诞生了量子密码学，从鬼魅般的超距作用，或者说，非定域性中最终可能诞生出奇迹般的超高速量子计算机。同时，这些令人不安的、看起来非定域的效应，正刺激着一些理论物理学家（有时拼命地）去设计一种理解量子力学的替代方法。

平行宇宙

回忆一下量子力学的哥本哈根解释，粒子在观察之前可能并不存在，是测量的行为强迫粒子具有了明确的量子状态和明确的属性。它使得波函数发生坍缩，从它的一系列可能性（每种可能性都有相应的概率）坍缩到一个单独的确定状态——也就是测量的结果。这从理论上带来了一个问题，这个观察者太过重要，带着些许主观色彩，使得科学家们倍感不适。毕竟，据我们所知，宇宙在没有观察者的100多亿年中也运转得很好呀！为什么我们突然就要求有观察者呢？同时，观察的行为又是怎么造成波函数坍缩的呢？

于是一个替代的解释在1957年被普林斯顿的研究生休·埃弗雷特（Hugh Everett）提出来了。埃弗雷特大胆地提出［一些年后由得克萨斯大学的布莱斯·德维特（Bryce de Witt）编辑修改过］，粒子是存在的，并且处于波函数所包含的所有状态中。但是，每种可能性都存在于一个不同的宇宙。因此，如果一个光子飞向一个障碍物，比如维多利亚的秘密的橱窗，整个宇宙就分裂成了两个宇宙。在一个宇宙中，这个光子穿过了障碍；在另一个宇宙中，它被反射了。观察者，以及每个人、每样东西，都分裂成了两个，每个宇宙中都有一个这样的光子。于是，从这一事件中，我们得到了两个宇宙。（对比一下，在费曼路径积分中，观察只是从这个宇宙包含的两种可能性中选了一个出来。）[5]

很显然，根据这一建议，我们在任何时刻都有着无穷多的我们没有意识到的宇宙，这些宇宙中的观察者们显然也没有意识到彼此。在一个平行宇宙中的观察者有可能与另一个平行宇宙的人演绎一段浪漫的故事吗？可见，多世界解释尽管避免了观察者的影响和波函数的坍缩，但又不得不面对这样一种新问题。"多世界"使得多路径得以实现。对此，玻尔可能不太喜欢，因为它给我们不能测量的东西赋予了某种实在。

以一个量子系统（一个磁场中的粒子，如进入磁场的电子）为例，我们用薛定谔方程来描述它，并且由此得出关于未来的观察结果的一系列可能性。比如说，这个电子的能级可能有 5 种或 7 种可能性；电子自旋的偏转可能"朝上"或"朝下"。每一种可能性都有相应的概率。当我们实际测量时，传统的量子科学就说（概率）波函数"坍缩了"，于是突然之间能量态就确定了，比如说 6.324 电子伏特，自旋向上。这个过程给了我们两种并不想要的智力负担：它要求观察的行为和波函数坍缩的概念。埃弗雷特的解释意味着并没有这样的坍缩发生，所有的可能性都被实现了，只不过每一种可能性在一个分立的"宇宙"被一个分立的观察者看到。另一方面，费曼路径积分意味着这个宇宙可以有很多条代表所有可能出现的路径，每条路径对应一个振幅，而测量决定选哪一条。

没有坍缩，就没有主观影响。根据多世界解释（或者叫"平行宇宙解释"），每一个量子过程（反射或透射，现在衰变或稍后衰变）都对应着实在的一部分。所有的可能性都成真了，每一个都发生在一个不同的"宇宙"中，然后表现得好像是测量导致了某种可能性的发生。考虑到这一切从时间的开端就开始发生了，那么肯定存在着非常多的宇宙。这些科学家观察者本身，当他们进入这种平行宇宙时，也必将分裂成各种分身，以便每种量子可能性都有相应的观察者。而这个平行宇宙和它们相应的观察者将完全意识不到这个分裂过程。这为我们提供了无穷多种未来，其中有许多是非常相似的，但另一些却极其不同。如果你发现这个想法难以消化，那么你应该看到，它表明了一些物理学家对量子世界的绝望。另一些人则简单地说，这些东西只是组成路径积分的部件——计算并继续前进吧。

生存即死亡[*]

多世界假说下，"薛定谔的猫"可做如下解释：宇宙分裂成了两个宇宙，一个里面有一只活猫，一个里面有一只死猫。不同于哥本哈根解释，这只猫并非因为有人打开盒子、波函数发生坍缩而死的；逻辑上它死于打开盒子的一瞬间。同样，所有鬼魅般的超距作用（非定域性）也消失了，因为这种假说中根本没有波函数坍缩。这个疯狂的想法有一些优点，但正如一位明智的物理学家曾经说过："假设是廉价的，但宇宙是昂贵的。"[6]在1997年的一次量子科学会议上，一项问卷调查显示，在40余位明显感到困惑的专家中，有8位支持多世界解释，13位支持哥本哈根解释，其余的则犹豫不决。

总的来说，我们正从许多不同的角度来看量子物理。我们正在努力想出一种"最佳"描述，但或许这种东西根本就不存在。它真的不一定存在——人类

---

* 原文为"to be and not to be"，来自莎士比亚悲剧《哈姆莱特》的名句"to be or not to be"（生存还是死亡）。

已经见惯这类事情了，就像世间并没有"最好的诗"，甚至没有对一首伟大的诗的最好诠释。我们就好像"盲人摸象"故事中的盲人。或许量子实在性就像一只狗没来由地追着自己的尾巴，事物的运行并没有什么更深层的原因。一个研究物理的人，如果他像爱因斯坦那样秉承着一种深刻而坚定的自然哲学，那么量子实在性对他来说无疑是一场智力的灾难。物理学家们已经出色地描述了量子理论是怎么发挥作用的，但他们只是听从指令的职员，或是装配线上的工人——他们没有办法很好地去理解为什么是以这样的方式。

量子的财富

在"信息论"领域，一些激动人心的潜在的新应用已经从对 EPR 佯谬和贝尔定理的深入探讨中衍生出来。这一领域吸引了一批与计算机科学有着紧密联系的学者。这些应用已经得到了受人尊敬的成功，并将在接下来的几十年里带来更重要的创新——至少那些支持者是这样认为的。

作者安德鲁·斯特恩（Andrew Steane）在《量子计算》一文的引言中曾经说过：

> 量子计算这个课题把经典信息论、计算机科学和量子物理的想法结合在一起了……信息可以被定义成一种能够从原因传递到结果的最广义的东西。因此，它在物理学科中起着至关重要的作用。然而，信息的数学处理，特别是信息加工，是非常年轻的，大概起源于 20 世纪中叶。这意味着把信息作为物理学的一个基本概念，其全部意义是最近才被发现的，在量子力学中尤其如此。量子信息与量子计算理论为这种意义奠定了坚实的基础，从而带来了一些对自然世界的深刻和令人兴奋的新见解。其中包括允许经

典信息私密传递的量子态的应用（量子加密），允许量子态可靠传递的量子纠缠的应用（隐形传态），在不可逆的噪声过程中保持量子相干性的可能（量子纠错），以及利用受控量子演化进行高效计算（量子计算）。所有这些见解的共同主题是，将量子纠缠作为一种计算资源。[7]

让我们考虑一些细节。提醒一下，量子实在性诡异而复杂，物理学家们莫衷一是。但在这里，我们要利用的，正是量子的这种难以捉摸的性质。

量子加密

安全通信是一个古老的问题。自古以来，军事上的智力角逐往往就围绕着加密和解密。在伊丽莎白时代，密码的破译提供了关键证据，导致苏格兰的玛丽女王被处决。同时，许多人相信第二次世界大战的一个决定性事件是盟军于1942年成功破译了德国人"不可破译"的恩尼格玛密码（Enigma code）。[8] 密码发送者与密码破译者之间的较量，其中一部分就是查明密码是否已经被破译，如果是，就发送虚假信息。另一方面，密码破译者希望探明密码，同时还不让发送者知道。

在我们这个时代，任何报纸的读者都知道，对密码学感兴趣的已不限于间谍和间谍头子了。上一次你把你的信用卡号码告诉eBay或亚马逊时，你相信这个信息是安全的。但一些信息恐怖分子的大胆行为让我们深刻意识到，信息的安全交换，从公司邮件到银行资金转账，依然只是悬于一线。我们的政府对此非常关注，不惜花费数十亿美元来解决这个问题。

最基本的解决办法是给两个分开的地点提供一个密码"钥匙"，允许发送和读取经过编码的消息。加密信息的标准方式是把它们"藏"进一长列其他随机数中。然而，间谍以及那些有着觊觎之心和超强计算机能力的黑客，能够通过研究随机数的序列来破解密码，而且通常没人知道。

但量子科学可以利用自身特殊的随机性——一个完美的、极为强大的、无法被破解的随机性。此外，它还能够立即暴露密码破译者任何试图破解密码的努力。因为密码学的历史就是一个个"不可破译"的密码最终被更高级的技术击溃的历史。（所谓"不可破译"的断言必然是非常可疑的，最著名的例子就是第二次世界大战时德国的恩尼格玛密码一度被认为是不可破译的密码，但还是被盟军英雄般破译了。德国人完全不知道密码已经被破解。）[9]

让我们更仔细地看看密码学。信息科学领域的硬币是一个叫作"比特"的概念，它是信息的最小单元。一个单比特是一个简单的二进制数，要么是1要么是0。比如说，掷一枚（经典）硬币的结果可以记为二进制形式，正面用1表示，背面用0表示，以此代表一比特的信息。一系列的投掷硬币的结果可以记作：101100010111010010101010111。

有一个跟这个经典比特对应的量子对象，专家们称其为"量子比特"。在量子科学中，一个电子在一个给定探测器上要么自旋向上，要么自旋向下。"上"或"下"代替了1和0，又由于它的量子属性，所以得名"量子比特"。量子比特编码了量子自旋态：自旋向上对应1，自旋向下对应0。到现在我们什么新东西都还没有介绍。

然而，一个量子理论中的量子比特可以存在于纯态，也可存在于混合态。在纯态中，测量对状态没有影响。比如，如果我们沿着"z 轴"测量一个电子的自旋，我们必定导致这个电子的自旋沿着 z 轴平行（上）或反平行（下）。对一个随机的电子，我们以一定的概率得到任意一个结果。但如果电子由一个发射装置预先设计成一个纯自旋态，沿着 z 轴向上或向下，那么我们的探测器会观察到这个自旋，但不会改变这个电子的自旋状态。

所以，原则上我们可以用二进制密码发送信息，这些密码由电子（或光子）

组成，沿着 z 轴是自旋向上或向下。这些都是纯态，而不是混合态，任何人用一个也沿着 z 轴的接收器测量它们，将读出这个密码，同时不会影响电子的自旋状态。但什么定义了 z 轴呢？它只取决于我们的特殊（秘密）选择。我们可以选择空间中的任意方向作为 z 轴。然后我们发送这个信息（并把定义的 z 轴作为"钥匙"）给我们远方的同事——那个我们打算给他发送加密信息的人。

然而现在，任何监听这个信号的人，如果不是完美地沿着 z 轴，那么将只接收到上下翻转的电子自旋态（而且他们不会明白），同时他们观测时也必然扰乱了电子自旋的状态。所以不但他们获得的信息是随机的胡言乱语，而且我们的同事随后还会阅读到这些信息并能发现信息被"动过"了。通过这种方式我们就能知道是否有人窃听，并能对此做出反应。相反，如果我们的信息没有被扰乱，我们将知道我们的信息是完全安全的。这里的重点是间谍的阻拦测量带来了发送者和接收者都能识别到的随机改变。一旦我们发现这里有一个间谍，我们就取消这次通信。

传输的量子态可以用来建立一对相同的随机二进制数字序列，作为保证安全通信的密码钥匙。量子特性保证了密码钥匙是安全的，因为如果它被破坏，这一破坏会被知晓。在信号源和探测点相隔好几千米的距离上，量子加密已经过测试了。然而量子密钥相关的实际应用还没有到来，因为它需要大量投资于最先进的激光设备。但总有一天，我们可以消除那些恼人的信用卡诉讼，那些我们从来没买过的、在遥远的外国交易的盗刷事件。

量子计算机

有一样东西能够威胁到量子加密所提供的终极安全，它就是量子计算机。此外，量子计算机也是 21 世纪的终极超级计算机的候选人。戈登·摩尔

（Gordon Moore）的"摩尔定律"宣称："单个芯片上的晶体管的数量每隔24个月就会翻一番。"[10]有人开玩笑说，如果汽车技术在过去30年也像计算机一样迅猛发展的话，那么现在一辆车将重60克，价值40美元，有1立方英里的行李空间，加1加仑汽油就可以在1小时内行驶100万英里！

　　计算机技术在不到一个人一生的时间内，从齿轮到继电器到真空管到晶体管，最后发展为集成电路。但直到目前为止，纵观计算机科学领域，已知的最好的电脑，也是经典的，服从经典物理学定律。量子计算是一种构想，认为我们可以基于量子科学的法则来实现一种新的计算形式。有朝一日，量子计算机必将出现在电脑公司上，以及硅谷的商业启动项目中，到那时，相形之下，目前最快的计算机看起来就像一个没有手的人在操纵算盘！

　　量子计算利用了前面提到的量子比特，但它还要归功于量子世界中关于信息的知识。理查德·费曼等人早在20世纪80年代就提出了它的核心理念，然后在1985年由戴维·多伊奇（David Deutsch）进一步发展。这些理念和随后的大量量子计算研究小组的贡献带来了量子"门"（在开或关之间转换的装置）。这些小组意识到量子干涉效应加上EPR–Bell相关性形成了一种潜在的强大得多的进行特定计算的方式。[11]

　　干涉效应，就像之前双缝实验展示的，涉及最古怪的量子思想——两个开着的缝的存在改变了单个光子出现在屏幕上的位置。我们接受了它，认为所谓的干涉就是量子振幅探索了所有可能的路径，然后我们描述最后一个光子在接收屏的某个特定位置出现的净可能性（和对应的概率）。但如果中间屏幕不是两个缝而是一千个缝，这里也会存在光子可以到达和不可以到达的地方。为了获得光线到达一个屏幕特定点的概率，人们会把每个缝的路径都计算一遍，再把它们加起来然后平方，得到最终结果。如果有两个光子同时出现，这种量子复杂性会增加得更多。现在每个光子有一千种可能的路径，它的伙伴也有一千种选择。这样总共就有一百万种不同的状态。如果我们有3个光子，那就有十亿种状态，随着光子的增多，还会有更多更多更多种状态。预测结果的计算随着输入数量的增多而呈指数增长。

每一个问题的结果可能非常简单，当然是可以预测的，但从计算的观点来说却是非常不切实际的。费曼的想法是认识到一个模拟计算机的威力，放进真的光子然后在一个真的量子力学系统中执行这个实验，从而让大自然来简单快捷地完成这个巨大的计算。最终的量子计算机将选择哪个测量是必需的，以及在什么样的真实系统中，还有如何去把这些测量结果从全局计算收录到一个子计算中。这涉及一个比老的双缝实验更疯狂的版本。

未来的奇迹计算机

量子处理的威力有多大？让我们与经典计算做一个简单的比较。假设我们有一个经典的3比特"寄存器"，这个设备有3个开关，每个开关可以开（0）和关（1）。这意味着我们可以在每次存入下列8个数字中的一个：000，001，010，011，100，101，110，111（或记为1，2，3，4，5，6，7，8）。一个普通的计算机通过开关（0和1）来对数字进行编码。很容易看到，4比特寄存器（4个开关）一次只能编码16个数字。

然而，如果"寄存器"是一个原子而非机械或电子开关的话，它就有能力存进一个基态（0）和激发态（1）的叠加态——换句话说，一个量子比特。3量子比特的寄存器可以同时表达所有的8种可能，毕竟每个量子比特可以既在1态上又在0态上。一个4量子比特的寄存器能够存有16个数，而一个N量子比特的寄存器则可以存有2^N个数字。

在经典计算机中，电子比特通常是一个小电容中的电荷，带电（1）或不带电（0）。通过调节电子进出这个电容器，我们就能操纵这些数字。另一方面，在量子系统中，一个光脉冲可以激发或退激发这个原子。与标准计算机不同，量子计算允许0和1同时参与计算的同一步骤。

如果我们有一个10量子比特的寄存器，我们就能够同时表示出从0到1 024的所有数字。用两个这样的寄存器，我们可以把它们（相乘）配对，输出将包含乘法表中的所有数字。对于一台高速的传统计算机来说，这需要超过100万次的独立计算，而量子计算机由于能够同时探索所有的这些可能性，所以只需单独轻松的一步，便得到了相同的结果。

这样的理论思考使人们相信，现在最好的计算机需要几十亿年才能完成的某些计算，一台量子计算机只需一年！量子计算机的威力来自它们有能力同时呈现所有的可能状态，并行许多操作，而且只使用一个单独的处理单元。然而（音乐起，理查德·施特劳斯的《查拉图斯特拉如是说》），在你把你的毕生积蓄投资到加州库比蒂诺*的量子计算机创业公司之前，你最好应该知道，一些量子计算的专家对它的最终应用仍持怀疑态度（尽管他们都相信这次理论的探索对照亮量子理论的基础是确有价值的）。

即使令人生畏的问题都得到解决，这些专家指出，我们还得应付一系列问题。这是一种非常不同的计算机，它对不同的问题有着不同的架构，因此不太可能取代今天使用着的经典计算机。经典世界与量子世界是不同的，这就是为什么我们没有把雪佛兰变成一个量子机械。量子计算的障碍是它对外界噪声干扰的敏感性（如果一个量子比特由于与来自外太空的宇宙射线发生相互作用而改变的话，那么整个计算就被破坏了）。此外，它基本上是一个模拟装置，这意味着它被设计用来模拟它正在计算的特定过程，因此它缺乏全面性，不能像传统电脑那样运行一个程序去计算我们选择的任何东西。还有一个事实是，制造这样一台计算机很不容易。要使量子计算成为现实，就需要解决严格的可靠性问题，并找到有用量子算法，即通过解决这些问题，让量子计算机变得真正

---

* 库比蒂诺（Cupertino）：加州湾区南部，硅谷核心城市之一，苹果公司等大型高科技公司的所在地。

有价值。

因数分解（比如，$21 = 3 \times 7$）就是这样一种潜在的应用。对经典电脑来说，检验两个数字是否是第三个数的因数是很简单的，比如5和13是65的因数；但一般来说，找出一个非常大的数的因数却非常困难，比如：

3 204 637 196 245 567 128 917 346 493 902 297 904 681 379

的因数就很难求出。除了在加密中的应用，这个问题最终可能会被证明是量子计算机威力的一次很好的展示，毕竟它对传统经典计算机来说是难以解决的。

我们之前提到过英国数学家、物理学家罗杰·彭罗斯（Roger Penrose）关于人类意识的一个奇异的假设。一个人可以像一台电脑那样闪电般计算，但他的处理方式与电脑不同。即使在与电脑下棋时，人类靠的是评估大量与经验相关的感知结果并快速整合，从而打败一台快得多的电子计算机的算法程序。计算机的结果是精确的，但人类是有效而模糊的——并不总是完全正确，精密性和准确性为了速度上的优化被牺牲了。

彭罗斯认为，或许意识的总体感觉是许多可能性的连续求和——一种量子现象。[12] 彭罗斯认为，所有这一切都暗示我们就是一台量子计算机，我们用来存储、干涉进而产生计算结果的波函数可能就分布在我们的大脑中。彭罗斯在他《意识的阴影》（*Shadows of the Mind*）一书中指出，人类意识的波函数就住在神经细胞的神秘微管结构中。这听起来很有趣，但我们还是需要一种意识理论。

然而，量子计算最终可能通过阐明信息理论在基础量子物理中的作用来实现自身价值。或许，最后我们会研发出一种强大的新型计算，产生一种与我们的进化直觉更一致的量子世界观。如果真的发生，这将是科学史上非常罕见的一个时代，一个独立学科（信息科学或意识理论）与物理学结合在一起，对物理的基本结构做出重大贡献。

尾声

　　于是我们用以下悬而未决的哲学问题来总结我们的故事：光怎么能既是波又是粒子呢？有很多个世界还是只有一个？存在不可破译的密码吗？什么是终极实在？物理定律本身由掷骰子决定吗？或者这些问题实际上都是毫无意义的，答案只能是"量子物理学只需要去适应"？你可能会问："何时何地将会发生下一次伟大的科学飞跃？"

　　我们的轨迹开始于比萨斜塔，伽利略在那里对亚里士多德物理学予以致命一击。接着我们进入了艾萨克·牛顿的经典宇宙，这是一个确定性的世界，力和物理法则都是可预测的。对于这个世界，以及我们在其中的位置，人类的探索本可以适可而止（但那样的话，我们就用不上手机了），但我们没有。到了19世纪中叶，神秘的电磁作用被迈克尔·法拉第和詹姆斯·克拉克·麦克斯韦破译，经典电磁理论最终得以确立。现在我们的物质世界似乎完整了。到19世纪末，一些人预言物理学已经终结，所有值得去解决的难题似乎都已经被解决了，接下来就只是纯粹的细节了，所有东西都包含在牛顿的经典秩序中。我们为这一切画上了句号。物理学家们可以收拾好他们的行李回家睡觉了。

　　当然，事实上周围还有一些难以理解的东西需要解释。篝火发着红光，而计算表明它们应该发蓝光；还有，为什么我们不能测到地球穿过以太的运动？为什么我们不能追上一束光？我们对宇宙的理解，或许并不彻底。整个宇宙将要被一支星光四射的新队伍重新描述——爱因斯坦、玻尔、薛定谔、海森堡、泡利、狄拉克及其他渴望这项任务的人。

　　当然，旧牛顿力学依然在绝大多数事物上相当有用，比如行星、火箭、保龄球、蒸汽机车、桥梁等。即使到了27世纪，一个精彩的本垒打也会按照牛顿力学飞出一个优美的抛物线。但是，在1900年、1920年或1930年之后，如果有人想知道原子世界、亚原子世界是如何运转的，他就不得不长出一种新的大脑——一个能够理解量子物理及其内禀概率性的大脑。回想一下，爱因斯坦从未接受过这样一种以概率性为内核的宇宙观。

我们知道这段跋涉并不轻松。如果双缝干涉的矛盾还不够令人头痛的话，这里还有令人生畏的薛定谔波函数、海森堡不确定性关系以及哥本哈根解释等其他艰深的理论，如猫可以被宣称是既死又活的、光既是粒子又是波、系统不能独立于它的观测者、上帝到底掷不掷骰子的争议。然后，当你刚明白这一切时，事情又变得更加复杂：泡利不相容原理、EPR佯谬，以及贝尔定理。这些问题不是轻松的鸡尾酒会话题，即使对那些信奉"新纪元运动"信条并经常把事实搞得颠三倒四的人也是如此。不过，我们仍然要不抛弃、不放弃，哪怕挣扎着也要直面那几个不可避免的方程。

到目前为止，我们一直在冒险并一直接受着新的理论，它们完全可以作为《星际迷航》系列的标题，如"多世界"、"哥本哈根"（已经有了同名戏剧）、"弦和M理论"、"绘景"等。我们希望这场旅行是值得的，现在我们物理学家与你分享了一个关于我们世界更宏伟、更深刻的秘密。

在新世纪，我们仍有迫在眉睫的问题，比如理解人类自身的意识。或许人类的意识可以被解释成一种量子态的现象。然而，不能仅仅因为我们不完全理解这两者就说明这两者一定有联系，虽然很多科学家相信这一点。

你可能还记得，意识在量子科学中的确出现过，就在我们测量的时候。观察者（意识）总是干扰被观察的系统，人们很可能会问，人类的意识是怎么进入物理世界的呢？"心物问题"与量子科学有关吗？尽管我们现在在大脑如何编码和处理信息、控制行为方面取得了进展，但这还是一个深深的谜团。这些物理化学活动是如何形成一种"内在"或"主观"的生命的？它们如何生成像"你"一样的存在？

尽管如此，有一些人批评这种"量子—思维"的连接，比如弗朗西斯·克里克，DNA的发现者之一。他在《惊人的假说》中写道："'你'，你的快乐与悲伤，你的记忆与野心，你的本体感觉和自由意志，实际上只不过是一大堆神经细胞及其相关分子的集体行为。"[13]

因此，我们的希望是，这只是你的旅程的开端。你将继续探索这些奇迹，探索量子宇宙中这些似是而非的悖论。

附录

什么是自旋？

欢迎各位读者前来领略量子最典型的特性之一——自旋。任何转动着的物体都拥有自转的特性，不论是我们熟悉的陀螺、CD播放器、运行中的洗衣机滚筒，还是宇宙中的恒星、黑洞、星系以及我们的地球，皆是如此。而量子世界中的粒子们也不例外，光子、电子、分子、原子、原子核、原子核内的质子和中子、质子和中子内的夸克和胶子等也都拥有自转。但是，微观粒子的自转和经典概念中的自转有着本质的不同。宏观物体的自转可以完全停下来，而微观粒子的自转是其自身的一个内禀特性，永远无法停止。宏观物体的自转理论上可以取任何值，而微观粒子的总自转取值却是唯一的。因此为了区分两者，我们专门为微观粒子的自转取了一个新的名字——自旋。

自旋是每种基本粒子的基本属性。以电子为例，我们永远无法使其停止自旋，否则它将不再是电子。粒子自旋的大小永远不会改变，唯一能变的是自旋的方向，从而也能间接改变自旋在空间中任意给定轴上的投影分量。这有点像经典世界中陀螺的自转，不同之处在于，在量子世界中，当我们知道了自旋在某个给定轴上的投影分量之后，不能再得寸进尺地询问自旋在其他轴上的分量，因为后者是不可测量的，而不可测量的东西在量子物理学中被认为是无意义的。

我们先来讨论经典物体的转动运动。度量物体平动运动的物理量是所谓的动量，定义为质量乘以速度。动量的定义结合了物质（质量）和运动（速度）两个概念，因此它可以作为"运动物体"的整体度量。速度具有大小（速率）

和方向（运动方向），这样的量称为矢量，而质量只有大小没有方向，这样的量称为标量。作为两者相乘的结果，动量也是矢量。一般而言，矢量可被视作空间中既有大小又有方向的"箭头"。

类似地，度量物体转动运动的是名为"角动量"的矢量。经典物理学中角动量的大小涉及质量在整个物体内的分布方式，即所谓的惯性矩。在总质量一定的情况下，相比于大部分质量集中在转动轴附近的物体，质量分布更为分散，即有着更大半径的物体转动得更为"剧烈"。因此，不出所料，惯性矩 I 会随着物体宽度的增加而增加。事实上，惯性矩的计算公式可以粗略地写作 $I = MR^2$，其中 M 和 R 分别代表物体的质量和（近似）半径。惯性矩的精确值可以通过积分来计算。[1]

物体的转动运动还涉及角速度，即表示物体转动快慢的物理量。角速度通常用 ω 表示，其大小代表每秒钟转过这么多弧度（360度等于 2π 弧度，其他的角度也以同样的比例变换成弧度，例如90度对应于 $\pi/2$ 弧度。数学上用弧度比用角度更加自然，因为半径为1的单位圆周长是 2π）。而物体的转动角动量就是惯性矩和角速度的乘积，即 $S = I\omega$（注意比较：描述平动运动的动量是质量乘上速度，而描述转动运动的角动量是惯性矩乘上角速度，两者的构造非常相似）。角动量也是矢量，其方向可以用"右手定则"来确定：伸出右手，四指屈向物体转动的方向，此时大拇指的指向就是角动量的方向。

角动量与能量、动量一样都是

图37：角动量矢量的方向通过右手定则来确定。伸出右手，四指屈向物体转动的方向，此时大拇指的指向就是角动量的方向。在经典物理学中，物体的自转角动量可以在任意方向上取任意值。然而测量电子的自旋角动量在任意给定轴上的投影分量时，我们只能得到 $\hbar = h/2\pi$ 的 1/2 或 -1/2 倍。

守恒量，也就是说对于不受扰动的孤立系统而言，其总角动量永远保持恒定。我们可能看到过这样的情景：当滑冰运动员把伸出的手臂朝身侧并拢时，她的转动速度会急剧增加。这是因为运动员在手臂伸出和收回两种状态下，她的自转角动量 $S = I\omega = MR^2\omega$ 必须保持不变，鉴于 M 不会改变，角速度 ω 必须增加以补偿手臂收回时 R 的减小。事实上，由于公式中出现的是 R 的平方，所以滑冰者只要把手臂外伸的距离减半，她的角速度就得变为原来的四倍，这才有了我们看到的这项令人炫目的特技。角动量在自然界中有着非常重要的影响。我们熟悉的飞盘之所以能在空中稳定地自转，就是得益于角动量守恒定律。不过，角动量守恒定律也迫使飞行员操纵飞机做水平螺旋运动时要分外小心，否则一旦飞机像飞盘一样开始自转，他们就很难使其恢复到正常的飞行状态。

角动量在牛顿物理学中可以连续取值，但在量子力学中它的性质却有了根本性的改变——角动量取值的量子化。物理学家们通过测量发现，自然界中一切粒子的自旋角动量和轨道角动量在任意轴上的投影分量只能取如下的离散值：

$$0, \ \frac{\hbar}{2}, \ \hbar, \ \frac{3\hbar}{2}, \ 2\hbar, \ \frac{5\hbar}{2}, \ 3\hbar, \ \cdots$$

其中 $\hbar = h/2\pi$，h 是普朗克常数。换言之，粒子的角动量分量总是 $\hbar$ 的整数倍或半整数倍。由大量微观粒子组成的宏观物体事实上也存在角动量的量子化效应，只不过 $\hbar$ 的大小与宏观物体的角动量相比实在太过微不足道，所以这种效应才难以被我们察觉。只有在研究原子或基本粒子这类非常小的系统时，我们才能切切实实地观察到角动量的量子化现象。

角动量是基本粒子和原子的内禀特性。所有基本粒子都具有确定的自旋角动量。我们永远不能使电子的自旋减慢，更不可能使其停止。对电子的自旋角动量在空间任意给定轴上的分量进行测量，我们发现结果只可能是两者之一：$\hbar/2$ 或 $-\hbar/2$，即大小相等、方向相反的两种不同情况。

有些粒子的自旋角动量分量只能取 $\hbar$ 的半整数倍，即

$$\frac{\hbar}{2}, \frac{3\hbar}{2}, \frac{5\hbar}{2}, \cdots$$

这些粒子被称为费米子，以物理学家恩里科·费米（Enrico Fermi）的名字命名，他与沃尔夫冈·泡利和保罗·狄拉克都是这些概念的理论先驱。在我们的讨论中，遇到的主要费米子是电子、质子和中子（以及构成质子和中子的夸克）。这些粒子的自旋角动量分量都只能取$\hbar/2$或$-\hbar/2$，因此我们把它们称作自旋为1/2的费米子。

另一方面，也有些粒子的自旋角动量分量只能取$\hbar$的整数倍，即

$$0, \hbar, 2\hbar, 3\hbar, \cdots$$

这些粒子称为玻色子，以印度著名物理学家萨特延德拉·纳特·玻色（Satyendra Nath Bose）的名字命名，他是爱因斯坦的好友，在相关理论的发展过程中做出了卓越贡献。自旋的不同使得玻色子和费米子之间存在某种影响极其深远的差异，我们稍后将对此加以阐释。我们目前关心的玻色子是以下几种：传递电磁相互作用的光子，自旋为1（自旋角动量分量只能取$\hbar$、0和$-\hbar$）；理论预言存在但尚未在实验室发现的引力子，自旋为2（自旋角动量分量只能取$2\hbar$、$\hbar$、0、$-\hbar$和$-2\hbar$）；由夸克和反夸克构成的介子，自旋为0（自旋角动量分量只能取0）。除了自旋角动量，做轨道运动的粒子还会有轨道角动量，其取值只能是$\hbar$的整数倍，即$0, \hbar, 2\hbar, 3\hbar, \cdots$。

交换对称性

有种对称性对于物理世界的形成有着至关重要的作用，它就是量子力学中的全同粒子交换对称性。所有的基本粒子都因为太过基本而难以被贴上标签加以区分。宇宙中任意两个基本粒子只要属于同类，它们就不会有丝毫差异，电

子是如此，光子、μ子、中微子和夸克等也是如此。这种全同性与粒子的自旋结合，就会产生很神奇的量子效应。

我们可以认为这些效应源自薛定谔波函数所暗含的交换对称性。考虑一个两粒子系统，比如氦原子外层的两个电子。我们用来描述该系统的波函数与两个粒子的位置都有关：

$$\Psi(\vec{x_1},\ \vec{x_2},\ t)$$

根据马克斯·玻恩的统计诠释，波函数幅值的平方$|\Psi(\vec{x_1},\ \vec{x_2},\ t)|^2$表示于时刻$t$在$\vec{x_1}$发现粒子1且在$\vec{x_2}$发现粒子2的概率。

现在，我们把两个粒子的位置互换，即令$\vec{x_1}\leftrightarrow\vec{x_2}$，则描述新系统的波函数变为$\Psi(\vec{x_2},\ \vec{x_1},\ t)$。但问题是，这真的是一个新系统吗？或者换种说法，这个新的波函数所描述的系统真的和原来不一样了吗？

我们日常生活中遇到的名为"狗"的东西与电子相比可谓庞然大物，这世上没有两条狗是完全相同的，然而电子所能携带的信息极其有限，所以电子与电子之间没有任何的差异。不仅电子，其他的基本粒子也是如此。因此，将两个全同粒子互换不会改变原来的物理系统，波函数的交换对称性是大自然的基本性质。从某种意义上来说，大自然对待电子的方式是非常简陋的，因为它无法发觉整个宇宙中任意两个或多个电子之间的差异。

根据波函数的交换对称性，全同粒子互换之后物理定律必须保持不变。在量子层面，这就意味着交换之后的波函数必须提供与原来的波函数相同的观测概率：$|\Psi(\vec{x_1},\ \vec{x_2},\ t)|^2=|\Psi(\vec{x_2},\ \vec{x_1},\ t)|^2$。从这一条件出发，我们能得到两种可能的结果：

$$\Psi(\vec{x_1},\ \vec{x_2},\ t)=\Psi(\vec{x_2},\ \vec{x_1},\ t)\ \text{或者}\ \Psi(\vec{x_1},\ \vec{x_2},\ t)=-\Psi(\vec{x_2},\ \vec{x_1},\ t)$$

所以交换之后的波函数可以是对称的，即原来的波函数乘上$+1$，也可以是反对称的，即原来的波函数乘上-1。原则上这两种情况都是可能存在的，因为我们能够测量的只有概率，也就是波函数幅值的平方。

事实上，不仅在理论上量子力学允许两种可能性同时存在，大自然也确实以某种令人惊讶的方式将这两种可能性清楚无误地呈现在了我们面前。

玻色子

科学家们发现，我们之前谈论的玻色子其实就是交换之后波函数保持不变的粒子：

$$全同玻色子的交换对称性：\Psi(\vec{x}_1, \vec{x}_2, t)=\Psi(\vec{x}_2, \vec{x}_1, t)$$

通过上面的等式，我们立刻就能得出一个重要结论——两个全同玻色子可以毫不费力地占据空间中的同一点，即 $\vec{x}_1=\vec{x}_2$，这意味着 $\Psi(\vec{x}_1, \vec{x}_1, t)$ 在空间中的某个位置可以取非零值。事实上，当用一个非常大的波函数来描述位于空间中同一片区域的大量粒子时，我们可以证明这个系统中的所有玻色子最有可能出现的状态就是一个又一个地重叠在一起！所以，诱导许多全同玻色子，使其集中在空间中的狭小区域甚至同一个点，这是有可能做到的。或者，我们也可以诱导全同玻色子使其具有完全相同的动量。这样的玻色子我们就说它们凝聚到了紧致或者相干的量子态中，这被称为玻色-爱因斯坦凝聚。

在玻色-爱因斯坦凝聚过程中，大量玻色子会凝聚到同一个量子态，许多现象其实都是玻色-爱因斯坦凝聚的不同表现。激光发射器产生的就是许多处于相干态的光子，它们重叠在同一个动量态上，以完全相同的动量同时朝发射方向运动。在超导体中，电子通过晶格振动（声子）两两结合，成为自旋为0的玻色子，被称作库珀对。当大量库珀对共享同一个动量态时，超导体内部就形成了电流。超流体是极低温的玻色子（比如 ^{4}He）液体，由于所有玻色子都凝聚到了同一个动量态中，液体的流动可以完全不产生摩擦力。需要指出，在氦的同位素中，只有 ^{4}He（含有2个质子和2个中子）才能借助玻色-爱因斯坦凝聚成为超流体，^{3}He（含有 2 个质子和 1 个中子）是费米子，虽然在更低温下也能获得超流性，但却是因为完全不同的物理机制。另外，许多玻色子原子可以凝聚成密度非常大的超紧致液滴，其组成粒子在空间中几乎彼此重叠，这也是玻色–爱因斯坦凝聚在发挥作用。

费米子

另一方面，如果交换的是一对费米子，那么我们就得在波函数前面添上一个负号。这对一切具有半整数自旋的粒子都适用，比如自旋为 1／2 的电子。

全同费米子的交换对称性：$\Psi(\vec{x}_1, \vec{x}_2, t) = -\Psi(\vec{x}_2, \vec{x}_1, t)$

因此，我们可以看到一个关于全同费米子的简单却深刻的事实：没有两个（自旋方向相同的）全同费米子可以占据空间中的同一点，即 $\vec{x}_1 = \vec{x}_2$。这是因为如果这个条件可以被满足，那么我们把两个粒子的位置互换之后就会得到 $\Psi(\vec{x}_1, \vec{x}_2, t) = -\Psi(\vec{x}_2, \vec{x}_1, t)$，也就是 $\Psi(\vec{x}_1, \vec{x}_2, t) = 0$，因为只有 0 等于自身的相反数。

这个结论可以继续推广为没有两个全同费米子可以占据同一个动量量子态。今天我们把相关的结论称作泡利不相容原理，以才华横溢的瑞士籍奥地利裔理论物理学家沃尔夫冈·泡利的名字命名。泡利证明了不相容原理之所以对自旋为 1／2 的原子适用，是因为物理学定律具有基本的旋转对称性，他的证明涉及自旋为 1／2 的粒子旋转时的各种数学细节，简单地说，在特定的组态下，交换两个自旋为 1／2 的全同粒子等价于将系统旋转 180°，对应的波函数的变化就是前面多出一个负号。

费米子的不相容特性很大程度上解释了为什么物质是稳定的。自旋为 1／2 的粒子沿空间任意方向的自旋有两种可能的状态，我们分别称之为自旋向上和自旋向下。因此，在氦原子中，我们可以把两个电子同时塞进能量最低的轨道，前提是它们的自旋方向必须不同。然而，我们无法再将第三个电子塞进同一个轨道，因为无论它自旋向上还是自旋向下，都会与已有的两个电子中的其中一个重复，而交换对称性带来的负号将迫使这种情况的波函数变为0。

换言之，如果同一能量轨道包含两个自旋相同的电子，那么对应的波函数就必须等于其自身的相反数，也就是必须为0！因此，对于氢之后的下一个元素锂而言，第三个电子必须进入新的能量轨道，即形成新的轨函。这样一来，锂就具有了封闭的内轨道或者称"满壳层"（其内部拥有与氦相同的状态）和唯一的外层电子。该外层电子与氢的唯一电子有着类似的行为，因此锂和氢的化学性质十分相似，我们第6章看到的元素周期表也就顺理成章地出现了。如果电子不是费米子，不必满足泡利不相容原理，那么原子中的每个电子都会迅速坍缩到基态，所有元素的性质都将和氢别无二致，如此一来有机分子（包含碳元素）之间精妙的化学反应也将不会存在。

关于费米子的不相容特性还有另一个极端的例子，那就是中子星。当巨大的超新星爆发时，其绝大多数物质会被抛撒向太空，而残余的中心部分则有可能形成中子星。中子星完全由中子构成，它们通过引力束缚在一起。中子是费米子，自旋为1/2，需要满足泡利不相容原理。中子星能够免于在引力的作用下进一步坍缩，正是由于不可能有两个中子进入同一个量子态。具体而言，如果我们试图压缩中子星，中子为了避免在同一个低能态上凝聚就不得不提高自身的能量，于是内部就会产生一种压力，这种压力能够抵抗引力坍缩。

所有这些奇异的宏观现象都源自基本粒子波函数的交换对称性。我们无法在贵宾犬、人类或其他常见的宏观物体上观察到这种交换对称性，仅仅是因为它们太过复杂的缘故。复杂性意味着组成这些物体的粒子必须彼此远离，这样许多不同的物理状态才有可能实现，而无法相互接近的粒子是不可能占据同一个量子态的。每条贵宾犬也正是因为其内部粒子的复杂排列方式而与众不同。因此，在远离量子基态的复杂宏观系统中，粒子全同性并不会产生明显的影响。

致谢

感谢编辑 Linda Greenspan Regan 以及普罗米修斯出版公司的相关工作人员，多亏他们的辛劳才促成了本书的出版。感谢 Ronald Ford 和 William McDaniel 提出的宝贵意见。

青年人接触、学习科学是非常重要的。在此，感谢普罗米修斯出版公司在出版科学书籍方面的持续贡献。同样感谢全美各地学校在这方面的巨大贡献，尤其是伊利诺伊州数学与自然科学学院，它是全美最优秀的理科高中之一。

注释[*]

第1章

1. 想要对物理学概念框架的演变过程有更多了解，参见 Leon M. Lederman and Christopher T. Hill, *Symmetry and the Beautiful Universe* (Amherst, NY: Prometheus Books, 2004)。

2. 同上。

3. 参见 Max Born, *The Born-Einstein Letters: Friendship, Politics and Physics in Uncertain Times* (New York: Macmillan, 2004)（该书中文版《玻恩－爱因斯坦书信集（1916—1955）：动荡时代的友谊、政治和物理学》已于2010年12月由上海科技教育出版社出版）；Barbara L. Cline, *Men Who Made a New Physics: Physicists and the Quantum Theory* (Chicago: University of Chicago Press, 1987)；A. Fine, "Einstein's Interpretations of the Quantum Theory," in *Einstein in Context: A Special Issue of Science in Context*, edited by Mara Beller, Robert S. Cohen, and Jürgen Renn (Cambridge: Cambridge University Press, 1993), pp. 257–273。

4. Walter J. Moore, *A Life of Erwin Schrödinger*, abridged ed. (Cambridge: Cambridge University Press, 1994)（该书中文版《薛定谔传》已于2001年1月由中国对外翻译出版公司出版）。

5. C. P. Enz, "Heisenberg's Applications of Quantum Mechanics (1926—1933) or the Settling of the New Land," *Helvetica Physica Acta* 56, no. 5 (1983): 993–1001；Louisa Gilder, *The Age of Entanglement: When Quantum Physics Was Reborn* (New York: Alfred A. Knopf, 2008)；Jeremy Bernstein, *Quantum Leaps* (Cambridge, MA: Belknap Press of Harvard University Press, 2009)；Arthur I. Miller, ed., *Sixty-Two Years of Uncertainty: Historical, Philosophical, and Physical Inquiries into the Foundations of Quantum Mechanics* (New York: Plenum Press, 1990)；J. Hendry, "The Development of Attitudes to the Wave–Particle Duality of Light and Quantum Theory, 1900–1920," *Annals of Science* 37, no. 1 (1980): 59–79。

---

[*] 本部分译者：陆素隐。

6. 物理系统的"量子态"描述和经典描述之间存在本质差异，第7章注8"量子理论中的叠加态"对此做了详细解释。

7. 参见注4。

8. 薛定谔构造的方程仍然是在描述波，但为了适应当前研究的问题，对经典波动方程做了一定改动。相关的理念和方法如今被称作"薛定谔（波动）方程"或"薛定谔形式体系"。方程所描述的波（或者说像波的那个东西）被称为"波函数"。薛定谔发明的整个体系和海森堡的方法在数学上是等价的，不过并不显然，因此当时的学界并没有很快认识到这点。参见 P. A. Hanle, "Erwin Schrödinger's Reaction to Louis de Broglie's Thesis on the Quantum Theory," Isis 68, no. 244 (1077): 606–609；Walter John Moore, *Schrödinger: Life and Thought* (Cambridge: Cambridge University Press, 1992)；Walter J. Moore, *A Life of Erwin Schrödinger*, Canto ed. (Cambridge: Cambridge University Press, 2003)（该书中文版信息见注4）。

9. 波函数 $\Psi(x, t)$ 是关于空间和时间的函数，其取值通常是复数，因此正文中的 Ψ^2 严格意义上应该写作模的平方 $|\Psi|^2$，不过鉴于本书的科普性质，我们无须那么严格。关于复数的更多讨论参见第5章注15："有关复数的题外话"。

10. 更确切地说，$\Psi(x, t)$ 是概率的"平方根"。$\Psi(x, t)$ 是关于空间和时间的复值函数，我们在正文中提到的平方其实是模的平方，即 $\Psi \times \Psi = |\Psi|^2$，它在时空中任一点的取值都是非负实数（参见第5章注15："有关复数的题外话"）。狄拉克证明了海森堡和薛定谔各自提出的方法在数学上是等价的，不过等价性和便利性是两码事，薛定谔的方法无疑更能被当时的学界理解和接受。那么，粒子的波函数究竟长什么样呢？根据薛定谔的波动方程，我们可以求得自由粒子的波函数具有如下的"行波"形式：

$$\Psi(x, t) = A\cos(\vec{k} \cdot \vec{x} - \omega t) + iA\sin\Psi(x, t) = A\cos(\vec{k} \cdot \vec{x} - \omega t)$$
$$其中 |\vec{k}| = 2\pi / \lambda, \quad \omega = 2\pi t。$$

11. M. Paty, "The Nature of Einstein's Objections to the Copenhagen Interpretation of Quantum Mechanics," *Foundations of Physics* 25, no. 1 (1995): 183–204；K. Popper, "A Critical Note on the Greatest Days of Quantum Theory," *Foundations of Physics* 12, no. 10 (1982): 971–976；F. Rohrlich, "Schrödinger and the Interpretation of Quantum Mechanics," *Foundations of Physics* 17, no. 12 (1987): 1205–1220；F. Rohrlich, "Schrödinger's Criticism of Quantum Mechanics—Fifty Years Later," in *Symposium on the Foundations of Modern Physics: 50 Years of the Einstein-Podolsky-Rosen Gedankenexperiment, Joensuu, Finland, 16-20 June*

1985, edited by Pekka Lahti and Peter Mittelstaedt (Singapore; Philadelphia: World Scientific, 1985), pp. 555–572 ; D. Wick, *The Infamous Boundary: Seven Decades of Controversy in Quantum Physics* (Boston: Birkhauser, 1995)。

12. 同上。

13. 更一般的情况下，我们得到的是所谓的 "叠加态"：

a（琼→皮奥里亚，莫利→半人马座α星）$+ b$（琼→半人马座α星，莫利→皮奥里亚）

其中 $|a|^2 + |b|^2 = 1$。如果两种情况的概率相等，就有 $|a|^2 + |b|^2 = 1/2$。进一步的解释参见第7章注8。（这里提到的术语 "叠加态" 表示 "多个本征态的混合"，对应的英文是 "superposition state"，而原文使用的 "mixed state" 通常译为 "混合态"，在量子力学中表示 "非对角密度矩阵"，两者的意思并不相同，作者对此也做了说明。）

14. 参见 Karen Michelle Barad, *Meeting the Universe Halfway, Quantum Physics and the Entanglement of Matter and Meaning* (Durham, NC: Duke University Press, 2007), p. 254 ; Niels Bohr, *The Philosophical Writings of Niels Bohr* (Woodbridge, CT: Ox Bow Press, 1998)（该书中文版《尼尔斯·玻尔哲学文选》已于1999年3月由商务印书馆出版）。

15. 参见注13。

16. Robert Frost, "The Lockless Door," in *A Miscellany of American Poetry, Aiken, Frost, Fletcher, Lindsay, Lowell, Oppenheim, Robinson, Sandburg, Teasdale and Untermeyer (1920)* (New York: Robert Frost, Kessinger Publishing, 1920)。

17. 参见注1。

第2章

1. 在古希腊人所处的时代，无摩擦运动的概念还太过超前。根据他们的日常观察，除非持续受到力的作用，否则重物绝不可能做什么 "匀速直线运动"，因此亚里士多德总结说，一切运动物体最终都会趋向最自然的静止状态。在古希腊人看来，多数情况下质量所体现的是物体回到静止状态的趋势，以及被推拉或举起的难易程度。他们生活的世界里，摩擦占据绝对的主导地位，他们无法将摩擦的概念从物体的运动中剥离，因此也就无法设想出无摩擦的世界。

2. 关于经典科学的变革史，我们在这本书中进行了探讨：Leon M. Lederman and Christopher T. Hill, *Symmetry and the Beautiful Universe* (Amherst, NY: Prometheus Books, 2004)。

3. Thomas H. Johnson, ed., *The Complete Poems of Emily Dickinson,* paperback ed. (Boston: Back Bay Books, 1976)。

4. Edgar Allan Poe, *Complete Stories of Edgar Allan Poe*, Doubleday Book Club ed. (New York: Doubleday, 1984)。

第3章

1. 互联网上能找到大量优秀的光学教学内容，许多还配备了图像和动画，例如 *Itchy-animation*, http://www.itchy-animation.co.uk/light.htm（访问时间为2010年5月22日），在网上搜索还能发现更多。

2. Laurence Bobis and James Lequeux, "Cassini, Röme, and the Velocity of Light," *Journal of Astronomical History and Heritage* 11, no. 2 (2008): 97–105。

3. Alex Wood and Frank Oldham, *Thomas Young* (Cambridge: Cambridge University Press, 1954)；Andrew Robinson, "Thomas Young: The Man Who Knew Everything," *History Today* 56, nos. 53–57 (2006)；Andrew Robinson, *The Last Man Who Knew Everything: Thomas Young, the Anonymous Polymath Who Proved Newton Wrong, Explained How We See, Cured the Sick and Deciphered the Rosetta Stone* (New York: Pi Press, 2005)。

4. 行波有时也被称为波列，它在空间中传播的形状是一列交替出现的波峰和波谷。描述波列需要三个物理量，分别是波长、频率和振幅。波长是相邻两个波峰或波谷之间的距离。频率是波在空间中任意固定点每秒钟上下波动通过的完整周期数。

   如果我们把波想象成一列火车，那么波长就是一节车厢的长度，频率就是一秒内从我们面前经过的车厢节数。火车的速度等于车厢的长度除以每节车厢从我们面前驶过所要花费的时间，通过类比，我们就能得到波速等于波长乘以频率。换言之，当波速已知时，波长和频率是成反比的，也就是说波长等于波速除以频率，频率等于波速除以波长。

   波的振幅是从中间位置算起的波峰高度或波谷深度，也就是说，从波峰顶部到波谷底部的距离是两倍的振幅，我们可以把它想象成车厢的高度（见图5）。电磁波的振幅与电场强度有关。水波的振幅则是上下晃动的小船从最高点下落到最低点所经过距离的一半。

   19世纪，麦克斯韦创建的电磁学理论已经认识到可见光的颜色是由波长（或者频率）所决定的。频率减小，波长就会相应地增大。波长较长的可见光是红光，波长较短的可见光是蓝光。红光的波长约为 6.5×10^{-5} cm（相当于650 nm或6 500 Å；其中"nm"读作"纳米"，1 nm $= 10^{-9}$ m $= 10^{-7}$ cm，"Å"读作"埃"，1 Å $= 10^{-8}$ cm）。红光的波长如果进一步增大，颜色就会变得越来越深，当波长变为 0.000 07 cm $= 7 \times$

10^{-5} cm（700 nm 或 7 000 Å）左右时就达到了我们的肉眼能感应到的极限。继续增大波长就会得到红外线，我们只能从中感受到微微的热量，无法凭借肉眼直接观测。如果波长继续增大，我们就会依次进入微波和无线电波的领域。而在光谱的另一端，当波长短于 4.5×10^{-5} cm（450 nm 或 4 500 Å）时，光会呈现蓝色，波长继续减小（或频率增加），光会逐渐变成深蓝紫色，然后在 4×10^{-5} cm（400 nm 或 4 000 Å）左右变得不可见。进一步减小光的波长，则会依次得到紫外线、X 射线和伽马射线（见图 12）。

5. 1995 年元旦观测到一个滔天大浪撞上德劳普纳海上石油开采平台，证明了这种此前被认为只是海员错觉的"疯狗浪"确实存在。参见 *Physics, Spotlighting Exceptional Research*, http://physics.aps.org/articles/v2/86（访问日期为 2010 年 5 月 21 日）。

6. 网上有很多很棒的图片和动画演示了波的干涉现象，可参见 https://en.wikipedia.org/wiki/Wave_interference（访问日期为 2010 年 5 月 21 日）。继续搜索还能发现更多。

7. 理想情况下我们最好用单色光，例如使用激光笔。因为不同颜色的光形成的干涉图样会出现在屏幕的不同位置，不利于我们观察。托马斯·杨当年使用的很可能是蜡烛，但他加入了滤光片以改善实验效果。顺便提一下，由于狭缝的尺寸有限，光通过时必然会发生衍射，但只要两个狭缝的尺寸与它们的间距相比足够窄，单缝衍射的影响就可以忽略不计。

8. 同上。

9. Emily Dickinson, from "Part IV: Time and Eternity," in The Complete Poems of Emily Dickinson, with an introduction by her niece, Martha Dickinson Bianchi (Boston: Little, Brown, 1924)。

10. 关于夫琅禾费的生平，参见 *The Encyclopedia of Science*, http://www.daviddarling.info/encyclopedia/F/Fraunhofer.html（访问日期为 2010 年 5 月 21 日）。

11. 法拉第是经典电动力学的两大核心人物之一（另一位是麦克斯韦），参见 Alan Hirschfeld, *The Electric Life of Michael Faraday*, 1st ed. (New York: Walker, 2006)。

12. Basil Mahon, *The Man Who Changed Everything: The Life of James Clerk Maxwell* (Hoboken, NJ: Wiley, 2004)（本书中文版《麦克斯韦：改变一切的人》已于 2011 年 7 月由湖南科学技术出版社出版）。

第 4 章

1. 高温物体可以通过三种方式传递热能：（1）传导，需要两个或多个物体之间存在直接接触，比如鸡蛋通过直接接触热水获得热量；（2）对流，比如将高温物体放置在空气中，它会先加热自身周围的空气，然后这些热量就会随着空气的流动被带到其他地方，你在寒冷冬夜使用的热风供暖系统就利用了这个原理；（3）辐射，此时高温物体释放的能量以电磁辐射的形式存在，比如烤面包机的电热丝发出的红光。电磁辐射通常位于能量较低的长波波段，但在诸如核爆炸这样的极高温环境下，辐射可以产生高能 X 射线和伽马射线。电磁辐射存在于物体内部，不停地发射、反弹和吸收直至最终从物体表面辐射出去，这一过程有助于物体和外界保持热平衡。人体的散热过程就是上述几种方式联合作用下的结果。首先，人体会自发地向外辐射热量，其次，汗液会以热传导的方式从皮肤表面吸收热量，转为气态，产生冷却效果，而这股热量会被空气的对流作用带走。

2. 关于烟花的颜色，参见 http://www.howstuffworks.com/fireworks.htm（访问日期为2010年4月15日）。

3. 关于参宿七，参见 http://en.wikipedia.org/wiki/Rigel（访问日期为2010年1月1日）。

4. 物理学家使用的温度基本单位是开尔文（符号是"K"）。绝对零度是物体所含热能为零时达到的温度，我们定义这个温度为 0 K（对应于−273.15 ℃）。不过即便达到了绝对零度，系统还是会拥有所谓的真空零点能，因为根据量子物理学，任何物体都不能彻底停止运动。1 K 的变化量和 1 ℃ 的变化量精确相等，两种温标的差别仅仅是计算起点的不同，摄氏零度定义为 1 个标准大气压下冰水混合物的温度，相当于273.15 K（也可以表示成 0 K＝−273.15 ℃）。维基百科给出了温度测量系统的更精确定义，包括换算公式和参考链接，参见 http://en.wikipedia.org/wiki/Temperature（访问日期为2010年1月1日）。

5. 关于吉布斯（1839—1903），参见 Muriel Rukeyser, *Willard Gibbs: American Genius* (Woodbridge, CT: Ox Bow Press, 1942)；Raymond John Seeger, *Josiah Willard Gibbs: American Mathematical Physicist Par Excellence* (Oxford, NY: Pergamon Press, 1974)；L. P. Wheeler, *Josiah Willard Gibbs: The History of a Great Mind* (Woodbridge, CT: Ox Bow Press, 1998)。量子革命最早在19世纪60年代吉布斯的工作中就能找到蛛丝马迹，他当时的研究主题是热力学。热力学中有一个基本概念叫"熵"，可以用来度量具有确定宏观性质（比如体积、原子数和总能量等）的多原子系统（比如气体系统）内部原子可能运动状态的数量。当我们说某个系统处于"平衡态"时，实质上是在说该系统达到了某种特殊的稳定性——比如房间内部的空气如果从宏观上看来不再随时间变化，那么我们就称其达到了平衡态，然而组成该系统的无数空气分子其实仍然在四处飘荡，并且在我们难以观测的微小尺度上不断发生相互碰撞。吉布斯认识到，如果我们缓慢地将房间分隔成两部分，那么气体的静态平衡性质应当不会被破坏。为此，每部分气体的熵应该是总熵的一半（熵是所谓的"广延量"），否则仅仅是分隔系统这样的行为就会导致平衡态的破坏，让两边的压力和温度出现不一致，这显然是荒谬的。然而经典理论得到的结果却与之相悖。问题的关键在于，经典理论中原子和原子之间是可以区分的（原则上一位技艺精湛的雕刻师可以给每个氦原子刻上不同的名字：瑞克、凯蒂、格莱、玛丽、罗恩、唐纳，诸如此类）。为了解决这个难题（现如今被称作"吉布斯佯谬"），吉布斯不得不在他的计算中引入了一个"修正因子"，这个因子的存在暗示着所有同种类的原子、分子或其他粒子从原则上来讲都是无法区分的（例如，所有氧分子完全相同，所有氮分子完全相同，但氧分子与氮分子之间可以区分）。

对于深刻理解了经典物理学理念基础的人而言，这个结果是十分震撼的，遗憾的是当时有这种水平的人寥寥无几。作为经典电磁学的奠基人以及那个时代首屈一指的科学家，伟大的詹姆斯·克拉克·麦克斯韦热衷于阅读并使用吉布斯的研究成果，他把吉布斯摆到了与自己平起平坐的位置。倘若没有麦克斯韦的支持，吉布斯这个有点古怪的美国物理学家或许直到今天依然默默无闻，永远得不到他应得的名声。不管怎样，当时的学界确实搞不清楚吉布斯的修正因子所传递的信息——甚至有人觉得这个问题"仅仅"牵涉到熵的数学定义。将其定性为量子革命肇始的我们其实只是事后诸葛亮而已。吉布斯引入的全同粒子不可区分性是量子理论的重要基础，对物质世界有着深远的影响（比如电子如何填充原子轨道），物理学家经过六十年的沉思和困惑之后才真正认识到了这一点（参见附录）。

6. 关于玻耳兹曼（1844—1906），参见 David Lindley, *Boltzmann's Atom: The Great Debate That Launched a Revolution in Physics* (New York: Free Press, 2001)；John Blackmore, ed., *Ludwig Boltzmann—His Later Life and Philosophy, 1900-1906, Book One: A Documentary History* (Dordrecht, Netherlands: Kluwer, 1995)；Stephen G. Brush, *The Kind of Motion We Call Heat: A History of the Kinetic Theory of Gases* (Amsterdam: North–Holland, 1986)。玻耳兹曼是原子理论的坚定拥护者，是当时少有的具备远见卓识的科学家，他发明的相空间已经成了量子理论的重要方法。相空间的概念与熵有关，它所度量的是系统能够占据的对应于不同波长的物理状态的数量。凭借这个方法，我们就能计算黑体等辐射体的辐射模式。这个概念已经成了量子理论的基础，当我们试图用量子理论描绘世界时，总是会不可避免地用到它，甚至在如今的弦理论中它也同样扮演着重要角色。玻耳兹曼患有抑郁症（也可能是躁郁症），他在六十二岁时亲手结束了自己的生命。

7. J. L. Heilbron, *Dilemmas of an Upright Man: Max Planck and the Fortunes of German*

Science (Cambridge, MA: Harvard University Press, 2000)；Max Planck, *Scientific Autobiography and Other Papers* (Philosophical Library, 1968)。

8. 关于爱因斯坦有太多的参考文献，我们无法在此一一列举。本文引用的部分来自一本优秀的传记：Walter Isaacson, *Einstein: His Life and Universe* (New York: Simon & Schuster, 2007), p. 96（该书中文版《爱因斯坦：生活和宇宙》于2009年4月由湖南科学技术出版社首次出版，之后更名为《爱因斯坦传》并于2012年1月由湖南科学技术出版社再版），而最出色的爱因斯坦传记或许是这本：Abraham Pais, *Subtle Is the Lord: The Science and the Life of Albert Einstein* (New York: Oxford University Press, 2005)（该书有两个中译版，旧版《上帝是微妙的：爱因斯坦的科学与生平》于1988年8月由科学技术文献出版社出版，新版《上帝难以捉摸：爱因斯坦的科学与生平》于2017年5月由商务印书馆出版），此外这篇文章也很值得一读：A. Pais, "Einstein and the Quantum Theory," *Review of Modern Physics* 51, no. 4 (1979): 863–914。

9. W被称为金属的功函数。当入射光的频率f大于F时，我们就能看到有电子从金属表面逸出，并且逸出电子携带的能量等于它吸收的能量减去为了离开金属表面而支付的通行费。用公式表示，就是$E = hf - W$，其中，E是电子离开金属表面后残余的能量，hf是电子从吞噬的光子中吸收的能量，W是金属表面对电子征收的通行费。在之后的几年中，许多实验物理学家对这个公式正确与否展开了验证，结果证明它是完全正确的！我们现在把这个通行费W称作金属的功函数，它的大小由金属物质的内部原子结构所决定。许多参考书会把常见金属的功函数列出，便于读者查找。

10. 参见 https://en.wikipedia.org/wiki/Quantum_dot（访问日期为2010年5月21日）。

11. 每个光子都有能量，因此也必然拥有动量$p = E/c = hf/c$。这一点由康普顿证实，他的实验揭示了光子（X射线）和电子之间会像台球一样发生碰撞，不同之处在于光子的碰撞过程需要用相对论来描述。参见 http://en.wikipedia.org/wiki/Compton_effect 以及这篇传记文章：http://nobelprize.org/nobel_prizes/physics/laureates/1927/compton–bio.html（访问日期为2010年5月21日）。

12. 同上。

13. 同上。

14. 这段讨论我们沿用了费曼的梅森哲系列讲座的内容，这个非常精彩的系列讲座于1964年在康奈尔大学举行，参见 Richard P. Feynman, *The Character of Physical Law* (Cambridge, MA: MIT Press, 2001)（该书中文版《物理定律的本性》已于2012年9月由湖南科学技术出版社出版）；R. P Feynman, *Six Easy Pieces, Essentials of Physics by Its*

Most Brilliant Teacher (Basic Books, 2005)。

15. David Wilson, Rutherford, Simple Genius (Hodder & Stoughton, 1983) ; Richard Reeves, *A Force of Nature: The Frontier Genius of Ernest Rutherford* (New York: W. W. Norton, 2008)。卢瑟福有着出色的动手能力（这点和他的导师J.J.汤姆逊颇为不同），并且对喜欢异想天开的理论物理学家甚是鄙夷，在他的博士后群体中流传着这样的尖刻语录："哦，那种东西啊（指爱因斯坦的相对论），我们从来不会去在意它。"

16. 参见Jan Faye, *Niels Bohr: His Heritage and Legacy* (Dordrecht, Netherlands: Kluwer Academic Publishers, 1991)和玻尔的维基百科http://en.wikipedia.org/wiki/Niels_Bohr（访问日期为2010年1月1日）。

17. Oscar Wilde, "In the Forest," 1881, from *Charmides and Other Poems*，已进入公版领域（可以从网上免费下载）。

第5章

1. Charles Enz and Karl von Meyenn, *Wolfgang Pauli: A Biographical Introduction, Writings on Physics and Philosophy* (Berlin: Springer–Verlag, 1994) ; C. P. Enz, *No Time to Be Brief: A Scientific Biography of Wolfgang Pauli*, rev. ed. (New York: Oxford University Press, 2002) ; David Lindorff, *Pauli and Jung: The Meeting of Two Great Minds* (Wheaton, IL: Quest Books, 2004)（该书中文版《当泡利遇上荣格：心灵、物质和共时性》已于2014年7月由湖南科学技术出版社出版）。

2. 玻尔在1911年的时候认识到，如果电子以波的形式运动，那么它在一个完整轨道周期内经过的距离（轨道周长）必须是其波长的倍数，并且玻尔进一步论证，轨道中电子的量子波长通过普朗克常数与它的动量相联系，即电子的动量等于普朗克常数除以其量子波长。原子能够实现稳定的关键在于，轨道周长必须等于电子波长的整数倍。因此，电子的动量只能取某些特定值，与轨道大小有关。这也是乐器的工作原理：尺寸确定的铜管、直径确定的大鼓或者长度确定的琴弦，都只能发出特定波长的声音。

3. 原子内部的电子在不同状态下的结合能可以是6.1 eV、9.2 eV、10.5 eV，等等。这里的"eV"是能量单位"电子伏特"的符号，1 eV代表一个电子在电路中通过1伏特的电势差之后获得的动能变化量。因为1 eV的能量很小，因此在原子和亚原子尺度上使用eV作为能量单位通常是比较方便的。在常用的米–千克–秒单位制中，能量单位是J（读作"焦耳"），它和eV的换算关系是$1 J = 6.241\,509\,74 \times 10^{18}\,eV$，由此可见eV确实是个很小的单位。为了让大家对能量大小有一个更直观的认识，我们来看看下面几个例子。

在碳的燃烧过程中，每当一个碳原子C和一个氧分子O_2结合，我们就能得到一个二氧化碳分子CO_2，同时获得$E = 10$ eV的能量（以光子的形式）。在核裂变反应过程中，一个 ^{235}U 核会分裂成几个较轻的核，并且释放出大约200 MeV的能量。而在核聚变反应过程中，我们可以将一个氢核（含有一个质子）与一个氘核（含有一个质子和中子）结合，得到一个氦的同位素核（含有两个质子和一个中子），这个过程伴随着 14 MeV 的能量释放。

4. 关于弗兰克–赫兹实验，参见 http://spiff.rit.edu/classes/phys314/lectures/fh/fh.html（访问日期为2010年5月21日）。

5. 动量守恒方程是一个矢量方程。比如，两个质量分别为m_1和m_2的台球相撞，撞击前的速度为 $(\vec{v_1}, \vec{v_2})$，撞击后的速度为 $(\vec{v_1}', \vec{v_2}')$，那么根据动量守恒定律，这些物理量之间应当满足关系式：$m_1\vec{v_2} + m_2\vec{v_2}' = m_1\vec{v_1}' + m_2\vec{v_2}'$。动量守恒是物理定律不随空间位置变化而变化这一事实的自然推论，它是更为深刻的诺特定理的一个特例，参见 Leon M. Lederman and Christopher T. Hill, *Symmetry and the Beautiful Universe* (Amherst, NY: Prometheus Books, 2004)。

6. Nobel Prize Biography, http://nobelprize.org/nobel_prizes/physics/laureates/1929/broglie–bio. html（访问日期为2010年5月21日）。尽管玻尔在创建他的原子理论时已经用到了电子是波的观念，但不知何故他认为这只是轨道中的束缚电子所具有的特征，并没有将这个想法推广到自由电子上。如果电子有波长，那这个波长有多大？受到爱因斯坦的狭义相对论和普朗克的能量与波长关系的启发，德布罗意提出粒子的波长取决于它的质量和速度，或者简单说，取决于它的动量（动量定义为质量与速度的乘积，即 $p = mv$）。德布罗意洞察到，粒子的波长（记作λ）必须等于普朗克常数h除以其动量p，即 $\lambda = h/p$（显然这样的量子思想必然会引入量子理论的标志h）。德布罗意认识到粒子移动得越快，或者说粒子的动量越大，它的波长就必然会越小。

7. 同上。

8. 同上。

9. David C. Cassidy and W. H. Freeman, *Uncertainty: The Life and Science of Werner Heisenberg* (1993)；Arthur I. Miller, ed., *Sixty-Two Years of Uncertainty: Historical, Philosophical, and Physical Inquiries into the Foundations of Quantum Mechanics* (New York: Plenum Press, 1990)。

10. 同上。

11. 同上。

12. 准确地说，以海森堡的语言表述的量子力学中，$xp-px=ih/2\pi$ 是最基本的对易运算关系。我们很容易在宏观世界中找到这个关系的类比：想象一头奔跑的大象，我们可以先后记录下大象的位置 x（单位是米）及动量 $p=Mv$（M 是大象的质量，单位是千克，v 是大象的速度，单位是米/秒）。在这种情况下，我们其实是在用普通的数字来描述大象的状态，它们显然满足对易关系 $xp-px=0$，因为普朗克常数对于宏观世界的大象而言实在是微不足道。但对于微小的原子、电子和光子而言，这个结论就不再适用。事实上，即便是大象，$xp-px$ 理论上也应当等于 h 乘上某个数字，只不过我们没有足够灵敏的实验仪器能够直接观察到这点……不过只要以原子为观察对象，我们就能发现大自然确实是在用迥异于日常数学的方式描述电子！如果这还不足以令你感到惊讶，那就看看对易关系式的右端，你会看到乘在 h 前面的"数字"是 i，也就是 -1 的平方根！这意味着我们离开了实数轴，进入了虚数的领域。

下面的例子取自 Lederman and Hill, *Symmetry and the Beautiful Universe*, figure A3, p. 303。

拿出一本书，随便什么书都可以，想象以这本书的中心为原点建立一个直角坐标系。

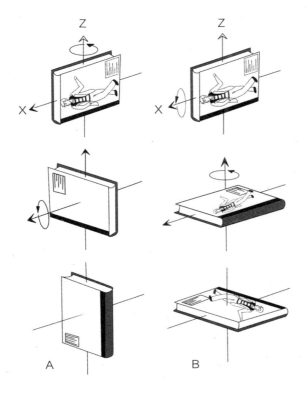

图38：选定书的初始位置，先将书绕 z 轴旋转 $90°$，再将书绕 x 轴旋转 $90°$，书最终的位置是 A。再次进行实验：回到初始位置，先将书绕 x 轴旋转 $90°$，再将书绕 z 轴旋转 $90°$，书最终到达了一个不同的位置 B。由此可见，旋转操作是不可对易的。

现在我们对这本书执行如下的旋转操作。首先，我们将这本书以假想的x轴为中心逆时针旋转$90°$，将此操作称为a，然后再将书以假想的y轴为中心逆时针旋转$90°$，将此操作称为b。记录书最终的位置，将这个结果记作$a×b$。现在把书还原到最开始的位置，然后调换上述两个旋转操作的顺序，即这次我们让书先绕y轴旋转（执行操作b），再绕x轴旋转（执行操作a），最后记录下书的位置（$b×a$）。$a×b$是否等于$b×a$？我们可以断然回答：不！旋转操作的执行顺序对结果有着重要影响！需要注意的是，旋转的不可对易性是旋转自身的属性，是大自然固有的属性，跟我们旋转的对象是什么无关。

海森堡认为，先测量物体的位置x，再测量其动量p，与先测量物体的动量p，再测量其位置x会得到不同的结果。在试图建立合适的方法描述这一量子现象的过程中，海森堡发现测量行为与乘法很相似，而且是a乘b的结果不同于b乘a的情况。更确切地说，若令x表示电子的位置，p表示电子的动量，那么海森堡发现的结论就是xp不等于px。这样的事情在牛顿物理学中显然不会发生：先测量位置再测量动量得到的xp和先测量动量再测量位置得到的px，两者总是相等的。但是，海森堡认为，对质量的测量必然会导致对动量的干扰，反之，对动量的测量也必然会导致对位置的干扰，这是量子物理学的核心特征。只不过$xp-px$的值非常小……既然涉及量子效应，那么这个差值必然与普朗克常数h有关。

13. 如果动量的不确定性很大，那么动量本身也会增大到和不确定性$\Delta p \geq h/2\Delta x$同样的量级。由于动能（运动产生的能量）由动量决定，$KE=p^2/2m$，因此它也会增大到$(\Delta p)^2/2m \geq h^2/2m(\Delta x)^2$的量级，这里的$m$表示电子的质量。当我们将电子挤向原子核时，动能的增量远远大于势能$PE=-e^2/x \cong -e^2/\Delta x$的减少量，因此在这一过程中总能量$KE+PE$实际上是会不断增加的，这也就是为什么原子会有一个能量最低的基态以及多数情况下能保持稳定的原因。这种效应被称为薛定谔压力，它大致上解释了非相对论量子物理学是如何使系统免于崩溃的。然而，在相对论极限下，薛定谔压力是可以被克服的。当动量极大时，动能与动量直接相关，即$E \cong pc \cong hc/2\Delta x$，如果系统的内力与距离之间是平方反比关系，则势能就有可能胜过动能$PE \cong -k/\Delta x$。因此，当大质量恒星的内部处于相对论状态时，它就会崩塌形成黑洞。

14. 参见Walter J. Moore, *Schrödinger: Life and Thought* (Cambridge, MA: Cam-bridge University Press, 1992); 另见 K. von Meyenn, "Pauli, Schrödinger and the Conflict about the Interpretation of Quantum Mechanics," in *Symposium on the Foundations of Modern Physics* (Singapore, 1985), pp. 289–302. 奥本海默的话也引自 Dick Teresi, "The Lone Ranger of Quantum

Mechanics," in the *New York Times* book review of *Schrödinger: Life and Thought*, by Walter J. Moore (above), January 9, 1990。例如，令 x 轴表示波传播的方向，t 表示时间，那么我们就可以用三角函数来描述一个特定的行波：$\Psi(\vec{x}, t) = A\cos(kx - \omega t)$。在任意时刻 t，行波的形状都是一串波列，并且随着时间推移，波列会向 x 的正方向移动。式中出现的 k 称为波数，ω 称为波的角频率，它们和我们平常使用的频率（每秒周期数）和波长之间存在以下关系：$f = \omega/2\pi$，$\lambda = 2\pi/k$。这里的波长 λ 是相邻两个波峰或波谷之间的距离，频率 f 是波在空间中任意固定点每秒钟上下波动通过的完整周期数。换言之，如果你把波想象成一列火车，那么 λ 就是一节车厢的长度，f 就是一秒内从你面前经过的车厢节数。A 是波的振幅，决定了波峰的高度或者说波谷的深度，因此从波峰顶部到波谷底部的距离是 $2A$。在三维空间中，我们需要写成矢量形式，比如 kx 应当写作 $\vec{k} \cdot \vec{x}$，表示沿 $\vec{k}$ 方向行进的波。

15. 有关复数的题外话：西方最早发现数字的地方可能是美索不达米亚，东方则是古代中国。"发现数字"这样的说法听起来颇有些古怪，但实际情况确实就是如此。我们从最简单的自然数开始说起，0，1，2，3，…，这或许是古代人在数羊或者数钱的时候发现的。当有人发明了减法，并试图用 3 减去 4 时，他就会发现负整数，−1，−2，−3，…，古希腊人发现了有理数，也就是可以写成两个整数之比的数字，比如 3/4 和 9/28。希腊人还发现了素数，即除了 1 和其自身以外没有其他因数的自然数，如 2，3，5，7，11，13，17，…，而 $15 = 3 \times 5$ 因为包含 3 和 5 两个素因子，所以不是素数。某种意义上，素数就像是自然数世界的原子，它们通过乘法构建了所有的自然数。素数在数学上有着十分重要的意义，直到今天依然有许多数学家在孜孜不倦地研究它们的性质。像 $\sqrt{2}$ 和 π 这样的数被称为无理数，它们无法表示成两个整数之比。把整数、有理数和无理数，正的负的统统放在一起，就构成了全体实数的集合。

阿拉伯人发明了代数并用以求解 $x^2 = 9$ 之类的问题——不难看出，这个方程有两个解，分别是 $x = 3$ 和 $x = -3$。没过多久，他们就发现了虚数。例如，我们可能想要知道 $x^2 = -9$ 的解是什么。显然，不存在能够满足这个方程的实数，为此我们可以发明一个新数字，记作 i，定义为 $i = \sqrt{-1}$ 或 $x^2 = -1$。因此上面的方程就有了两个解，$x = 3i$ 和 $x = -3i$。然后我们就可以创建新的数字类型 $z = a + bi$，其中 a 和 b 都是实数，我们称这种类型的数为复数。我们定义 z 的复共轭为 $z^* = a - bi$，定义 z 的模为 $|z| = \sqrt{zz^*} = \sqrt{a^2 + b^2}$。虚数代表传统实数之外的第二个维度，我们可以建立复平面，让 x 轴代表全体实数，让与其垂直的 y 轴代表全体虚数（全体实数乘上 i），如此一来，复数就成了复平面上的向量。

有一个非常重要的定理将虚数的指数和复数通过三角函数联系在了一起：$e^{i\theta} = \cos(\theta) + i\sin(\theta)$。这个等式的证明通常被安排在微积分课程中，但事实上证明它只需要用到指数的一般性质以及三角函数的和角公式。借助这个等式，任何复数都可以写成 $z = \rho e^{i\theta}$，其中 ρ 和 θ 都是实数，并且 $|z| = \sqrt{zz^*} = \rho$，这就是复数的极坐标表示形式。

物理公式中出现的复数真的有物理意义吗？在量子物理学中，我们没有理由否定复数的存在，波函数确确实实是定义在时间和空间上的复值函数。事实上，虚数单位 i 在量子力学的数学中扮演着非常基础的角色。量子力学本质上是关于概率的平方根的理论，因此 i 会很自然地出现在量子力学的数学概念中。显然，大自然读过有关复数的书籍而且懂得活学活用。

16. 此刻，许多学生可能会说："你们肯定在开玩笑！你们只不过是和电工课的老师一样把复数当作简化计算的工具而已，公式里面的复数怎么可能有物理意义呢？"对此我们的回答是："不！我们没有开玩笑！"在量子力学中复数是真实存在的，波函数确确实实是定义在时间和空间上的复值函数。当然，我们确实可以用成对的实数代替单个的复数，从而将虚数单位彻底从我们的公式当中移除，只不过这样做会让我们的数学计算更加繁复，而且不会带来任何好处。这就像参加酒会时和其他客人谈论某种令人不快的疾病，但为了谨慎起见需要避免直接提及这种疾病的名称，这样一来每个人都会知道我们在谈论的是什么，而且早晚会有人忍不住说漏嘴。事实上，i 确实在量子力学的数学中扮演着非常基础的角色。我们不知道这是为什么，但我们知道事实就是如此。那么，粒子的波函数究竟长什么样呢？

根据薛定谔的波动方程，我们发现自由粒子的波函数是一列行波，具有以下形式：

$$\Psi(\vec{x}, t) = A\cos(\vec{k} \cdot \vec{x} - \omega t), \quad \text{其中} |\vec{k}| = 2\pi/\lambda, \quad \omega = 2\pi f$$

17. 在振动模式上，吉他（或者小提琴之类的其他弦乐器）的琴弦和束缚态电子的波函数很类似。琴弦的两端分别固定，一端固定于琴桥，另一端固定于琴颈末尾的上弦枕。当我们拨动琴弦时，它就会振动，发出美妙的音符。显然，琴弦的振动会被限制在其自身的长度内，形成所谓的驻波。事实上，如果弦的长度是无限的，那么我们拨弦的动作就会引出一道行波，它会沿着琴弦一直传递到无穷远处，在量子力学中行波对应于在真空中穿梭的自由粒子。但我们的琴弦长度有限，也就是琴桥到上弦枕的这段距离，因此它只能产生驻波。我们用 L 表示这个长度，普通的吉他大概是一米，对于小提琴而言则是一英尺。

如果从中间轻轻拨弦，那么我们就会激发琴弦的最低振动模式，这对应于被原子核束缚住的电子所能拥有的最低能量状态。这种振动模式的波长 λ（读作"拉姆达"）等于 2L，也就是说琴弦的长度 L 仅仅是整个波长的一半（振动幅度最大时只有一个波峰或一个波谷，而一段完整的波长应该同时出现波峰和波谷）。这被称为系统的最低模式或者最低能量状态或者基态，此时琴弦发出的是它的最低音阶。

我们现在考虑琴弦的第二振动模式，这种情况下的波长为 λ = L。也就是说，在长度为 L 的琴弦上我们可以同时看到波峰和波谷。只要有点耐心，你可以在你的吉他上实际演示出这种振动模式，方法如下：左手手指轻轻捏住琴弦的中间，右手在琴弦四分之一处轻轻一拨，与此同时将左手手指迅速移开。这样做的目的是确保琴弦的中间不振动，这是第二振动模式的一个重要特征（这种静止点被称为波节）。此时琴弦会发出一个清亮悦耳的音调，比之前的最低音阶高一个八度，听上去有点像竖琴。量子世界中的情形也是类似，与基态相比，束缚电子的第二振动模式波长更短，因此动量和能量也都更高。

如果我们用能量正好的光子照射处于基态的电子，那么电子就会将光子的能量吸收，从而一跃进入第二振动模式，也就是系统的第一激发态。同样地，处于第一激发态的电子也可以辐射出光子然后跃回基态。紧接着的下一个高能态是第三振动模式，在长度为 L 的琴弦上会出现一又二分之一个波长，也就是说 λ = 2L/3。让吉他表现出这种振动模式的方法与之前类似，不过这次左手手指要捏住琴弦的三分之一处，而右手需要轻拨琴弦的中间。这种情况下你应该会听到一个非常清脆的第五音阶（如果琴弦的基调是 C 调，那么你会听到高两个八度的 G 调）。这在量子世界中对应于更短的波长以及更高的动量和能量。

当能量正好的光子撞击处于基态或第一激发态的束缚电子时，电子就会受激进入第三振动模式，也就是第二激发态。同样，处于第二激发态的电子也可以辐射出光子，跃入基态或第一激发态。随着更多能量的加入，我们可以让电子进入第四、第五、第六以及更高的能级，吉他的琴弦也有与每种能级对应的振动模式。最终，当电子获得足够的能量之后就可以逃离原子核的束缚，成为一个自由粒子（它的波函数不再局限于有限空间内）。此时我们就说系统被电离了。

18. 参见注 14。

19. Nancy Thorndike Greenspan, *The End of a Certain World: The Life and Science of Max Born*, export ed. (New York: Basic Books, 2005); G. S. Im, "Experimental Constraints on Formal Quantum Mechanics: The Emergence of Born's Quantum Theory of Collision Processes in Göttingen, 1924—1927," *Archive for History of Exact Sciences* 50, no. 1 (1996): 73–101.

20. 在正文中，我们将忽略 $\Psi(x, t)$ 是复数的事实，而简单地用 $\Psi(x, t)^2$ 表示概率，而事实上正确的表示方法应该是模的平方，即 $|\Psi(x, t)|^2$，这样才能确保它始终取非负实数值。需要注意的是，这里的 $|\Psi(x, t)|^2$ 表示的是概率密度，也就是说，如果我们是在讨论一维的情况，那么 $|\Psi(x, t)|^2$ 就表示在小区间 dx 内找到粒子的概率。而如果推广到三维空间中的任意区域，那么我们就需要用到多重积分，比如我们于时刻 t 在三维空间的区域 V 内发现粒子的概率为 $\int_V |\Psi(x, t)|^2 d^3x$。如果区域 V 表示全空间，那么积分的结果就是 1。薛定谔方程保证了任意时刻概率密度在全空间的积分始终为 1，这被称为"概率守恒"或者"幺正性"，并且可以证明这个条件对量子理论施加了特殊的约束，即所谓的哈密顿算符的厄米性。哈密顿算符必须是厄米算符，这意味着物理系统的能量只能取到实数值。

21. 参见注 19。

22. 参见注 15。

23. 参见注 20。

24. 海森堡的不等式其实是三维的，空间中三个方向上的位置分量和动量分量之间都有类似的关系式。显然，在我们面临双缝干涉实验引起的"波还是粒子？"的困境时，海森堡不确定性原理的存在会让我们更加一筹莫展。

第6章

1. Heinz R. Pagels, *Perfect Symmetry: The Search for the Beginning of Time* (New York: Simon & Schuster, 1985)。

2. 阿波罗 15 号的宇航员大卫·斯科特（David Scott）曾在月球上用羽毛和锤子演示了自由落体实验，令人大开眼界。读者可自行从各种视频网站上搜索关键字，观看这一演示视频。

3. 参见第 2 章注 2。

4. Erwin Schrödinger, *What Is Life? Mind and Matter* (Cambridge: Cam-bridge University Press, 1968)（该书有多个中译版，比如湖南科学技术出版社于 2007 年 4 月出版的《生命是什么》）。

5. James D. Watson, *The Double Helix: A Personal Account of the Discovery of the Structure of DNA* (New York: Touchstone, 2001)（该书有多个中译版，比如科学出版社于 2006 年 2 月出版的《双螺旋：发现 DNA 结构的故事》）。

6. Roger Penrose, *Shadows of the Mind: A Search for the Missing Science of Consciousness* (New York: Oxford University Press, 1996)。

7. Michael D. Gordin, *A Well-Ordered Thing: Dimitry Mendeleev and the Shadow of the Periodic Table*, 1st ed. (New York: Basic Books, 2004）；Dmitri Ivanovich Mendeleev, *Mendeleev on the Periodic Law: Selected Writings, 1869-1905*, edited by William B. Jensen (Mineola, NY: Dover, 2005)。

8. 原子量是原子质量的一种度量。我们定义碳–12的原子量为$A=12.00$，那么氢元素的原子量就大约是一个单位，即$A=1$。但是，查阅现代的化学教材，我们会发现上面给出的氢元素原子量是1.0079，为什么不是精确地等于1呢？原因有两个：（1）碳原子的质量中有一部分是原子核中质子和中子的结合能；（2）自然界中的元素通常都有不止一种同位素（质子数相同，中子数不同），比如海水中的氢元素实际上就包含了少量的氘（有两个中子的氢元素），因此元素的原子量需要根据自然界中该元素同位素的比例计算得到。维基百科详细介绍了同位素的概念：http://en.wikipedia.org/wiki/Atomic_weight（访问日期为2010年1月1日）。将元素按照原子量从小到大的顺序排列，最靠前的几个是：氢（$Z=1$，$A=1$），氦（$Z=2$，$A=4$），锂（$Z=3$，$A=7$），铍（$Z=4$，$A=9$），硼（$Z=5$，$A=11$），碳（$Z=6$，$A=12$），氮（$Z=7$，$A=14$），氧（$Z=8$，$A=16$），氟（$Z=9$，$A=19$），氖（$Z=10$，$A=20$），钠（$Z=11$，$A=23$），镁（$Z=12$，$A=24$），铝（$Z=13$，$A=27$）。限于篇幅，我们无法对这个主题做更进一步的介绍，因此我们建议感兴趣的读者参阅下面网站给出的参考文献：http://en.wikipedia.org/wiki/Periodic_table（访问日期为2010年1月1日）。

9. 同上。

10. 参见注7。

11. 锂水反应和钠水反应过程中究竟发生了什么呢？以锂水反应为例，首先，水分子会在锂的表面附近分解成两部分：$H_2O \rightarrow H^+ + OH^-$（水分子很喜欢这样，这里的$OH^-$称为羟基，通常会因为附着一个额外的电子而带有负电荷；而失去了外层电子的H^+则成了一个裸质子。因失去电子或附着额外电子而带电的原子或小分子被叫作离子。液态水中的氢离子H^+会和水分子H_2O结合形成水合氢离子H_3O^+。如果液体中H_3O^+太多，OH^-太少，我们就说这是酸性液体，反之如果OH^-太多，H_3O^+太少，我们就说这是碱性液体）。锂会迅速占据原本氢原子的位置，从而形成氢氧化锂LiOH，而被抛弃的氢就会以气体的形式从水中冒出。由于反应会释放大量的热，因此过程中常常伴随氢气的燃烧。（相信我们，这个反应确实相当剧烈，千万不要轻易模仿！）

12. 门捷列夫当时并不知道氦、氩等惰性气体的存在，因此在他的元素周期表中，第二行和第三行都只有七种元素。参见http://www.elementsdatabase.com（访问日期为2010年5

月21日）。

13. 这里我们特指动量的大小，因为对于束缚态的波而言，动量作为一个矢量并不唯一确定，也就是说，此时的波不是行波，而是驻波。驻波在任何时刻都包含两个大小相等、方向相反的动量。吉他琴弦的最低振动模式可表示为 $A\sin(\pi x/L)$，波函数的最低模式形状上与之完全相同，不过其中自然还需要包含复数，再考虑到随时间振荡变化的关系，波函数最终可以表示为 $\Psi(x, t) = A\sin(\pi x/L)e^{i\omega t}$，其中 $\omega = 2\pi E/h$ 被称为角频率。因此，在 $x=0$ 和 $x=L$ 之间找到电子的概率为 $|\Psi(x, t)|^2 = A^2\sin^2(\pi x/L)$。事实上，如果已知我们必然能够在区间 $0 \leq x \leq L$ 的某处找到电子，那么我们不难计算得到 $A=\sqrt{2/L}$。

14. 这些正是薛定谔波函数的平方 $|\Psi|^2$ 的示意图。云中颜色越深的地方，找到电子的可能性越大；颜色越浅的地方，找到电子的可能性越小。如果你向电子云发射高能光子（伽马射线），测量电子的位置，那么在重复多次实验之后，你会发现光子与电子的碰撞主要都集中在云中颜色深的地方，而很少出现在颜色浅的地方。参见http://en.wikipedia.org/wiki/Atomic_orbital（访问日期为2010年1月2日）。

15. George Gamow, *Thirty Years That Shook Physics* (New York: Dover, 1985)。

16. 顺便一提，正常状态下氢气是两种自旋异构体的混合物，一种叫仲氢，两个质子的自旋方向相反，形成（上，下）−（下，上）的单重态，另一种叫正氢，两个质子的自旋方向相同，形成（上，上）、（上，下）+（下，上）和（下，下）的三重态。参见http://en.wikipedia.org/wiki/Orthohydrogen（访问日期为2010年1月1日）。

第7章

1. John Rigden, *I. I. Rabi: Scientist and Citizen* (Cambridge, MA: Harvard University Press, 2001)。

2. 施特恩−格拉赫实验首次观察到了电子自旋的存在。参见http://plato.stanford.edu/entries/physics−experiment/app5.html（访问日期为2010年5月21日）。

3. 同上。

4. Pascual Jordan, *Physics of the Twentieth Century* (Davidson Press, 2007)。

5. 参见第1章注6。

6. William Shakespeare, *Hamlet*（该书有多个中译版，比如人民文学出版社于2001年1月出版的《哈姆莱特》）第1幕，第5场。

7. M. Beller, "The Conceptual and the Anecdotal History of Quantum Mechanics," *Foundations*

of Physics 26, no. 4 (1996): 545–57 ; L. M. Brown, "Quantum Mechanics," in *Companion Encyclopedia of the History and Philosophy of the Mathematical Sciences*, edited by I. Grattan-Guinness (London, 1994), pp. 1252–60 ; A. Fine, "Einstein's Interpretations of the Quantum Theory," in *Einstein in Context* (Cambridge: Cambridge University Press, 1993), pp. 257–73 ; M. Jammer, *The Philosophy of Quantum Mechanics: The Interpretations of Quantum Mechanics in Historical Perspective* (New York, 1974)（该书中文版《量子力学的哲学：量子力学诠释的历史发展》已于1989年10月由商务印书馆出版）; Jagdish Mehra and Helmut Rechenberg, *The Historical Development of Quantum Theory* (New York; Berlin, 1982—1987)。

8. 量子理论中的叠加态：我们可以把举例的对象换成森林中的一棵树，在经典物理学中，我们可以说这棵树从一开始的直立状态慢慢倾斜，最终倒落在地上，整个过程可以用这棵树和竖直方向的夹角 θ 表示。θ 是关于时间的函数，最开始是0，然后逐渐增大到 $10°$、$20°$，最后，当这棵树轰的一声倒在地面上的时候，θ 为 $90°$。我们可以在任何时刻进入森林测量该时刻 θ 的大小，甚至可以在森林里摆一台摄像机，记录下整个过程，然后画出 θ 关于时间的函数图像，看 $\theta(t)$ 如何从开始的 $\theta(0)=0$ 变到最终的 $\theta(T)=90°$。这就是经典物理学，和我们的直觉完美吻合。

现在将上述观点与量子理论进行对比。如果我们把这棵树比作一个量子系统，然后制造一台"树探测器"，那么这台探测器探测到的树的状态就只能是下面两种之一：或者直立，或者倒下。这两种状态我们称作本征态，分别记作（树直立）和（树倒下），类比量子力学中的（自旋向上）和（自旋向下）。

但这样一来我们要如何描述树倒下的过程呢？为了这个目的，在量子力学中我们可以构建树既不是完全直立又没有彻底倒下的新的状态，称为叠加态：

$$a（树直立）+ b（树倒下）$$

其中 a 和 b 都是复数（参见第5章注15）。根据量子力学的幺正性规则，任何时刻 a 和 b 都必须满足 $|a|^2 + |b|^2 = 1$，式中的 $|a|^2$ 表示树直立的概率，$|b|^2$ 表示树倒下的概率，因此这个式子只是说明了一个再明显不过的事实：树或者直立，或者倒下，两者的概率和为1。如果幺正性（也叫作概率守恒定律）不满足，那么量子理论的概率诠释将变得毫无意义。刚开始的时候，树处于（树直立）的本征态，也就是说此时 $a=1$，$b=0$。随着时间推移，量子法则允许和的取值发生改变，不过必须始终满足 $|a|^2 + |b|^2 = 1$。

现在，假定我们离开一段时间之后再次返回森林，使用"树探测器"测量树的状态。我们可能会发现树仍然是直立的（得到这个观测结果的概率是 $|a|^2$）。但是，根据玻尔

的观点，这个测量操作会把系统的状态重设为（树直立）的本征态，也就是说，仅仅因为我们测量了系统，发现了树是直立的，a 和 b 的值就又一次变回了 $a=1$，$b=0$……这正是量子力学怪异的一面：测量行为会对物理系统形成干扰，让系统从叠加态变为某个本征态，而且这是由量子理论的基本原理所决定的，没有任何办法可以避免。注意量子物理学和经典物理学在这方面的巨大差别。在经典物理学中，如果在某一时刻我们通过观测得知树相对于竖直方向的倾斜角为 13°，那就意味着在我们测量前的一瞬间和测量后的一瞬间树的状态都是 $\theta = 13°$，我们的测量不会对树的状态造成任何影响。

如果我们再次回到森林时，发现树已经倒在了地上（得到这个观测结果的概率是 $|b|^2$），那么我们的观测操作实际上就把系统的状态重设为了（树倒下）的本征态，对应于 $a=0$，$b=1$。

在进行观测之前，树的状态可以是两种本征态的叠加。至于我们的观测结果，树是直立还是倒下，完全由概率所决定，而一旦我们执行了观测操作，树的状态就会被重新设定。事实上，任何可以执行观测操作的事物（比如电子设备或者无意间路过森林的外星人），都会在观测之后重设树的状态。如果我们、电子设备或者外星人没去打扰这棵树，不带走它处于什么状态的信息，那么这棵树将始终保持叠加态；但只要执行了观测操作，树就会立刻坍缩成某个确定的本征态，要么直立，要么倒下。

用海森堡的语言描述薛定谔的猫，我们可以说猫处于一个叠加态：a（猫活）$+ b$（猫死）。在这个例子中，a^2 表示猫活着的概率，b^2 表示猫死了的概率，显然它们应当满足 $|a|^2 + |b|^2 = 1$。刚开始时，猫是活着的，所以 $a=1$，$b=0$，但随着时间的流逝，a 不断减小，b 不断增大，那么猫到底是死是活？按照量子力学的理论，这个问题没有一个确定的答案，直到我们打开盒子往里看的那一刹那，（猫死）和（猫活）的叠加态才会坍缩成一个确定的本征态。如果猫还活着，那么它的状态就重设为（猫活），对应于 $a=1$，$b=0$；但如果惨剧最终还是没能避免，我们发现猫已经停止呼吸，那么它的状态就会变为（猫死），对应于 $a=0$，$b=1$。

9. Nathan Rosen, et al., eds., *The Dilemma of Einstein, Podolsky and Rosen—60 Years Later: An International Symposium in Honour of Nathan Rosen*, Haifa, March 1995, *Annals of the Israel Physical Society* (Institute of Physics Publishing, 1996)；http://en.wikipedia.org/wiki/EPR_paradox（访问日期为 2010 年 4 月 30 日）；M. Paty, "The Nature of Einstein's Objections to the Copenhagen Interpretation of Quantum Mechanics," *Foundations of Physics* 25, no. 1 (1995): 183–204。

10. 本书对贝尔定理的解释主要参考了http://www.upscale.utoronto.ca/PVB/Harrison/BellsTheorem/ Bells Theorem.html这个网站上的内容（访问日期为2010年1月1日），同时我们补充了一个简单的例子，以便于读者理解。

11. 同上。

12. 约翰·贝尔的人物生平，参见http://www.americanscientist.org/bookshelf/pub/john-bell-across-space-and-time和http://en.wikipedia.org/wiki/John_Stewart_Bell（访问日期为2010年1月1日访问）。

第8章

1. 电子在导体中的移动速度比光速小得多。在小质量原子中，电子的运动速度和光速相比也只是小量，比如氢原子电子的运动速度大约是光速的0.3%。但对于较重的原子，其内层电子的运动速度开始接近光速的10%，电子从高能级向低能级跃迁时会发射X射线和伽马射线，此时我们不得不开始担心相对论可能带来某些影响。幸运的是，这些电子会被限制在内部壳层中，形成类似于惰性气体原子的结构，不会参与化学反应。

2. 爱因斯坦的狭义相对论基于两个原理。（1）相对性原理：所有的匀速运动系统（称为惯性参考系）在描述物理现象时都是等价的；（2）光速不变原理：在任何惯性参考系下观察，光速的大小都是恒定的。

3. 能量、动量和质量之间关系的相对论修正：

$$\text{爱因斯坦的能量动量关系：} E^2 - p^2 c^2 = m^2 c^4$$

移项，得到$E^2 = m^2 c^4 + p^2 c^2$，为了计算粒子的能量E，我们需要对式子的两边做开方运算。若令动量取零，并且只保留正根，我们就能得到著名的质能方程$E = mc^2$。而对于动量较小的情况，我们可以近似得到

$$E \approx mc^2 + \frac{p^2}{2m}$$

右边多出的那一项恰好就是牛顿力学中的动能表达式。

4. 一种粒子到另一种粒子的转变并不是任意的，这个过程必须遵循与导致衰变的力或相互作用相关的"选择定则"。例如，质子不能衰变为电子和光子，因为质子带有正电荷，而电子带有负电荷，这个过程不满足电荷守恒。那么质子能衰变成正电子和光子吗？由于质子的重子数为1，轻子数为0，正电子的重子数为0，轻子数为−1，因此想要让这个过程发生，自然界中必须得存在新的力来打破重子数守恒和轻子数守恒。事实上，我们相信这种衰变确实会发生，只不过对应的相互作用非常微弱（在标准模型

中，这种相互作用是通过非常罕见的叫作"电弱瞬子"的拓扑过程发生的）。质子的衰变速度非常缓慢，一个质子的寿命可以超过 10^{36} 年！

5. 参见注2和注3。

6. 负能量粒子的能量可以表示为

$$E = -\sqrt{m^2c^4 + p^2c^2}$$

随着动量 p 的增加，粒子负能量的绝对值变得越来越大。

7. 不要把负能量粒子和所谓的快子混淆。快子是假想的超光速粒子，质量为虚数，因此快子满足的能量动量关系为 $E^2 = m^2c^4 + p^2c^2$，质量平方项前的负号使快子的性质有别于普通粒子。不过到目前为止，我们还没有可行的理论将快子当作真实存在的粒子来处理。量子场论中的快子通常只是普通粒子的一种"失控模式"，意味着真空的不稳定。快子的运动过程就好像原本栖息在山顶上的岩石沿着山坡滚落下来的过程，在此过程中整个真空都是不稳定的。最终，当快子到达山脚，即势能的最低点之后，原本的 $-m^2c^4$ 就变为了正的项，即 $+(m')^2c^4$，快子也就变成了普通粒子。

8. Paul A. M. Dirac, *The Principles of Quantum Mechanics* (New York: Oxford University Press, 1982)（该书第一个中文版《量子力学原理》由科学出版社于1965年6月出版，第二个中文版《狄拉克量子力学原理》由机械工业出版社于2018年7月出版）。

9. 参见注6。

10. 关于正电子，参见维基百科 http://en.wikipedia.org/wiki/Positron，上面还给出了安德森在探测器中看到的正电子轨迹图。另请参见 http://www.lbl.gov/abc/Antimatter.html（访问日期均为2010年5月25日）。

11. 最近，费米实验室的 *DZero* 实验项目利用万亿电子伏特加速器（Tevatron）可能发现了新物理学的初步证据，或许能够揭开"为什么我们能够存在"的奥秘。这次的新发现最核心的部分在于某些类型的相互作用对粒子与对其反粒子的影响存在细微的差异。这类相互作用具有CP不守恒的特性，其存在性已经被科学家所证实，不过迄今为止观测到的这类相互作用都太过微弱，无法解释我们今天在宇宙中看到的物质数量。费米实验室的实验结果与一种叫作 B_s 介子的大质量粒子有关（这是一种自旋为0的中性粒子，质量约为 5 GeV$/c^2$，由一个底夸克和一个反奇夸克组成）。这种粒子会发生振荡，在极短时间内变成自己的反物质伙伴 $\bar{B}_s$ 介子，而 $\bar{B}_s$ 介子也会发生振荡，同样会在极短时间内变回 B_s 介子。这种振荡过程的频率很快，虽然 B_s 介子和 $\bar{B}_s$ 介子的寿命只有大约一万亿分之一秒，但在它们衰变（半轻子衰变）之前，已足够完成许多次的来回振荡。如果这种介子衰变时处于振荡的 B_s 阶段，那它就会产生一个带负

电荷的 μ 子，反之，如果衰变时处于 $\bar{B}_s$ 阶段，那么它会产生一个带正电荷的反 μ 子。B_s 介子和 $\bar{B}_s$ 介子通常相伴而生，随后踏上各自的愉快旅程，在自己和对方之间来回振荡。所以，正常情况下，我们预计 B_s 介子和 $\bar{B}_s$ 介子衰变产生的 μ 子和反 μ 子会实现统计意义上的平衡。然而，不满足 CP 守恒的相互作用会导致振荡在 B_s 阶段停留的时间比 $\bar{B}_s$ 阶段略微长一些，这意味着产生一对 μ 子（两个介子衰变时都处于 B_s 阶段）的概率稍高于产生一对反 μ 子（两个介子衰变时都处于 $\bar{B}_s$ 阶段）的概率。费米实验室进行的 DZero 实验发现的正是这点，不过 μ 子和反 μ 子数量上的偏差超过预期。如果这次的结果能够得到进一步证实，那么 CP 破坏效应造成的实际影响就会比标准模型所预测的大五十倍左右。因此，这次的实验可能暗示了标准模型存在缺陷，同时也暗示了宇宙中存在新的不满足 CP 守恒的相互作用力。这种新的相互作用力或许有足够的强度来解释为什么我们的宇宙中只有物质而没有反物质，也就是为什么我们能够存在。

截至本书的撰写，这些还只是非常初步的实验结果，需要大量后续工作来做进一步确认（科学就是如此）。但不管怎样，这个消息让世界各地的科学家都感到异常兴奋，应该很快就会有后续的进展。论文：V. M. Abazov et. al., the DZero Collaboration, "Evidence for Anomalous Like–Sign Di–Muon Anomaly arXiv: 1005.2757 [hep–ex]"；通俗讲解：Dennis Overbye, "A New Clue to Explain Existence," at http://www.nytimes.com/2010/05/18/science/space/18cosmos.html（访问日期为 2010 年 5 月 17 日）。

12. 参见 Alexander Norman Jeffares, "William Butler Yeats," in *A New Commentary on the Poems of W. B. Yeats*, p. 51: "The Fish" first appeared in Cornish magazine, December 1898, with the title "Bressel the Fisherman"。

13. 根据高斯求和公式，从 -1 加到 $-N$ 的结果是 $-N(N+1)/2$。这个公式以著名数学家卡尔·高斯的名字命名，据说高斯念小学的时候，老师给全班出了道难题，让他们从 1 加到 100，于是高斯推导了这个公式，很快算出了结果。如果我们生活的世界除了一维时间之外只有一维空间，那么对狄拉克海中的负能量量子态求和，得到的结果就会是长这个样子的。

14. 一些比较老的教科书认为介子和光子的相对论性波动方程包含负能量的解，但实际上，这些解对应的量子态都具有正能量，这是由完整的玻色量子场论中的"哈密顿量"所决定的。

15. 关于超对称，参见 http://en.wikipedia.org/wiki/Supersymmetry（访问日期为 2010 年 3 月 10 日）。

16. 想要让光子成为电子的超对称伙伴，就像狄拉克早期想让质子成为电子的反物质伙伴一样，最终必然会以失败告终。因为电子的超对称伙伴必须携带与电子等量的电荷，而光子不带电，是一种中性粒子。此外，也有一些理论物理学家试图以某种神秘的方式隐藏超对称，从而解决真空能量问题，但这类方法目前为止还没有很好的定义，因此不具说服力。但无论如何，我们永远怀有期待，相信有朝一日能够诞生一个聪明的解决方案。

17. http://en.wikipedia.org/wiki/Maldacena_conjecture（访问日期为2010年3月10日）。

18. 费曼路径积分的数学形式为

$$\sum_{\text{paths}} e^{is/h}$$

其中被积分或者说被求和的对象是每条路径的相位，式中的 S 称为作用量，是路径的函数。对于双缝干涉实验，我们需要考虑的路径只有两条：

（1）电子从源处释放后通过缝1，然后到达接收屏上的 x 点（对应的相位是 $F_1 = e^{ikd_1/h}$，其中 d_1 是缝1到 x 点的距离。这种情况下的作用量 S 很容易算，就是波矢的大小 k 和距离 d_1 的乘积）。

（2）电子从源处释放后通过缝2，然后到达接收屏上的 x 点（对应的相位是 $F_2 = e^{ikd_2/h}$，其中是缝 d_2 到 x 点的距离）。

因此，我们在屏幕上的 x 点找到电子的振幅就是 $e^{ikd_1/h} + e^{ikd_2/h}$，对应的概率就是该振幅的平方 $|e^{ikd_1/h} + e^{ikd_2/h}|^2$（因为涉及复数，所以是模的平方）。如果画出最终的概率分布图，我们就能再次看到神秘的干涉图样，与实验完全吻合。之所以会出现这样的现象，是因为大自然探索了粒子在时空中运动的所有可能路径（在这个例子中有两条），并将这些路径的相位全部相加。当我们为了计算概率做平方运算的时候，相位与相位之间就会互相干涉。

19. 与这个主题相关的教材很多，比如 Charles Kittel, *Introduction to Solid State Physics*, 8th ed. (New York: Wiley, 2004)（该书中文版《固体物理导论》已由化学工业出版社于2011年2月出版）。有种特别简单的晶格结构叫体心立方晶格，维基百科上有它的示意图：http://en.wikipedia.org/wiki/Cubic_crystal_system（访问日期为2010年5月25日）。

20. 事实上，X射线或粒子通过晶体时发生的量子干涉效应能够帮助我们探查晶体结构。

21. 通常，电子需要获得至少5电子伏特的能量才能越过能隙，而且能量的传递必须在很短的距离内完成，因此必须使用非常大的电压才能让绝缘体的电子进入下一个能带（这个电压叫作击穿电压）。

22. 参见 *How Does a Transistor Work?* at http://www.physlink.com/education/askexperts/ae430. cfm, *How Semiconductors Work* at http://www.howstuffworks.com/diode.htm（访问日期均为2010年5月14日），以及 Lillian Hoddeson and Vicki Daitch, *True Genius: The Life and Science of John Bardeen* (Washington, DC: Joseph Henry Press, 2002)（该书中文版《旷世奇才：巴丁传》已由上海科技教育出版社于2010年7月出版）。

23. David Deutch, *The Fabric of Reality: The Science of Parallel Universes and Its Implications* (New York: Penguin, 1998)（该书中文版《真实世界的脉络：平行宇宙及其寓意》已由中国邮电出版社于2016年2月出版）。

第9章

1. 我们在另一本书中解释了对称性和物理定律之间的深层次关联，也简单介绍了对这一发现做出过重要贡献的数学家埃米·诺特的生平（参见第1章注1）。一些经典著作也值得参考：H. Minkowski, *Space and Time* 和 A. Einstein, *On the Electrodynamics of Moving Bodies*，两篇文章都收录于 The Principle of Relativity, edited by Francis A. Davis (New York: Dover, 1952)。

2. 这通常被称为惯性参考系的等价性，它从根本上包含于牛顿第一运动定律，即惯性定律中：除非受到外力作用，否则物体将始终保持静止或匀速直线运动。假设观察者A和观察者B代表两个做相对运动的惯性参考系，那么对于B而言处于静止状态的物体，在A看来就是在做匀速直线运动。A和B都必须承认，该物体没有受到力的作用，因此这两个参考系对于惯性定律的描述是等价的。爱因斯坦和伽利略都用到了相对性原理，但伽利略认为对于不同的观察者相同的是时间，而爱因斯坦认为相同的是光速。

3. 参见第2章注2。

4. 同上。

5. 如果想对广义相对论做一个初步了解，我们推荐 Robert M. Wald, *Space, Time, and Gravity: The Theory of the Big Bang and Black Holes* (Chicago: University of Chicago Press, 1992) 和 Clifford Will, *Was Einstein Right?* (New York: Basic Books, 1993)。如果想要系统学习广义相对论，我们推荐 Steven Weinberg, *Gravitation and Cosmology* (New York: John Wiley and Sons, 1972)（科学出版社于1980年5月出版了该书的中文版《引力论和宇宙论：广义相对论的原理和应用》，高等教育出版社于2018年2月再版了该书，新版书名为《引力和宇宙学——广义相对论的原理和应用》）。关于日全食期间观测到星光受太阳影响而弯曲的实验，参见 D. Kennefick, "Testing Relativity from the 1919 Eclipse—A

Question of Bias," *Physics Today* (March 2009): 37–42；L. I. Schiff, "On Experimental Tests of General Relativity," *American Journal of Physics* 28, no. 4:340–43；C. M. Will, "The Confrontation between General Relativity and Experiment," *Living Reviews in Relativity* 9:39。

6. 史瓦西半径也可以用牛顿力学估算。根据万有引力定律，质量为 m 的物体停留在质量为 M、半径为 R 的星球表面，那么这个物体具有的引力势能为 $G_N Mm/R$，这正是它逃离星球所需的能量。假如星球的质量 M 非常大，以至于物体必须耗尽自身的全部静能才能摆脱星球的引力，那么我们就可以令 $mc^2 = G_N Mm/R$，求得 $R = G_N M/c^2$。牛顿理论只是特定条件下的近似，因此这个计算结果并不完全正确，不过凑巧的是，我们只要乘上一个因子 2 就能得到符合广义相对论的准确解：$R = 2G_N M/c^2$。由于物体的质量 m 在计算过程中被消去了，这就意味着只要星球的质量 M 和 R 半径满足该关系式，停留在星球表面的物体就永远无法摆脱引力的束缚，哪怕光也不例外。

7. 这首诗写于 1919 年，参见 William Butler Yeats, *Michael Robartes and the Dancer* (Churchtown, Dundrum, Ireland: Chuala Press, 1920) 和 http://www.potw.org/archive/potw351.html（访问日期为 2010 年 5 月 26 日）。

8. 关于引力辐射的讨论和相关文献，参见 http://www.astro.cornell.edu/academics/courses/astro2201/psr1913.htm（访问日期为 2010 年 5 月 17 日）。

9. Brian Greene, *The Elegant Universe*, Vintage Series (New York: Random House, 2000)（该书中文版《宇宙的琴弦》已由湖南科学技术出版社于 2004 年 8 月出版）。

10. Leonard Susskind, *The Cosmic Landscape: String Theory and the Illusion of Intelligent Design* (Back Bay Books, 2006)。

11. 同上。

第 10 章

1. E. J. Squires, *The Mystery of the Quantum World* (Oxford, UK: Taylor & Francis, 1994)。

2. Heinz Pagels, *Cosmic Code: Quantum Physics as the Language of Nature* (New York: Bantam, 1984)（该书中文版《宇宙密码：作为自然界语言的量子物理》已由上海辞书出版社于 2011 年 8 月出版）。每家商店都有一位首席销售员，熟练地推销着自家的"实在"：左边这家在兜售新潮的弦理论，右边这家刚卖出了一套多世界解释，前面还有一家在展示量子计算机的构想。我们应该买哪种实在的账？

3. N. David Mermin, "Is the Moon There When Nobody Looks? Reality and the Quantum Theory," *Physics Today* (April 1985)。本节讨论的贝尔定理的版本最早见于这篇文章。

4. Steven Weinberg, *Dreams of a Final Theory: The Search for the Fundamental Laws of Nature* (New York: Pantheon Books, 1992)（该书中文版《终极理论之梦》已由湖南科学技术出版社于 2007 年 3 月出版）。

5. 参见 *The Stanford Encyclopedia of Quantum Mechanics*, http://plato.stanford.edu/entries/qm–manyworlds/（访问日期为 2010 年 5 月 20 日）。

6. Paul Davies, *God and the New Physics* (New York: Simon & Schuster, 1984)（该书中文版《上帝与新物理学》已由湖南科学技术出版社于 2012 年 2 月出版）。

7. A. M. Steane, "Quantum Computing," Reports on Progress in Physics, no. 61 (1998): 117–73。

8. 参见 Simon Singh, *The Code Book: The Science of Secrecy from Ancient Egypt to Quantum Cryptography* (London: Fourth Estate, 1999)（该书中文版《密码故事：人类智力的另类较量》已由海南出版社于 2001 年 10 月出版）。

9. 同上。

10. Gordon Moore, "Cramming More Components onto Integrated Circuits," *Electronics* 38, no. 8 (April 1865)。另请参见 "Martin E. Hellman," http://ee.stanford.edu/~hellman/opinion/moore.html（访问日期为 2010 年 5 月 20 日）。

11. 参见 "Edward Farhi," http://www. https://www.youtube.com/watch?v = gKA1k3VJDq8&t = 210s（访问日期为 2010 年 5 月 20 日），这是关于量子计算的优秀讲座。

12. Roger Penrose, *The Emperor's New Mind: Concerning Computers, Minds, and the Laws of Physics* (New York: Oxford University Press, 2002)（该书中文版《皇帝新脑：有关电脑、人脑及物理定律》已由湖南科学技术出版社于 2007 年 6 月出版）; Roger Penrose, *Shadows of the Mind: A Search for the Missing Science of Consciousness* (New York: Oxford University Press, 1996)。

13. Francis Crick, *Astonishing Hypothesis: The Scientific Search for the Soul* (New York: Scribner, 1995)（该书中文版《惊人的假说：灵魂的科学探索》已由湖南科学技术出版社于 2004 年 1 月出版）。

附录

1. 参见 Richard P. Feynman, *Lectures on Physics*, vol. 1, chap. 18 (Reading, MA: Addison–Wesley, 2005)（该书中文版《费恩曼物理学讲义（第 1 卷）》已由上海科学技术出版社于 2013 年 4 月出版）。